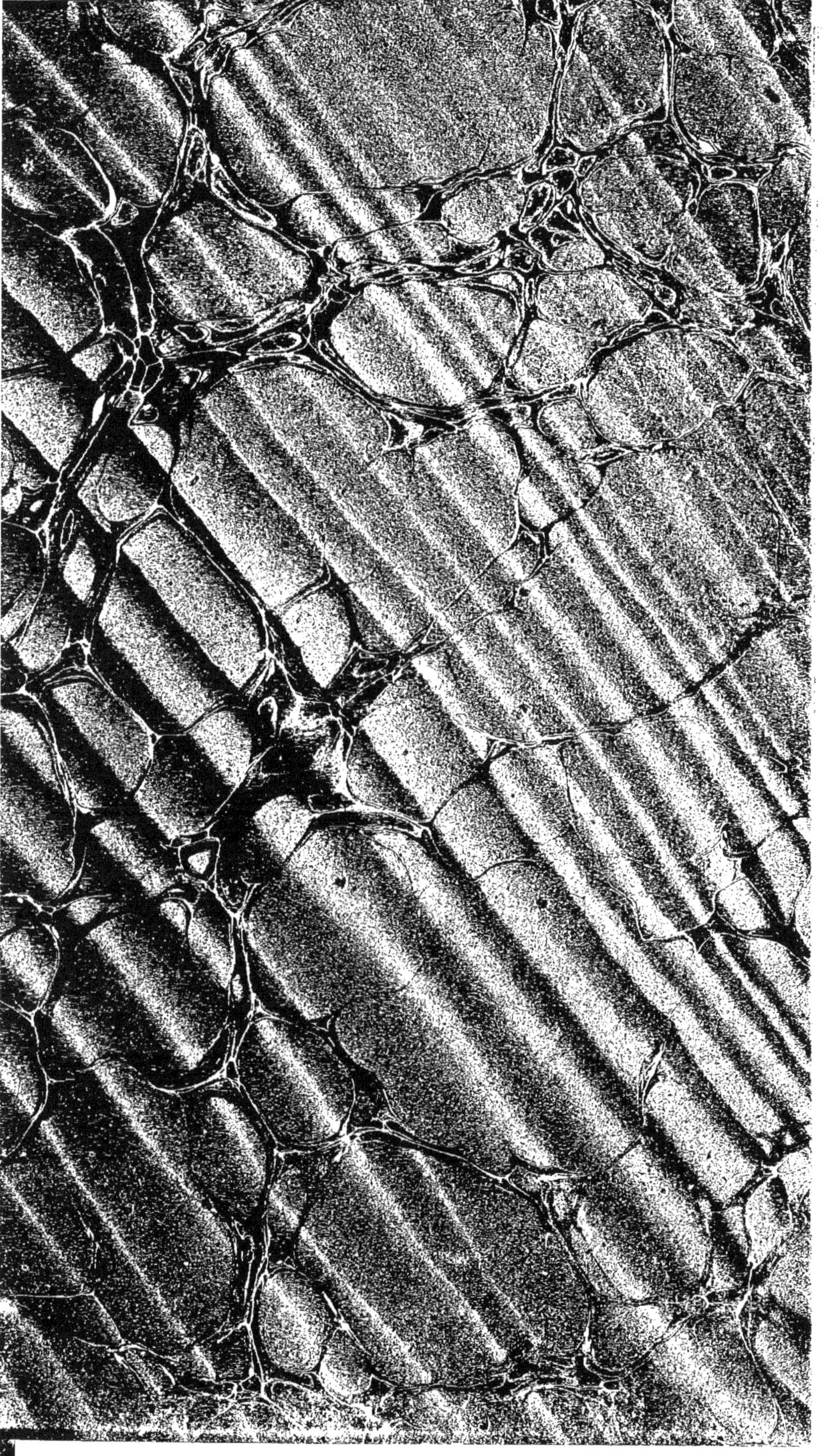

LA COSMOGONIE

DE LA RÉVÉLATION.

AVERTISSEMENT DES ÉDITEURS.

On nous a souvent demandé pourquoi la *Cosmogonie* ne comprend pas les six jours de la Genèse. Nous avons toujours répondu avec le brillant auteur de l'Introduction, que M. Godefroy s'est borné aux quatre premiers jours, parce que ces quatre premiers jours renferment toute la partie cosmogonique de l'œuvre de la création; les deux derniers jours n'étant relatifs qu'à la terre et aux habitants qu'il a plu au Créateur de lui donner. Néanmoins, dans cette seconde édition, M. Godefroy s'est tout spécialement occupé de ces deux derniers jours dans ses *Appendices* au chapitre troisième, où il présente, en outre, sous un point de vue tout nouveau, les questions capitales des créations successives et du déluge universel, qui, jusqu'aujourd'hui, avaient si grandement embarrassé les savants, naturalistes ou théologiens, et leur avaient fait imaginer tant d'hypothèses désespérées.

Alors, soumettant à un examen sévère, mais consciencieux, les divers systèmes d'explication proposés jusqu'ici, et embrassant dans ses considérations le champ immense de la création, il a pu faire de cette seconde édition un traité complet de la science cosmogonique, cette haute théosophie où viennent converger toutes les sciences qui honorent le plus l'esprit humain.

LA COSMOGONIE

DE LA RÉVÉLATION,

OU

LES QUATRE PREMIERS JOURS DE LA GENÈSE,

EN PRÉSENCE

DE LA SCIENCE MODERNE;

PAR M.-N.-P. GODEFROY.

Istæ sunt generationes cœli et terræ, quando creata sunt, in die quo fecit Dominus Deus cœlum et terram. (*Gen.* II, 4.)

Seconde édition, revue et considérablement augmentée.

PARIS.

SAGNIER ET BRAY, LIBRAIRES-ÉDITEURS,

RUE DES SAINTS-PÈRES, 64.

1847

CLERMONT (OISE). — IMPRIMERIE DE Mme Ve DANICOURT.

A MONSIEUR LE MARQUIS DE VILLETTE.

Monsieur,

Lors du pieux pèlerinage que vous avez fait à la Ville éternelle, vous avez bien voulu présenter vous-même ce livre au Souverain Pontife, Grégoire XVI, *de glorieuse mémoire. Le haut témoignage de satisfaction que j'ai eu l'honneur de recevoir du chef suprême de l'Église, c'est à vous que je le dois, ainsi que les illustres* suffrages de plusieurs des membres du Sacré Collége.

Permettez-moi donc de vous dédier cette seconde édition, que j'ai revue avec tout le soin & tout le zèle que me commandait votre généreuse & honorable intervention.

Agréez, Monsieur le Marquis, l'hommage de la parfaite reconnaissance & de l'entier dévouement de votre très-humble & très-obéissant serviteur,

Préface de l'Auteur.

Le dix-neuvième siècle se distingue des siècles précédents par une tendance à généraliser les faits observés, et à coordonner tous les phénomènes, d'après l'idée d'un harmonieux enchaînement entre tous les corps qui composent la nature. Les savants aujourd'hui ont le sentiment qu'une nouvelle ère commence pour l'esprit humain, et que le système entier des connaissances actuellement acquises sur l'organisation des cieux, sur la constitution du soleil et sur la structure de notre globe, permet enfin de jeter un regard hardi sur les lois primordiales qui ont présidé à la disposition de l'univers. Mais ces savants négligent de consulter le livre divin qui renferme les origines de toute la nature créée; et il arrive de là, qu'avec tous les matériaux nécessaires à la construction du majestueux édifice de la Cosmogonie, ils ne parviennent à placer que quelques pierres d'attente, au milieu d'un monceau de ruines, *erratis : nescientes Scripturas.* (S. Matth. XXII, 29.)

Nous sommes loin de prétendre que ce soit à la Genèse seule qu'il faille s'adresser, que ce soit au récit cosmogonique de la Genèse qu'il faille demander toute la science. Les enseignements de la révélation, suffisants sans doute pour nous diriger, ne répondent point à l'activité de nos désirs, parce que le Créateur, dans ses rapports avec l'homme, ce noble exilé du ciel, s'est proposé de le rappeler à sa vocation glorieuse, et non de satisfaire sa curiosité. Si nous voulons savoir, si nous voulons pousser la pensée dans tous ses développements, le grand livre de la nature est ouvert devant nous; consultons-le. Mais, pour ne pas nous égarer dans cette arène incommensurable, nous avons besoin de consulter en même temps le livre de l'Écriture, qui nous révèle l'ordre des décrets de la Sagesse éternelle dans l'œuvre de la création, comme le livre de la nature nous manifeste les merveilles de sa toute-puissance, *primò volumen Scripturarum, quæ voluntatem Dei, dein volumen creaturarum, quæ potentiam revelant* (1).

Si nos savants et les théologiens eux-mêmes avaient suivi ce précepte de Bacon, ou plutôt le précepte dont Bacon n'est que l'interprète (2); s'ils n'avaient pas transgressé les maximes du judicieux interprète, la philosophie naturelle qui lui est redevable de tous ses progrès, n'aurait pas eu si souvent à déplorer les écarts de ses plus illustres adeptes.

Puisque la foi doit venir en aide à la science, et que la science aussi est l'auxiliaire de la foi (3), ne séparons plus les enseignements divins des données scientifiques sur les mystères de la création. Accord des faits scientifiques avec les faits révélés : Tel est tout à la fois le fondement, le centre et le résultat d'une véritable synthèse cosmogonique.

La science fondée sur une observation exacte

(1) Fr. Bacon, *De dignitate et augmentis scientiarum.*

(2) Neque enim erravit ille qui dixit: *Erratis, nescientes Scripturas, et potestatem Dei* : informationem de voluntate, et meditationem de potestate, nexu individuo commiscens et copulans (*Novum organum, aphorism.* 89.)

(3) Roger Bacon, dans son *Opus majus ad Clementem IV, Pontificem magnum,* a le premier développé cette pensée féconde, que son illustre homonyme a encore formulée en ces termes : *Philosophia naturalis... est probatissimum fidei alimentum. Itaque meritò religioni donatur tanquàm fidissima ancilla ; cùm altera voluntatem Dei, altera potestatem manifestet.* (Nov. organ.)

des phénomènes de la nature, pourrait-elle ne pas être d'accord, dans toutes ses déductions légitimes, avec les vérités révélées par l'Auteur même de la nature? Mais si la science véritable a suivi, à son insu, l'ordre logique du récit historique de la création, il faut que l'humanité inscrive sur ses bannières déployées, ces mots désormais inséparables : *Foi et Science, Science et Foi.*

INTRODUCTION

Par M. Ernest de Breda.

Il est un livre qui a été en butte aux plus violentes attaques : la critique s'est exercée sur chacune de ses phrases ; chacun des mots qui le composent a été soumis aux plus minutieuses investigations, et toutes les sciences à la fois ont été convoquées pour le combattre. C'est que ce livre, le plus ancien monument que nous ait légué l'antiquité, le livre par excellence, comme son nom l'indique, est la base d'une religion dont l'origine remonte au berceau du genre humain, et dont nul obstacle n'a pu arrêter à travers les siècles la marche victorieuse et triomphante.

Quelques versets qui servent d'introduction à ce livre merveilleux, racontent avec une mystérieuse majesté les générations du Ciel et de la Terre ; ils disent comment Dieu a fait et ordonné en six jours l'ensemble de la création, et comment, voyant que ses œuvres étaient bonnes, il s'est reposé le septième jour. Nul doute, nulle hésitation dans le récit ; et si l'auteur n'avait pas écrit sous la dictée de Dieu même, il serait assurément le plus impudent des imposteurs.

Certes, le livre sacré n'a été épargné dans aucune de ses parties ; mais on conçoit que l'incrédulité ait dû fonder sur la Cosmogonie biblique ses plus sûres espérances de succès. Le champ était beau et vaste pour la critique ; nul point d'attaque ne se présentait plus favorablement : comment prévoir en effet, que l'on éprouverait quelque difficulté à ruiner de fond en comble, à convaincre d'absurdité et d'ignorance une Cosmogonie écrite dans un siècle évidemment étranger aux plus simples notions des sciences naturelles !

L'astronomie, la physique, la géologie ne datent que d'hier ; et depuis tant de siècles, un écrivain aurait pu exposer les lois qui ont présidé à l'organisation de l'univers, et accomplir ainsi l'œuvre qui exige le concours de toutes ces sciences ! Évidemment, la Cosmogonie de la Genèse ne pouvait résister à un examen sérieux : Moïse, convaincu d'erreur par la science moderne, n'allait plus être qu'un homme habile et entreprenant qui avait exploité la crédulité d'un peuple simple et grossier ; et le christianisme, ébranlé jusque dans ses premiers fondements, avait vu briller son dernier jour.

Nous allons voir ce qu'il advint de ces sinistres espérances. Mais, avant de parler du remarquable ouvrage qui, expliquant la foi par la science et la science par la foi, a fait jaillir enfin l'étincelle électrique qui devait opérer leur fusion complète, qu'on nous permette de jeter un coup d'œil en arrière, et d'esquisser rapidement les alternatives du combat livré par l'orgueil à la révélation.

Dès les premiers âges du christianisme, la Cosmogonie biblique devint le texte de nombreuses explications, de pieux et savants commentaires, et plusieurs d'entre les Pères de l'Église se sont plu à paraphraser les quelques versets dans lesquels l'historien sacré raconte les six jours de la création. Mais l'imperfection de l'astronomie chez les anciens et leur défaut absolu de connaissances géologiques devaient nécessairement avoir provoqué, de la part des premiers interprètes du livre divin, de nombreuses erreurs scientifiques. Si les opinions des saints Pères, en matière théologique, sont d'un si grand poids dans l'Église, parce que les premiers ils ont recueilli les enseignements apostoliques, parce qu'ils joignaient à d'héroïques vertus un éminent savoir, parce qu'enfin ils sont nos pères dans la foi, toujours est-il que jamais on n'a prétendu attribuer une autorité semblable à leurs opinions scientifiques. Ces vastes génies, de qui l'on peut dire hardiment qu'ils n'étaient étrangers à aucune des connaissances de leur époque, devaient cependant, comme tout ce que l'antiquité a produit de plus illustre, subir quelques-uns des préjugés de leur temps. Les saints docteurs, partout où ils n'étaient pas guidés par le flambeau de la foi, ont dû payer tribut à l'humanité; plus d'une fois, ils ont dû céder, à leur insu, aux erreurs populaires qui dominaient autour d'eux les esprits les plus éclairés; et l'on ne doit point être surpris de les voir se perdre en de vaines conjectures, en des systèmes inadmissibles, lorsqu'il s'agissait d'expliquer par le moyen des sciences naturelles le solennel et mystérieux récit de la Genèse.

Formés presque tous dans les écoles philosophiques de la Grèce, il est tout simple qu'ils aient tenté d'appliquer à la Cosmogonie sacrée, les hypothèses imaginées par les anciens philosophes et généralement admises sur la foi de leurs noms. Convaincus de la vérité du récit de Moïse, mais dénués en même temps des connaissances positives, au moyen desquelles ils eussent pu en pénétrer la profondeur, ils ont tenté d'en interpréter le sens, à l'aide des données admises par la science de leur époque; et l'on doit avouer que, si parfois ils se sont élevés à de magnifiques et sublimes aperçus, plus d'une fois aussi, leurs interprétations ont été plus ingénieuses que solides. Mais qu'en conclure? La foi les obligeait à confesser l'inspiration des livres saints, et par conséquent la vérité de tout ce qu'ils renferment; la foi les obligeait à se soumettre d'esprit et de cœur aux interprétations canoniques de l'Église dont ils étaient eux-mêmes les soutiens et la lumière; mais l'Église, alors comme toujours, n'exerçait qu'avec une judicieuse réserve ce droit sacré d'interprétation; elle ne signalait l'erreur que lorsque celle-ci était de nature à porter atteinte à la pureté de la doctrine religieuse ou de la morale. Lorsqu'il ne s'agissait que d'explications purement scientifiques, elle se taisait et n'intervenait point dans la querelle : *Tradidit mundum disputationi eorum*. Lors donc que, dans ce silence de l'Église, les saints docteurs paraphrasaient les six jours de la création, et bâtissaient sur les expressions du texte sacré des systèmes cosmogoniques vraisemblables alors, mais que la science d'aujourd'hui réprouve, ils faisaient ce qu'ont pu faire les savants de toutes les époques : ils parlaient la langue de la science et non point celle de la théologie.

Cependant, dans ces derniers temps surtout, la Cosmogonie des Pères de l'Église a servi de point de mire aux plus acharnés adversaires de la Bible, qui n'ont point vu ou qui n'ont point voulu voir tout ce qu'il y avait de vicieux et de faux, je pourrais dire de déloyal, dans cette manière de combattre. Le plus simple bon sens indique que Moïse ne saurait être responsable des erreurs de ses commentateurs, et qu'il ne peut y avoir aucune espèce de solidarité entre la Cosmogonie de la Genèse et celle des saints Pères. L'Église non plus ne saurait être accusée d'erreurs qui lui sont évidemment étrangères. Pour qu'une telle responsabilité pesât sur elle, il faudrait qu'elle eût adopté comme siennes, ces opinions isolées, en les couvrant du manteau sacré de son autorité, en les élevant à la dignité de dogmes ; et voilà ce qu'elle n'a jamais fait, ce qu'elle n'a jamais songé à faire, mais voilà aussi ce qu'ignorent ou ce qu'affectent d'ignorer les ennemis du christianisme.

« Ces opinions fondées sur la Bible avaient tellement » d'empire, disait il y a quelques années un de nos » savants incrédules, dans l'une de nos revues les plus » répandues, qu'elles étaient mises au rang des dogmes, » et qu'on ne pouvait les contredire, sans tomber à » l'instant sous la redoutable censure des théologiens, » qui avaient toujours au service de leur opinion, bonne » ou mauvaise, trois arguments irrésistibles : la persé- » cution, la prison et le bûcher. »

A cette assertion voltairienne, il n'y a qu'un mot à répondre : *Ces opinions fondées sur la Bible n'ont jamais été mises au rang des dogmes*. Les dogmes de l'Église catholique sont contenus dans les symboles qu'elle propose à notre foi, dans les décisions des conciles œcuméniques, et aussi, comme nous le croyons, dans les solennelles déclarations que, du haut de la chaire pontificale, la successeur de Pierre adresse à l'Église universelle. Hors de là, nous voyons des opinions plus ou moins respectables, mais point de dogmes. Qu'on nous montre donc dans quel symbole ces opinions sont proposées à notre foi? Qu'on nous dise quel concile a imposé l'obligation d'y adhérer sous peine d'hérésie? quel Souverain Pontife a prétendu les élever au rang des vérités catholiques? Jusque-là nous aurons le droit de répondre à une assertion gratuite et sans preuve, par une simple dénégation ; jusque-là nous aurons le droit de vous dire : ou que vous ignorez la valeur des mots que vous employez, et que vous faites preuve d'ignorance, ou que vous calomniez sciemment l'Église de Jésus-Christ.

Mais, dit-on, les opinions cosmogoniques des Pères

de l'Église ont été généralement admises pendant une longue suite de siècles, sans qu'aucune réclamation se soit élevée contre les erreurs qu'elles contiennent. Le fait est exact, mais que prouve-t-il? que ces opinions ont été mises au rang des dogmes? nullement; mais que, pendant une longue suite de siècles, la science n'avait pas fait mieux.

On sait que les progrès des sciences mathématiques et naturelles ont été presque insensibles pendant le cours du moyen âge. L'esprit scientifique, qui était loin alors d'être stationnaire, avait pris une autre direction ; on étudiait plus dans les écrits des anciens que dans le livre de la nature. Il était donc tout simple qu'on s'en tînt sur ces matières aux systèmes précédemment admis, et qui étaient encore la dernière expression de la science. Mais que l'autorité des saints Pères ait été un obstacle aux progrès de l'esprit scientifique, pendant cette période du moyen âge, voilà ce qui est manifestement faux, voilà ce qui dénote, dans les hommes qui profèrent de telles accusations, ou une bien profonde ignorance, ou une bien aveugle prévention. Le moyen âge était en général une époque de foi ; mais, comme tous les siècles, il a produit des esprits indociles et sceptiques, qui ne se sont point fait faute de déverser l'injure et le blâme sur la doctrine catholique. Les Albigeois, on en conviendra, avaient peu de respect pour les enseignements de l'Église. Quel est cependant celui d'entre ces hérétiques ou ces esprits forts qui ait signalé l'asservissement de l'esprit, chez les catholiques, à des opinions erronées en matière de science? Et si aucun d'entre eux ne s'est attaché à réfuter les systèmes cosmogoniques des saints Pères, c'est que d'abord ces systèmes, étrangers au dogme, étaient en dehors de la discussion religieuse; c'est qu'ensuite, en fait d'astronomie et de physique, leurs connaissances ne dépassaient pas, si elles égalaient, celles de leurs adversaires. Ils étaient donc hors d'état d'opposer à leurs opinions, si erronées qu'elles fussent, des opinions plus exactes.

Cependant l'esprit d'observation qui s'était peu à peu introduit dans les études, avait fait faire aux sciences, à l'astronomie surtout, d'admirables découvertes. On venait d'entrevoir la rotation de la terre; et cette idée, dont la géométrie a démontré depuis l'exactitude jusques à l'évidence, soulevait alors une formidable opposition, non point de la part de l'Église, mais bien de la part des astronomes. Cela est si vrai, que le cardinal Cuza enseignait le mouvement du globe terrestre; que Copernic dédiait au pape Paul III son livre *De orbium cœlestium revolutionibus*, sans encourir l'anathème et la persécution. Et si un tribunal religieux, qui n'était point l'Église universelle, et qui pouvait bien, en fait de sciences naturelles, n'être pas plus avancé que les savants de l'époque, condamnait, un siècle plus tard, Galilée à six mois de détention dans le délicieux palais de la Trinité du Mont (1), c'était bien moins pour avoir enseigné la rotation de la terre, que pour avoir voulu faire de cette découverte un dogme théologique, un dogme religieux. D'ailleurs devrions-nous être surpris, en voyant quelques théologiens timides jeter un cri d'alarme à l'apparition d'une doctrine scientifique qui, violant toutes les idées reçues, faisait entrer la science dans une voie nouvelle, et paraissait, au premier aspect, porter atteinte, sinon à la vérité des livres saints, du moins au sens que jusqu'alors on avait généralement attribué à quelques-unes de leurs expressions? Cette crainte, cette réserve excessives peut-être, ne trouvent-elles pas leur explication, et à la fois leur justification,

(1) Voilà l'exemple le plus souvent cité de cette affreuse persécution exercée par l'Église contre les savants. On ne pouvait parler avec assez d'indignation de ce cachot obscur dans lequel l'illustre astronome avait été plongé tout vivant! Il faut en convenir, la bonne foi de ces Messieurs est admirable.

dans les opinions des savants même de cette époque? Mais il y a loin, en tous cas, de cette *quarantaine*, imposée par la théologie à une nouveauté scientifique, qu'on nous passe cette manière de dire, à la consécration dogmatique de l'opinion contraire. Mettre en garde contre les dangers possibles d'une doctrine incomplète encore, et qui n'a point reçu, jusque-là la sanction du temps et de la science, n'est point, on en conviendra, proclamer la fausseté de cette doctrine; ce n'est que provoquer sur son compte un plus sérieux examen. Et d'ailleurs, encore un coup, l'Église est restée étrangère à tous ces enseignements, à toutes ces condamnations; et le système de Ptolémée, pas plus que celui de Copernic, n'a trouvé place dans aucun de ses symboles ou de ses catéchismes.

L'Église n'a empêché ni l'astronomie, ni aucune autre branche des connaissances humaines, de poursuivre sa carrière et ses progrès. Sûre de posséder la vérité, elle n'a jamais redouté la constatation régulière d'un fait scientifique; car les vérités qui nous apparaissent, à quelque ordre qu'elles appartiennent, loin de se combattre et de se nuire, ne peuvent que s'étayer et se prêter un mutuel appui. Il est donc de l'intérêt du catholicisme, qui du reste l'a toujours compris, non point d'entraver les progrès des sciences, mais de provoquer leur développement. Ses docteurs les plus illustres ont toujours marché, sous ce rapport même, à la tête de leur siècle. Les Augustin, les Jérôme, les Bazile, les Tertullien, les Origène ont été incontestablement les plus savants hommes de leur époque; et, dès les premiers âges de l'Église, à Rome comme à Athènes, à Carthage comme à Alexandrie, l'éclat des écoles païennes pâlissait devant les lumières resplendissantes des chaires chrétiennes.

Le moyen âge si longtemps jugé avec prévention et outrageusement calomnié, mais aujourd'hui glorieusement réhabilité par les consciencieux travaux dont il a été l'objet, le moyen âge a dû au clergé tout son éclat scientifique. Qui jamais a poussé plus loin l'amour de la science, qu'un Albert-le-Grand, un saint Thomas d'Aquin, un saint Bonaventure, un Roger Bacon? Et si l'élan que de tels génies avaient imprimé aux travaux intellectuels s'est ralenti dans les siècles suivants, certes, il y aurait une bien criante injustice à l'attribuer à ce même clergé, qui avait donné à l'esprit humain la plus puissante impulsion qu'il eût peut-être jamais reçue.

L'Église, depuis lors, n'a cessé de compter plusieurs de ses membres parmi ceux qui ont cultivé et fait progresser chaque genre d'études et de connaissances. Tous ils en ont hâté le développement de leurs vœux et de leurs travaux, loin de vouloir y apporter, comme on ose le prétendre, de religieuses entraves; car, plus leur foi était vive, sincère, éclairée, plus ils étaient convaincus que la vraie foi et la vraie science peuvent se contempler face à face, sans avoir rien à redouter l'une de l'autre. La demi-science, les théories incomplètes, les systèmes élevés à la hâte et sans base certaine, voilà les véritables ennemis de la foi catholique. Le XVIIIe siècle est là pour appuyer ce que nous avançons.

Buffon avait fait paraître sa *Théorie de la Terre*, et de tous côtés, on déclarait que c'en était fait de la Bible. L'illustre académicien avait prêté l'éclat de son style à un système auquel l'imagination avait plus de part que l'étude; et ce roman astronomique suffisait aux savants du jour, pour frapper au cœur Moïse et la Genèse. L'histoire, l'archéologie, la physique, la chimie furent enrolées de gré ou de force sous les étendards de la philosophie. La géologie venait de naître, les langes du berceau l'enveloppaient encore, et déjà ses premiers bégaiements étaient accueillis comme des oracles qui proclamaient la mort de la Cosmogonie biblique. On s'égayait beaucoup aux dépens des six jours de la création ; la lumière précédant le soleil paraissait une pensée délicieusement bouffonne ; le déluge universel excitait un rire inextinguible ; et les découvertes de chaque jour s'accordaient pour démontrer que si le monde n'était pas éternel, comme on pouvait le croire, les monuments de la nature et de l'histoire lui assignaient au moins une incalculable antiquité ; aussi prenait-on en pitié Moïse et sa Chronologie.

Cependant des esprits graves succédèrent à ces esprits légers et superficiels. Il survint des hommes épris d'un véritable amour pour la science, des hommes profonds, réfléchis, laborieux, qui s'occupèrent à rechercher, à vérifier, à coordonner les faits, non pour y trouver des arguments bons ou mauvais en faveur de tel système conçu *à priori*, mais pour découvrir tout simplement la vérité. Or qu'advint-il ? Ces hommes ne tardèrent pas à déblayer le terrain de la science de toutes ces folles et informes élucubrations, et les rieurs d'un autre siècle furent à leur tour déclarés souverainement ridicules. Leur sottise et leur suffisance devinrent proverbiales, et le moindre écolier put faire bon marché de leurs extravagantes rêveries.

La faculté des sciences enseigna que la substance lumineuse existe indépendamment des corps lumineux. — Les admirables travaux de Cuvier démontrèrent jusqu'à l'évidence, que l'état actuel de la surface du globe ne remonte pas au-delà de l'époque assignée au déluge par les livres saints. — Des preuves irrécusables de cet effroyable cataclysme furent lues dans tous les monuments géologiques, aussi bien que dans les traditions de tous les peuples. — La science, en pénétrant dans les entrailles de la terre, découvrit avec étonnement que l'apparition des quadrupèdes à sa surface n'avait eu lieu qu'après celle des végétaux, des poissons, des reptiles, des oiseaux ; de sorte que les nombreux fossiles que les géologues allaient chercher tous les jours dans les profondeurs du globe, devenaient comme autant d'irrécusables témoins venant déposer de l'ordre des créations indiquées par la Genèse.

Ces rapprochements et une foule d'autres firent naître de sérieuses réflexions. Il eût été absurde de les attribuer au hasard; mais alors quel avait dû être ce merveilleux écrivain dont le regard avait devancé les temps, et qui racontait ainsi, dès les premiers jours, ce que les efforts des savants ne devaient découvrir que tant de siècles après? Où avait-il puisé ces connaissances surnaturelles? Quel maître, si ce n'est Dieu ou ses anges, lui avait enseigné les secrets de la création? Tout homme de bonne foi devait ouvrir les yeux, et reconnaître l'inspiration du récit genésiaque. Cependant, on ne saisissait point encore dans son ensemble la Cosmogonie de Moïse; on ne pénétrait point encore dans toutes ses mystérieuses profondeurs, et plus d'une expression du texte sacré échappait aux investigations de la science. C'en était assez pour que la guerre continuât, guerre misérable et de mauvaise foi, que n'alimentaient plus que de vaines querelles de mots et d'ignobles subterfuges, mais qui, toute honteuse qu'elle était, ne répugnait pas aux vieux débris d'un philosophisme décrépit, tant sa haine était vivace, tant son aveuglement était complet et volontaire.

Des hommes de foi et de talent essayèrent alors d'achever ce que la science seule avait si admirablement commencé. Réunissant en un seul faisceau tous les témoignages épars en faveur du récit biblique, ils tentèrent de les rapprocher du texte même de la Genèse, et de donner, qu'on me passe l'expression, une traduction scientifique de la Cosmogonie de Moïse. L'entreprise était louable et belle. Les modernes découvertes avaient dissipé les vaines théories de l'incrédulité; la vanité des objections qui avaient cours quelques années au-

2.

paravant était mise à jour, et les révélations inattendues de la science avaient rendu visible sur le livre divin, l'empreinte de l'inspiration. Cependant il y avait encore un abîme à franchir, avant d'opérer la fusion complète de la science et de la foi sur ces questions qui, par leur sublimité même, semblaient devoir se soustraire aux investigations de l'homme. Un pas immense était fait ; mais un pas immense restait encore à faire. La diversité des systèmes imaginés par les savants sur la formation du monde opposait d'incroyables difficultés à un semblable travail. Si tous s'accordaient sur la plupart des points essentiels, si l'on pouvait affirmer, avec autant de certitude que possible, que les fondements de la science étaient enfin posés, des conséquences contradictoires étaient néanmoins déduites tous les jours des premiers principes, et chacun parcourant à son gré le champ des hypothèses, suivait sur cet océan sans limites, la route que sa raison, ou parfois même son imagination lui traçait.

Une autre difficulté non moins sérieuse provenait du texte même de la Genèse, qui avait besoin d'être parfaitement compris de celui qui voulait démontrer l'accord existant entre la Cosmogonie sacrée et les découvertes de la science. Or le sens des expressions dont s'était servi l'auteur inspiré, n'avait pu manquer de subir de graves altérations par suite des nombreuses erreurs cosmogoniques dans lesquelles étaient tombés la plupart des interprètes du texte sacré. Leur ignorance en fait d'astronomie, de physique, de géologie ne leur avait pas permis d'attribuer leur juste valeur à des mots exprimant des faits astronomiques, physiques ou géologiques. Cependant ces fausses interprétations avaient fini par avoir cours dans le monde savant aussi bien que dans le monde théologique. Elles formaient comme un réseau de préjugés qui s'interposait entre la science et la Genèse ; et l'on conçoit qu'il devenait impossible d'établir l'orthodoxie scientifique des six jours de la création, avant d'avoir dissipé les préventions que tant et de si longues erreurs avaient amassées.

Ce n'est pas tout. Moïse écrivait dans une langue où la science n'avait point son vocabulaire à part, puisque la science proprement dite, la science avec ses procédés analytiques n'était pas née. Il a donc dû exprimer avec des mots vulgaires les faits scientifiques, il a dû faire usage de figures lorsque l'expression propre lui faisait défaut, et l'on sait d'ailleurs que les figures étaient d'un emploi fréquent dans les idiômes tout poétiques des peuples orientaux. Ce mode, si opposé à la précision de notre langue scientifique, favorisait la multiplicité des explications, et devait prêter à de nombreuses erreurs, pour qui ne s'attachait qu'à l'expression isolée et perdait de vue l'ensemble cosmogonique. D'un autre côté, pour saisir cet ensemble d'un seul regard, il fallait posséder complètement l'ensemble même de la science, avoir dépouillé ses résultats incontestables de ce que les théories des savants peuvent avoir de conjectural et de hasardé, enfin sentir en soi une puissance synthétique, capable de former un édifice complet de tous ces matériaux épars. Il fallait en outre être initié aux procédés du style biblique, avoir fouillé dans les entrailles de chaque mot et être remonté pas à pas, d'idiôme en idiôme, de version en version, jusqu'à la source où il a pris naissance.

Il faut avouer que les premiers savants qui ont tenté d'harmoniser le récit de Moïse avec la science moderne se sont brisés contre plusieurs de ces écueils. Quelques-uns de leurs efforts ont été heureux, mais plusieurs fois aussi des explications forcées, de visibles contradictions sont venues témoigner ou de leur impuissance ou du défaut de maturité de l'entreprise. Aussi l'un de nos plus savants géologues, plus admirable encore par la vivacité de sa foi que par l'universalité de ses connaissances, s'écriait-il naguères, en reconnaissant l'insuccès de toutes ces tentatives, que la science était trop voisine de son berceau, et le récit de la Genèse trop enveloppé de mystères pour que l'on pût maintenant espérer une complète explication scientifique du texte sacré.

Aux difficultés que nous venons de signaler, est venue encore se joindre une cause particulière d'erreurs, chez les écrivains qui ont tenté ce rapprochement. La plupart d'entre eux, depuis Whiston jusqu'à M. Marcel de Serres, oubliant que l'auteur sacré racontait, comme il nous l'apprend lui-même, *les générations du ciel et de la terre,* n'ont voulu voir dans l'œuvre des six jours que l'histoire des diverses transformations de la terre depuis sa création.

Whiston voulait que le récit biblique ne fût qu'une simple description de la transformation subie par la terre durant les six jours genésiaques.

Le docteur Buckland n'appliquant aussi qu'à la terre le récit de Moïse, ne voit dans la création de la lumière du premier jour que la dispersion des vapeurs qui enveloppaient notre planète.

M. Marcel de Serres découvre, dans cette même création, la conflagration de tous les matériaux qui composent la masse solide de notre globe, qu'il fait passer successivement de l'état de comète à celui de soleil, pour le réduire enfin à l'état de soleil éteint et tout à fait encroûté; — tandis que dans l'ouvrage de M. Chaubard, la terre du premier jour est représentée comme une agglomération confuse de molécules élémentaires, enveloppée de toutes parts par la masse des eaux.

Au reste, rien ne prouve mieux l'insuffisance et l'inexactitude de ces diverses interprétations, que l'obligation qui a pesé sur leurs auteurs, d'altérer, disons mieux, de torturer les versets de la Bible, afin d'en faire plier le sens aux systèmes géogéniques qu'ils avaient adoptés.

Écoutons les deux derniers de ces commentateurs, M. Marcel de Serres et M. Chaubard.

« Peu satisfait de la traduction de la Vulgate et » même de celle des Septante, dit M. Marcel de Serres, » nous avons cherché *à nous rendre compte de la pensée* » du législateur des Hébreux, et voici comment nous » l'avons saisie :

» *Ce qui était la terre était une matière informe et* » *dans le chaos, les ténèbres couvraient l'abîme et* les » vents agitaient la face des eaux . . . .
» *Dieu dit qu'il y ait un* intervalle *au milieu des eaux,* » *et qu'il sépare les eaux d'avec les eaux. Dieu étendit* » *le firmament et sépara les eaux qui étaient* au-dessous » du firmament *de celles qui étaient* au-dessus du fir- » mament, *il en fut ainsi, etc.* »

M. Marcel de Serres explique sa pensée : « Lorsque » cette expression (le firmament) se rapporte à la terre, » elle s'applique à l'atmosphère qui l'environne ; si » au contraire elle comprend l'ensemble des corps » célestes, elle désigne pour lors la matière éthérée, » fluide immense dans lequel roulent ces corps. »

M. Chaubard de son côté traduit ainsi ces mêmes versets :

« *Alors la terre était à l'état de matière informe, à* » *l'état de molécules élémentaires.* Un abîme liquide » l'enveloppait. *Au-dessus des eaux* se déployait l'im- » mensité de l'espace *et tout était enseveli dans les té-* » *nèbres.... L'Eternel dit aussi, qu'il soit* un milieu de » matière aériforme *qui s'interpose entre les eaux et les* » *sépare* en deux parties. *L'Éternel assembla donc* cette » matière subtile *qui devait* maintenir *séparées les eaux* » *élevées à sa partie supérieure, de celles restées au-dessous* » *d'elle, ce qui se fit conformément à sa toute-puissante* » *volonté.* Ce milieu aériforme *reçut le nom de Cieux,* » (atmosphère) etc. »

La simple lecture de ces deux fragments atteste la

violence que les deux auteurs ont été contraints de faire au texte primitif. Là, le *spiritus Dei ferebatur super aquas* subit cette singulière transformation : *Les vents agitaient la face des eaux,* tandis qu'ici, ce même esprit de Dieu devient *l'immensité de l'espace.* N'est-il pas évident que ni l'un ni l'autre de ces deux traducteurs n'a compris la portée de cette magnifique et sublime expression : *Spiritus Dei*, l'esprit de Dieu ! Pourquoi donner ce nom sublime, le nom de cet Esprit de vie et de lumière à une simple agitation de l'air, ou pourquoi le donner à l'espace vide, au néant? N'y a-t-il pas là, évidemment, une complète inintelligence du texte sacré ?

Ces traducteurs se sont rencontrés tous deux dans l'explication du mot *firmamentum,* ou plutôt, tous deux, en cherchant à éviter la voûte solide de Ptolémée, et à se conformer aux notions astronomiques actuelles, sont tombés dans une autre erreur non moins manifeste. *Cet intervalle au milieu des eaux, cette atmosphère, cette matière éthérée*, peuvent-ils rendre l'expression FIRMAMENTUM ? Le sens grammatical de ce mot ne répugne-t-il pas à de semblables interprétations ? FIRMAMENTUM, FIRMARE, *rendre ferme, rendre solide*, signifierait *une matière rare, subtile, éminemment légère et déliée !* M. Marcel de Serres a bien compris ce que cette traduction, déjà présentée par M. Nérée Boubée, avait de choquant ; aussi s'efforce-t-il de rétablir la signification naturelle du mot, en décidant que cette matière éthérée *soutient en quelque sorte les corps célestes qui ne peuvent la pénétrer.* M. Chaubard dit que cette matière subtile devait *maintenir séparées les eaux élevées à sa partie supérieure, de celles restées au-dessous d'elle.* Mais en vérité, le contre-sens tout seul, et dans sa naïveté primitive, valait mieux qu'avec ce singulier correctif.

Nous n'irons pas plus loin. Nous n'avons cité ces

deux exemples, puisés dans les plus récents ouvrages qui traitent de l'accord de la science moderne avec la Cosmogonie sacrée, que pour démontrer sur quelles bases erronées les commentateurs avaient jusqu'à ce jour appuyé leurs interprétations. Si la science avait pénétré profondément dans quelques parties du récit genésiaque, si l'on avait complètement saisi le sens des versets qui racontent les deux derniers jours de la création, il est évident qu'on n'avait point eu jusqu'à ce jour, l'intelligence de la partie cosmogonique de ce récit. On s'était livré à cet égard à de grands et utiles travaux, à de profondes recherches ; on s'était peut-être en quelques endroits approché de la vérité ; mais l'ensemble de l'œuvre divine avait échappé aux interprètes. Soit qu'ils aient vu dans les quatre premiers jours une série de créations indépendantes, soit qu'admettant une création antérieure, ils n'aient découvert dans le récit de Moïse, que l'arrangement particulier de notre planète, soit que la terre du premier jour leur ait apparu entourée d'eau, soit qu'ils l'aient vue cernée d'une enveloppe de feu ; toujours est-il que la grande loi qui a présidé à la formation des mondes leur avait échappé. Ils avaient lu, sans s'élever jusqu'à sa majestueuse unité, le magnifique récit qui développe en style sublime, toutes les opérations de la Sagesse créatrice pendant les quatre jours consacrés à l'organisation de l'univers, opérations successives et décrites jour par jour, qui toutes découlent des prémisses posées par le Créateur au jour de la création, comme les conséquences de leur principe.

Cependant le moment venait d'arriver, où il allait être donné à une main plus heureuse de soulever le voile qui, jusqu'alors, avait recouvert à nos yeux l'ordonnance cosmogonique du tableau genésiaque.

Mais, pour accomplir cette grande mission, deux puissants éléments de succès étaient nécessaires : une foi vive et une science profonde. Il fallait n'être étranger à aucune des connaissances qui tiennent à cet immense sujet. Il fallait en outre, et par-dessus tout, avoir au fond de ses entrailles cette conviction chrétienne, que la révélation seule peut donner le dernier mot aussi bien que le premier mot de la science, et qu'il y aurait folie à chercher autre part qu'en Dieu la solution de ces questions d'origine, autour desquelles s'agite vainement la sagesse humaine, parce qu'il a plu à la Sagesse éternelle de les cacher à l'orgueil et d'en faire, pour ainsi dire, des questions réservées. Hors de ces conditions le succès était impossible.

Grâces au ciel, il s'est rencontré un homme de labeur et de foi, exempt de toutes préventions d'école, de tout engagement, de toute préoccupation, de tout préjugé, qui, passant ses jours dans la retraite, seul et méditant sans cesse sur ces hautes questions, a cru pouvoir obtenir de Dieu et d'un travail qu'il n'entreprenait que pour sa gloire, la solution du grand et religieux problème que soulève l'origine du monde.

Il avait compris tout ce qu'il y avait d'incomplet et de faux dans les interprétations des savants, naturalistes et théologiens, qui l'avaient précédé. Il avait vu ces savants entrer dans la carrière avec un système préconçu, qu'ils s'efforçaient d'adapter, tant bien que mal, au texte divin que souvent même ils ne se faisaient point faute de défigurer, pour le plier à toutes les exigences de ce système. Ces diverses causes d'erreurs ne lui avaient point échappé ; et il nourrissait la ferme persuasion que le moment était venu de constater, à l'aide des sciences acquises, l'exactitude philosophique de la Cosmogonie de la révélation.

Il s'était rendu familières les plus récentes découvertes de la physique et de l'astronomie ; et longtemps il avait suivi avec attention les théories scientifiques, successivement émises, sur l'organisation des corps célestes, sur la nature du soleil et de sa lumière, et sur la constitution de notre globe.

Il avait étudié avec une incroyable persévérance les œuvres de la science ; il étudia avec un zèle égal l'œuvre de la révélation.

Il compara les différentes versions de la Genèse ; il rechercha le sens intime de chaque mot, le décomposant et remontant jusqu'à sa racine, évitant sur toute chose d'en altérer par suite d'une préoccupation quelconque la signification primitive ; car il était convaincu que c'était surtout faute d'avoir pénétré assez avant dans le texte sacré, que ses interprètes avaient commis tant d'erreurs. Il interrogea les saints Pères, rechercha dans leurs traductions, dans leurs commentaires la solution de ses doutes, et souvent, au milieu de leurs nombreuses méprises, il découvrit avec bonheur quelques-unes de ces inspirations du génie (du génie guidé par la foi) qui devancent les temps et devinent les laborieuses découvertes de l'avenir.

Mais il est une autre source, source divine, source abondante et pure, où il vint puiser avec ardeur, et d'où jaillirent pour lui les flots de la plus vive lumière. On a compris que nous voulons parler des saintes Écritures. Le premier peut-être d'entre tous les savants, il eut la pensée de demander à la Bible l'explication scientifique des premiers versets de la Genèse ; et la Bible lui répondit, en lui offrant, pour ainsi dire à chaque page, le plus profond et le plus complet de tous les commentaires. Le livre de Job, les Psaumes du Saint-Roi lui prodiguèrent les éclaircissements ; mais il trouva que l'auteur sacré de l'Ecclésiastique avait jeté sur les merveilles de la création tant et de si éclatantes lumières, qu'il crut devoir se servir à son égard de l'expressive dénomination de Paraphraste de la Genèse. Lorsqu'après de longues et laborieuses recherches, lorsqu'après des années de méditations et d'études, il put enfin réunir en un faisceau tous les trésors qu'il venait de recueillir, il lui sembla que ses yeux se dessillaient, et qu'un jour nouveau éclairait pour lui le sublime récit de l'historien de la création. Les expressions jusqu'alors obscures et incomprises, acquirent pour lui un sens vrai et profond ; et les quatre jours genésiaques spécialement consacrés à l'organisation du ciel et de la terre, se déroulèrent dans une succession d'opérations merveilleuses, premières et mystérieuses applications des grandes lois que l'Éternel imposait à la matière, et au-dessus desquelles planait l'unité dans toute sa splendeur divine.

Lorsque M. Godefroy jeta de nouveau les yeux sur les œuvres des sciences humaines, quelle ne fut point la sainte admiration qui le saisit, en reconnaissant que leurs plus brillantes découvertes, les théories dont elles s'enorgueillissent le plus, s'accordaient pour rendre le plus complet hommage à l'histoire inspirée des générations du ciel et de la terre ! On eût dit en effet, que, dans ces derniers temps, toutes les sciences, cédant à une secrète et irrésistible influence, étaient venues, souvent à leur insu, rendre témoignage à l'exactitude du récit de Moïse.

Comme lui, elles déclarent que dans l'origine des choses, la matière qui constitue l'univers, était à l'état gazeux, à l'état de vapeurs ; que la matière était vide et vaine, invisible et incomposée ; qu'elle ne formait qu'un abîme ténébreux, *inanis et vacua, invisibilis et incomposita, tenebræ super abyssum.*

Au premier instant de la création, disent encore les sciences, la matière du ciel et de la terre était tout entière sous l'influence du calorique, *cette puissance universelle que la nature emploie dans toutes ses opérations*, comme elles l'appellent, *l'agent des phénomènes de la vitalité, le principe vital des corps bruts ;* et Moïse avait dit avant elles, qu'à ce premier instant, l'Esprit de Dieu se portait sur toute la matière fluide de la création, PAR SA VERTU VIVIFIANTE ET PRODUCTRICE, suivant les expressions d'un saint Père, POUR DONNER LE MOUVEMENT ET LA VIE A CETTE MATIÈRE, *tenebræ erant super faciem abyssi, et spiritus Dei ferebatur super aquas.* SPIRITUS DEI, l'esprit de Dieu, c'est-à-dire cette créature vivifiante, ce principe mystérieux qui a reçu mission de donner la vie et le mouvement, le plus parfait des agents naturels et créés, qui est au monde des corps, ce que le Saint-Esprit, l'esprit de Dieu par excellence, est au monde des intelligences. Ce principe d'action et de lumière se portait sur les eaux invisibles de la création, et la lumière fut produite, *et factâ est lux.*

La science déclare que la matière constitutive de l'univers, la matière gazeuse, diffuse, étendue, a dû, cédant à la force d'attraction, se condenser, se séparer en masses distinctes, se former en noyaux solides; et depuis 4,000 ans, Moïse avait écrit cet ordre que, le second jour, le Créateur intimait à la matière : Qu'il y ait un lien, un support, UN FIRMAMENT au centre de l'abîme; qu'il y ait une force centrale, et qu'elle sépare les eaux d'avec les eaux : *Fiat firmamentum in medio aquarum, et dividat aquas ab aquis.* Moïse avait raconté que la formation de la terre avait précédé celle du soleil; et voilà que les dernières découvertes de l'astronomie deviennent autant de preuves à l'appui de cette étrange assertion de l'écrivain sacré, que les savants ne peuvent plus combattre aujourd'hui, sans se mettre en contradiction avec eux-mêmes.

C'en est assez. Nous craindrions d'anticiper sur le beau travail de M. Godefroy, nous craindrions surtout de défigurer par une exposition superficielle et incomplète les belles et grandes choses que la science et la foi lui ont révélées. Mais disons que, si les théologiens auxquels il a soumis son ouvrage, disposé qu'il est à se courber humblement devant toutes les décisions de l'Église, ont rendu bon témoignage de son orthodoxie religieuse, il ne serait pas moins difficile de contester son orthodoxie scientifique. Se défiant de lui-même, et voulant toujours donner à ses moindres assertions l'autorité de la chose jugée, il ne marche qu'environné des témoignages des maîtres de la science. Les grands noms de Laplace, d'Herschell, de Poisson, d'Arago se retrouvent au bas de chacune de ses pages. Tout ce qu'il avance, tous les faits sur lesquels il s'appuie, ont été revêtus de quelque haute sanction ; et, si parfois, il se permet de rejeter quelques-unes des hypothèses de ces illustres savants, si par exemple, il ose s'inscrire en faux contre une partie de la célèbre théorie de Laplace, c'est qu'alors les calculs de Poisson, les observations d'Herschell, et les expériences décisives de nos plus savants physiciens viennent en aide à ses objections. Il est permis de s'en prendre à un tel adversaire, quand on est soutenu par des auxiliaires comme ceux-là.

Ce n'est pas, nous en sommes convaincu, qu'il n'eût osé seul engager la lutte, si ce duel inégal eût été nécessaire à la défense de la foi et de la vérité. En aucun cas, il n'aurait failli à la sainteté de sa cause : il se serait souvenu de la faiblesse de David et de la force de Goliath. Mais la Providence n'a pas exigé de lui cet acte de courageux dévouement. Elle avait chargé la science humaine de lui applanir les voies : chacune des dernières découvertes de nos astronomes et de nos physiciens avait renversé quelque obstacle, avait porté le coup fatal à quelque vieille objection. Il n'y avait plus rien à créer dans la science, il ne s'agissait plus que de choisir, de rejeter, de coordonner ; et cependant qu'on ne s'y trompe pas, cette tâche à elle seule était encore immense. Il fallait une grande force, une grande énergie pour accomplir cette œuvre, et pour ne pas reculer devant les difficultés de l'entreprise, il fallait plus que l'amour de la science, il fallait la pensée d'un grand devoir à remplir. Cette grande pensée n'a cessé de guider, d'inspirer M. Godefroy : voilà pourquoi il n'a pas succombé sous le faix, voilà pourquoi il a pu élever à la révélation et à la science ce beau et majestueux monument.

Qu'on ne dise donc plus que la religion craint la science, qu'elle redoute la lumière, qu'elle s'oppose aux progrès. La religion est vérité, et elle ne redoute la manifestation d'aucune vérité ; la religion, loin de les blâmer, approuve et consacre vos courageuses tentatives, vos glorieuses conquêtes. « Le christianisme, » disait naguère un illustre prélat, a toujours applaudi » avec joie, il s'est associé avec amour au triomphe » de l'homme sur les éléments. Dieu a destiné l'homme » à être le roi de la nature, aussi chaque fois que » l'homme a triomphé de la nature, Dieu a béni cette » victoire. » La religion loin de redouter les progrès de la science, les désire, les appelle de tous ses vœux ; elle sait que chaque fois que vous acquérez une vérité nouvelle, à quelque ordre qu'elle appartienne, vous vous rapprochez de son auteur ; la religion sait que l'ignorance seule vous éloigne d'elle et vous empêche de l'aimer ; l'ignorance, cette plaie hideuse de l'humanité déchue, de quelque source qu'elle provienne, de l'obscurcissement de l'esprit ou de la corruption du cœur.

Notre tâche est remplie : nous nous sommes efforcé d'indiquer les principales difficultés que M. Godefroy avait dû rencontrer dans sa généreuse tentative, les écueils qui hérissaient la route qu'il avait à parcourir, et contre lesquels s'étaient brisés ceux qui l'avaient précédé dans la carrière. Nous avons voulu signaler la pure et sainte pensée qui n'a cessé de l'animer et de le soutenir, pendant de longues et pénibles veilles, et le bonheur providentiel qui, le guidant à travers les obstacles, lui a permis d'accomplir cette œuvre immense, à laquelle tant de savants ont vainement travaillé depuis tant de siècles : *L'explication de la Cosmogonie de Moïse par les sciences naturelles*. Grâces à M. Godefroy, ou plutôt grâces à la Providence dont il n'a été que l'instrument, la fusion la plus intime entre la science et la révélation existe aujourd'hui sur cette mystérieuse question de la formation des mondes. La science est venue se courber devant le Créateur de ces mondes, devant celui qui est l'alpha et l'oméga de toute science; et les théories les plus admirables de la physique, de l'astronomie, de la géologie n'auront plus le droit maintenant de s'élever dans les hautes régions de la Cosmogonie, que lorsqu'elles auront reçu de la foi, leur dernière et complète consécration.

M. Godefroy s'est borné aux quatre premiers jours de la Genèse, parce que ces quatre premiers jours comprennent toute la partie cosmogonique de l'œuvre de la création. Pendant la durée des deux derniers jours, l'historien sacré ne raconte que des faits relatifs à la terre et aux habitants qu'il a plu au Créateur de lui donner. Les grandes lois qui avaient présidé à la formation des mondes avaient reçu leur accomplissement le quatrième jour, et dès ce moment l'auteur aurait dû entrer dans un autre ordre d'idées et de faits. D'ailleurs, s'il avait été contraint d'indiquer les erreurs cosmogoniques de quelques-uns des savants qui avaient prétendu appliquer les découvertes de la science au récit de Moïse, il avait reconnu la supériorité avec laquelle quelques-uns d'entre eux avaient traité la partie géologique de leur travail. Les cinquième et sixième jours des cosmogonies ou géogénies modernes lui avaient semblé avoir dit le dernier mot de la science sur cette partie du récit révélé, et il n'eût pas cru pouvoir exposer mieux que leurs auteurs, l'accord admirable de la révélation et de la géologie sur l'apparition successive des êtres animés qui ont peuplé la terre. M. Godefroy n'a prétendu faire autrement que les autres, que quand il était certain de devoir mieux faire. Ce n'est point pour sa propre gloire, c'est pour la plus grande manifestation de la vérité qu'il a écrit.

On s'étonnera sans doute, et l'on s'étonnera avec raison, de voir un nom inconnu figurer au frontispice du monument que vient d'élever M. Godefroy, lorsqu'il eût pu y attacher plus d'un nom illustre, dans les sciences sacrées aussi bien que dans les sciences humaines et apposer ainsi à son œuvre la sanction de leur autorité. Nous avons longtemps résisté au désir qu'il nous manifestait de nous voir tracer quelques pages en tête de cet ouvrage, car tout autre l'eût fait plus utilement pour lui. Étranger aux sciences qui forment la base de son beau travail, nous ne pouvions que rendre compte de nos propres impressions, exprimer un jugement sans force et sans valeur, et peut-être prévenir défavorablement le lecteur, par notre insuffisance même à l'apprécier dignement. Nous avons lutté longtemps ; mais nos raisons n'ont point prévalu, et nous n'avons cédé à la fin, que dans la crainte de blesser par un plus long refus celui qui nous donnait une si haute marque de confiance et d'estime. Ce qui d'ailleurs dissipait nos appréhensions, c'était notre conviction profonde que rien ne pourrait empêcher *la Cosmogonie de la Révélation* d'accomplir la glorieuse destinée qui l'attend. Si l'auteur a déployé dans son œuvre une science immense et profonde, l'homme du monde peut néanmoins, aussi bien que le savant, saisir dans son ensemble et dans ses développements ce magnifique travail. Nous n'avons donc qu'une demande à adresser au lecteur et, s'il nous l'accorde, la cause du livre est gagnée : Qu'il lise l'ouvrage, qu'il le lise avec l'attention qu'il mérite, et qu'il le juge ensuite, non d'après nous, mais d'après lui-même.

CHAPITRE PREMIER.

Premier jour de la Genèse.

SECTION PREMIÈRE.

EXPOSITION HISTORIQUE.

Création de la matière. — État original de la matière constitutive du ciel et de la terre. — Abîme universel. — Essence de l'esprit de Dieu de la création, et nature de ses opérations sur la matière fluide du premier jour. — Manifestation de la lumière.

Le premier de tous les livres porte inscrit en tête le nom mystérieux de l'Être éternel et créateur ; et dans cette première de toutes les Cosmogonies, le ciel et la terre ont une même origine, et leur naissance commune précède tous les temps : *Au commencement Dieu créa le ciel et la terre.* Tel est le début de la Genèse.

Alors le *Livre des générations du ciel et de la terre* nous révèle ce qu'était la création en ce premier instant de la nature : une matière informe, un abîme dans les

1.

ténèbres; mais l'esprit de Dieu se portait au-dessus de ces éléments, *et la lumière fut.* C'est le premier jour.

Ainsi, d'après la Genèse, la lumière est le premier produit de la création, et son apparition date du premier jour ou de la première époque de la nature.

C'est en présence des nouvelles doctrines scientifiques que nous discuterons, en les comparant avec ces nouvelles doctrines, tous les faits que renferme l'histoire des premiers âges du monde. C'est en présence des investigations de l'astronomie, de la physique, de la chimie et de la géologie, que nous allons interroger les archives sacrées sur la condition primitive de l'être un et multiple nommé univers, et sur les lois primordiales qui ont présidé à l'organisation du ciel et de la terre.

Nous reprenons le récit historique, que nous citerons toujours textuellement.

« Au commencement Dieu créa le ciel et la terre, *in* » *principio creavit Deus cœlum et terram.* » (Gen. I, 1.)

Si la ressemblance du globe terrestre avec les autres globes planétaires décèle une origine commune, l'état actuel de l'astronomie ne nous permet pas de douter que le soleil lui-même n'ait une génération pareille à celle de ses planètes ou satellites, qui ont tant d'analogie avec lui par leur forme, leur mouvement, leur densité, etc. Mais notre système solaire, malgré son immense étendue, n'occupe qu'un point dans l'espace : des mille millions d'autres soleils brillent comme lui de leur lumière propre. C'est ce vaste univers, ou ce grand tout résultant de l'ensemble des étoiles ou soleils, et des planètes ou satellites, que le Créateur, au commencement des temps, fit jaillir du néant par un seul acte de sa toute-puissante volonté.

Cependant ce ciel du commencement et cette terre créée en même temps que le ciel ne sont pas le ciel et la terre que nous voyons ; car, d'après la Genèse encore, la première formation du ciel et la constitution définitive de la terre ne datent, l'une, que du deuxième, et l'autre, que du troisième jour ; et ce n'est que le quatrième jour que le soleil, la lune et les étoiles, c'est-à-dire tout ce qui constitue le ciel, brillent dans le champ de la création. La création du ciel et de la terre du commencement des temps n'est donc que la création de la matière constitutive du ciel et de la terre.

Cette doctrine, comme nous l'apprenons de saint Augustin, est celle des anciens interprètes, qui, par ces mots, LE CIEL ET LA TERRE, ont entendu la matière dont ont été formés le ciel et la terre, et toutes les merveilles que renferment le ciel et la terre ; la matière de tous les corps de la nature, des globes lumineux et des globes opaques. Et le grand interprète de l'Écriture fait voir qu'en effet il n'est pas possible d'entendre, par ces premières paroles de la Genèse, autre chose que LA MATIÈRE DU CIEL ET DE LA TERRE, *nisi materiam cœli et terræ,* la matière qui allait servir à la formation du ciel et de la terre, *id est materiam quæ cœli et terræ formam capere posset ;* et qu'il faut dire avec tous les interprètes, sous peine de tomber dans l'absurde, que Dieu a d'abord créé la matière du ciel et de la terre, et qu'ensuite il a donné la forme à cette matière, *cùm verò dicit primò informem, deindè formatam, non est absurdus* (1).

(1) Informen materiam confusè habentem cœlum et terram, undè formata nunc et apparent, cùm omnibus quæ in eis sunt..... adhùc informem materiam de quâ formatur cœlum et terra, sinu grandi

Quel était l'état de cette matière du ciel et de la terre? C'est ce que le Livre divin nous révèle tout d'abord. Dès le second verset, nous sommes avertis que la terre du premier jour était à l'état simple, qu'elle était VIDE ET VAINE, INCOMPOSÉE, et que la création tout entière n'était alors qu'un abîme invisible, ou une matière diffuse, impalpable.

« Alors la terre était vide et vaine, *terra autem erat* » *inanis et vacua*, ou, selon la traduction des Septante, » invisible et incomposée, *invisibilis et incomposita* » (ἀόρατος καὶ ἀκατασκεύαστος); et les ténèbres étaient sur » la face de l'abîme, *et tenebræ erant super faciem* » *abyssi.* » (Gen. I, 2.)

Un savant de notre époque, qui a si puissamment contribué aux immenses progrès des sciences physiques, M. Ampère, dans ses leçons sur la classification naturelle des connaissances humaines, faisait remarquer, en appelant l'attention de son nombreux auditoire sur ce passage de la Genèse, que le sens donné par les anciens au mot INANIS, *entraîne surtout l'absence de matière palpable* (1).

Wallérius, ce célèbre professeur d'Upsal, non moins distingué par sa prodigieuse érudition que par ses connaissances profondes dans la science de la nature, avait déjà fait la même observation sur la signification des mots INANIS ET VACUA, qu'il entend pareillement *de la simplicité et de la ténuité de la matière première, et*

continens perspicuas promptasque naturas, cœlum luminosum et terram caliginosam. (*Conf.* l. 12, c. 20, 28. — *De Gen ad litter.* l. imp. c. 4. — *De Gen. cont. Manich.* l. 1, c. 4, 5, 7.)

(1) *Théor. de la terre*, d'après M. Ampère, *Revue des Deux-Mondes*, 1er juillet 1833.

de l'absence de toute composition, mouvement et vitalité (1).

Aussi voyons-nous que chez les saints Pères, ces mêmes expressions genésiaques sont données comme spécifiant ou désignant *un amas confus sans aucune forme, un amas des semences des êtres sans aucune des qualités qui frappent nos sens* (2) ; et chez nos auteurs modernes, théologiens ou commentateurs, *une ébauche et une masse confuse* (3), *une matière informe* (4), *la matière première destinée à être la terre* (5).

Les anciens interprètes qui ont suivi la traduction des Septante, ont pareillement entendu les paroles qui viennent immédiatement après le premier verset de la Genèse, *invisible et incomposée*, de l'état de la matière élémentaire, de la matière constitutive de la terre au premier instant de la création ; opposant aux esprits forts de leur temps, que cette terre du premier jour était à l'état pur de matière informe, puisqu'elle était invisible et incomposée, et puisqu'il est écrit que le ciel lui-même ne fut formé que le jour suivant (6).

Enfin cette terre *vide et vaine* dans la Vulgate, *in-*

(1) *De l'Origine du Monde et de la Terre en particulier*, §. 14 et 16. Traduction de J.-B. D. Varsovie, 1780.

(2) *La Genèse, trad. en français, avec l'expl. du sens littér. tirée des saints Pères et des aut. ecclés.*, t. 1, c. 1 Paris, 1680.

(3) Bossuet, *Elév. sur les myst.*, 5e élév.; et *Eraste*, par l'abbé Filassier, p. 110.

(4) *Bible de Royaumont*, ch. 1.

(5) *La Genèse expliquée d'après les textes primitifs*, par M. l'abbé du Contant de la Molette, ch. 1.

(6) Terra autem ipsa informis materies erat, quia invisibilis erat et incomposita... Nam et cœlum scribitur posteà factum. (Vid. St. August. *Conf.* l. 12, c. 28. — *De Gen. cont. Manich.* l. 1, c. 7.)

visible et incomposée dans la version des Septante, n'est qu'*un vide et un rien* κένωμα καὶ οὐδὲν dans la traduction d'Aquila, *une informité et une nullité* κενὸν καὶ οὐθὲν dans la traduction de Théodotion, une matière *diffuse et inerte* ἀργὸν καὶ ἀδιάκριτον dans celle de Symmaque ; et nous apprenons de MM. Chaubard et Marcel de Serres que le texte chaldaïque porte mot pour mot : « *alors* » *la terre était matière informe à l'état de molécules élémentaires* ; » et la version samaritaine, qui est l'ancien texte hébreu, « *une matière divisée jusqu'à être* » *impalpable, jusqu'à l'annihilation* (1). »

Or, d'après la Genèse, cet état de nature première n'est pas seulement celui de la terre du premier jour ; c'est encore l'état de la création tout entière : l'universalité de la création n'était alors qu'un abîme, une masse inerte de matière diffuse. La lumière elle-même, ce premier produit de la création, n'était pas encore : les ténèbres régnaient sans partage sur l'abîme unique du ciel et de la terre, sur l'abîme du ciel dont la disposition première date du deuxième jour ; sur l'abîme de la terre qui n'est distinguée, et séparée ou détachée de l'abîme unique du premier jour, que ce deuxième jour de la création.

Et les ténèbres étaient sur la face de l'abime.

« Afin qu'on ne s'imaginât pas que le ciel dont il a » parlé au premier verset fût un ciel orné, éclairé, et » qui répandait sa lumière sur la terre, Moïse nous

(1) M. Chaubard, *Elém. de Géol.* p. 37, 38.
« *Informis et aériformis*, d'après le texte hébreu. Le texte samari- » tain emploie d'autres expressions qui présentent ce qui fut plus » tard la terre dans un état de diffusion qui irait jusqu'à l'impercep- » tibilité ou l'incompréhensibilité. » (M. M. de Serres, *De la Cosmog. de Moïse comp. aux faits géolog.* p. 50.)

» avertit ici que, sous le nom de *ciel*, il entend une » masse confuse et ténébreuse de matière (1); » car « le » mot ABIME marque en cet endroit ces vastes corps du » ciel et de la terre qui étaient tout confus et tout » informes, et couverts d'épaisses ténèbres (2), » « la » matière dont Dieu composa les cieux, les astres, etc., » la matière de tout l'univers (3). »

Cet abîme du ciel et de la terre que les annotateurs modernes appellent « un vide ténébreux (4), » « la » matière destinée à composer le monde (5), » « la » matière d'où sortirent ensuite les cieux aussi bien » que le globe terrestre (6), » les anciens interprètes l'avaient nommé « le chaos universel d'où devaient être » tirés tous les corps célestes et tous les éléments (7), » « une profondeur infinie (8), » « une immensité sans » borne et sans fond (9), » « le grand tout de la création » encore à l'état de matière informe et nébuleuse, à » l'état de matière invisible et impalpable (10). »

(1) D. Calmet, *Comm. littér. sur la Genèse.*

(2) *La Genèse, avec l'expl. littér. tirée des saints Pères.*

(3) *Comm littér. sur la Genèse.*

(4) *Bible de Royaumont.*

(5) *Eraste,* par l'abbé Filassier.

(6) Berruyer, *Histoire du Peuple de Dieu.*

(7) Chaos unâ universali communi rudique formâ congestum, ex quo elicienda essent corpora cœlestia et elementaria cuncta. (St. Gregor. Nyss.)

(8) Aqua nimia infinitum habens profundum. (Eustath.)

(9) Sine fundo aqua, impenetrabilis, immensa. (Beda et alii. Scrip. sac. cur. compl.)

(10) Hoc totum adhùc informis et tenebrosa materies erat.... quia nullâ specie cerni aut tractari poterat. (Vid. St. Aug. *Conf.* l. 12, c. 7. — *cont. Manich.* l. 1, c. 7)

Et dans un ouvrage tout spécial, dans son traité du sens littéral de la Genèse, saint Augustin expose que le ciel et la terre du premier jour n'étant encore qu'un abîme et un abîme invisible, cette masse confuse n'était que la matière encore informe du ciel et de la terre, que la matière qui, en revêtant une forme par la disposition des éléments, allait devenir le monde que nous voyons, *materies erat confusa quædam de quâ mundus, digestis elementis et acceptâ formâ, fabricaretur*; matière appelée ici immensité vide de lumière, *profunditas carens luce*, et précédemment désignée sous le nom de ciel et de terre, parce qu'elle était comme la semence du ciel et de la terre, *quæ appellata est superiùs nomine cœli et terræ, veluti semen cœli et terræ* (1).

A cet autre témoignage des interprètes de l'Écriture, vient se joindre encore l'autorité des habiles dans la science de la nature. « Cette masse immense, infinie, » sans mouvement et sans fond, puisqu'elle n'était point » encore divisée, ni distribuée, observe à son tour le » célèbre Wallérius, ne pouvait avoir une dénomina- » tion plus convenable que celle d'*abîme* que lui donne » Moïse, lorsqu'il dit que les ténèbres étaient sur » l'abîme. »

C'est l'observation qu'avait déjà faite le savant et érudit Gesenius, qui appelle cet abîme du premier jour la masse *chaotique* de la création ; et c'est l'observation que fait aussi l'habile professeur de géologie de l'école de Montpellier : « Le mot hébreu, dit-il, qu'avec tous » les commentateurs nous avons rendu par abîme, » exprime les profondeurs de l'espace, une profondeur

(1) *De Gen. ad litter.* l. 1, c. 4.

» immense, ou plus littéralement encore un désordre » tumultueux (1). »

Puis le naturaliste suédois fait voir que le mot TEHOM de la phrase hébraïque est le plus propre à désigner *l'immensité de la matière informe de la création*, que cette épithète ou cette expression métaphorique indique absolument *les premiers principes qui ont servi à la production de l'univers, ou la terre première, la terre principe, la totalité, l'universalité des choses précèdemment désignées sous le nom de ciel et de terre*; il fait voir que les Septante, en rendant le mot hébreu TEHOM par ἄϐυσσος, ont entendu exprimer, suivant la remarque d'Aratas, *la profondeur immense du premier principe*; et il cite encore en preuve Dickisson, qui rappelle dans sa physique que les interprètes arabes se sont servis d'un terme qui désigne *la masse et la quantité immense de la matière.*

Il suit de là, concluait l'illustre suédois, que *cette terre première* dont parle Moïse, était *très-simple, invisible à cause de la ténuité de ses parties*, et qu'elle avait les propriétés qui conviennent *au premier principe des corps*; c'est-à-dire, comme il vient de le définir, au *principe qui fait la base de tous les corps*. Ce principe, disait encore Wallérius, est le même que le *principe passif* de quelques physiciens, le même sans doute que les πρῶτα σώματα de quelques Grecs, les *ramenta* d'Héraclite, les *monades* de Pythagore, les *atômes* de Zeucippe, de Démocrite et d'Épicure, *la matière élémentaire* de Descartes, les *minima rerum* de quelques physiciens,

(1) Gesenii, *Thesaur. philosophic. critic.* p. 236.
M. M. de Serres, *op. cit.* p. 51, 52.

et les *stamina rerum* de Newton; et c'est ce même principe que Moïse avait appelé *terra inanis et vacua* (1).

Nous pourrions nous appuyer ici de l'autorité de Noël, de Vatable, de Grotius, qui soutiennent que dans la phrase hébraïque, l'épithète *inanis et vacua* s'applique également à la matière du ciel et de la terre, à la matière de tout l'univers. En rapprochant la version de ces habiles annotateurs, de la traduction d'Aquila et de celle des autres auteurs qui ont suivi le texte original (2), il est possible, disons mieux, il est probable qu'on arriverait à cet énoncé : au commencement Dieu créa la substance ou la matière du ciel et de la terre ; alors elle (la matière) était vide et vaine (*alors la matière était informe* (3)), et les ténèbres étaient sur la face de l'abîme. Mais nous n'avons besoin que de lire la Vulgate. Nous y trouvons écrit en toutes lettres, que la création du ciel et de la terre du premier jour n'est que la création de ce qui fut fait le ciel et la terre, que

(1) *Op cit.* §. 16.

De là sans doute les idées des anciens sur la confusion, le mélange de tous les éléments, de tous les principes des choses qu'ils ont appelé le chaos.

« Ante mare et terras, et quod tegit omnia, cœlum,
» Unus erat toto naturæ vultus in orbe,
» Quem dixere chaos, rudis, indigestaque moles,
» Nec quidquam, nisi pondus iners, congestaque eòdem
» Non benè junctarum discordia semina rerum. »
(Ovid. *Metam.* lib. 1.)

(2) Aquila, qui traduisit en grec toute l'Écriture-Sainte, et dont la version était faite mot pour mot sur l'hébreu, exprime que Dieu créa *en sommaire*, ἐν κεφαλαίῳ, le ciel et la terre, et St. Ephrem, cet autre traducteur des livres saints, la substance du ciel et de la terre, *substantiam cœli et terræ.* (Explanatio in Genesim, c. 1.)

(3) Ainsi traduisent Noël, Vatable et Grotius.

la création de la matière dont Dieu allait se servir *pour faire le ciel et la terre.*

Nous lisons au chapitre second, que le septième jour Dieu se reposa de tous les ouvrages qu'il AVAIT CRÉÉS POUR LES FAIRE, *cessaverat ab omni opere suo quod* CREAVIT DEUS UT FACERET. (Gen. II, 3.) Quels sont ces ouvrages que Dieu avait créés pour les faire? La Genèse vient de nous le dire : c'est le ciel et la terre, et tout ce que renferment le ciel et la terre, *igitur perfecti sunt cœli et terra, et omnis ornatus eorum.* (Gen. II, 1.)

Au commencement Dieu créa le ciel et la terre. Mais voici qu'il nous est révélé qu'au commencement Dieu créa le ciel et la terre POUR LES FAIRE, POUR LES FORMER, *creavit ut faceret, ut ordinaret.*

« L'hébreu BARA, qui se trouve ici (dans le premier » verset), doit s'entendre d'une création proprement » dite et d'une extraction du néant. Pour s'en con- » vaincre, il suffit de comparer ce verset avec celui où » on lit : BARA LAASOTH, *creavit ut faceret, creavit ut* » *ordinaret*, Dieu créa la matière au commencement, » et la tira du néant pour l'ordonner et lui commu- » niquer de nouvelles formes les jours suivants. L'op- » position qui est entre ASAH et BARA nous apprend tout » cela. ASAH, *faire*, suppose une matière préexistante » sur laquelle l'agent opère ; BARA, *créer*, n'en suppose » point.

» BARA LAASOTH, *creavit ut faceret, ut ordinaret*, il » créa d'abord, au commencement, la matière, pour » l'ordonner ensuite dans l'espace des six jours (1) ; »

(1) *La Genèse expliquée d'après les textes primitifs*, par M. l'abbé du Contant de la Molette.

Voyez aussi Gesenius, *loc. cit.*

ou bien, au commencement, Dieu créa pour faire le ciel et la terre, *creavit Deus ut faceret cœlum et terram.*

L'opposition qui existe ici entre BARA, *créer, tirer du néant*, et ASAH, *faire, former*, cette opposition si éminemment significative se retrouve encore dans le verset suivant. L'écrivain sacré insiste sur la distinction qu'il vient d'établir entre la CRÉATION et la FORMATION du ciel et de la terre : « Telles sont, ajoute-t-il, les générations » du ciel et de la terre, quand ils furent créés, et au » temps où le Seigneur Dieu fit le ciel et la terre, *istæ* » *sunt generationes cœli et terræ, quando* CREATA SUNT, » *in die* (1) *quo* FECIT *Dominus Deus cœlum et ter-* » *ram.* » (Gen. II, 4.) C'est-à-dire que les générations qui viennent d'être décrites, sont les générations du ciel et de la terre créés au commencement, puis faits et formés pendant les six jours genésiaques. Aussi, lorsque l'écrivain inspiré n'a plus qu'à exprimer la durée de cette formation, lorsqu'il ne veut plus considérer que l'œuvre des six jours, ou le temps pendant lequel furent formés le ciel et la terre, il n'emploie plus que le verbe ASAH, *facere*, faire : *sex enim diebus fecit Deus cœlum et terram.* (Exod. XXXI, 17.)

Dieu créa au commencement le ciel et la terre, *in principio creavit Deus cœlum et terram*; et ce ciel et cette terre, Dieu les fit en six jours, *sex enim diebus fecit Deus cœlum et terram.*

Ainsi, d'après la Genèse, Dieu a fait en six jours le ciel et la terre qu'il a créés au commencement : la création du ciel et de la terre est la création de ce qui

(1) « Il est visible qu'ici le mot jour signifie les six jours mêmes de » la création. » (M. Frayssinous, *Conférences sur la religion*, t. 2, p. 203.)

fut fait le ciel et la terre. Ainsi le ciel et la terre créés au commencement, ou l'abîme invisible et informe de la création sont « la matière dont Dieu forma dans » l'espace des six jours les corps célestes et ter» restres (1), » « la matière de tous les êtres corporels » compris sous le nom des deux principales parties » de l'univers, et qui renferment toutes les autres (2). »

En rappelant aux Hébreux que le monde a été formé d'une matière informe, le grand Apôtre parle de ce dogme comme d'une vérité connue de tous, comme d'un article du symbole primitif : « Nous savons par la foi, » leur écrit-il, *fide intelligimus*, que les éléments, que » les choses de ce monde ont été disposées, agencées » par la parole de Dieu, *aptata esse secula verbo Dei*, » afin que d'invisibles qu'elles étaient auparavant elles » devinssent visibles, *ut ex invisibilibus visibilia fie*» *rent*. (Heb. xi, 3.)

« L'auteur du Livre de la sagesse, exposent ici les traducteurs interprètes, dit en ce même sens, au chap. ii, v. 18, que Dieu a fait le monde d'une matière invisible, *ex materiâ invisâ*, ou, comme il y a dans le grec, *d'une matière sans forme*, ἐξ ἀμόρφου ὕλης. La matière avait été créée auparavant, et c'est ce que nous appelons *chaos* (3). »

Cette explication donnée par la Genèse elle-même du sens de ses premières paroles, explication reproduite et par l'auteur du Livre de la sagesse et par l'Apôtre des Nations, n'a point échappé au grand interprète de

(1) *La Genèse expl. d'après les text. prim.*

(2) D. Calmet, *Comm. sur la Genèse.*

(3) *Le Nouveau Testament avec des remarq. littér. et critiq.* Trévoux, 1701.

l'Écriture : La matière première, *prima materia*, était informe, et c'est de cette matière informe que toutes choses ont été tirées et formées, *undè omnia fierent quæ distincta atque formata sunt*; c'est pourquoi il est dit dans un autre endroit des Écritures, à la louange du Créateur, qu'il a fait le monde d'une matière informe, *de informi materiâ*, et selon une autre version, d'une matière invisible, *de materiâ invisâ*; alors que la matière constitutive de la terre était unie et confondue avec tout le reste de la matière, *cum in confuso adhùc esset cœli et terræ materia* (1).

C'est donc, fait observer encore ailleurs le judicieux interprète, pour exprimer tout à la fois et cette confusion de la matière du ciel et de la terre, et cette informité absolue de la matière de la création, qu'il est écrit dans la Genèse que *les ténèbres étaient sur l'abîme*; car, les ténèbres n'étant que l'absence de la lumière, nous comprenons par là qu'il n'y avait pas même de lumière dans la nature; et, si l'Écriture se sert en cet endroit du mot SUR, AU-DESSUS, c'est parce que si la lumière eût été dès-lors, elle n'aurait pu être qu'AU-DESSUS de cet abîme, *ubi enim lux esset, si esset, nisi* SUPER *esset*... SUPER *itaque erant tenebræ quia* SUPER *lux aberat* (2).

(1) *Contr. Manich.* l. 1, c. 5, 7.

(2) « Quæ confusio materiæ sic potuit insinuari populari intelligentiæ, si diceretur terra invisibilis, vel incomposita, vel inordinata, vel imperata, et tenebræ super abyssum, id est super profunditatem vastissimam, quæ rursùs profunditas ex eo fortassè nominata est, quia nullius intelligentiâ, propter ipsam informitatem penetrari potest..... undè jussisti ut scriberetur quod *tenebræ erant super abyssum*, quid aliud quam lucis absentia? ubi enim lux esset, si esset, nisi super esset eminendo et illustrando? ubi ergo lux nundum erat,

Mais il est écrit en ce même lieu, dans le deuxième verset genésiaque, que l'esprit de Dieu se portait au-dessus des eaux.

« Les ténèbres étaient sur la face de l'abîme, et » l'esprit de Dieu se portait sur les eaux, *et spiritus Dei* » *ferebatur super aquas.* » (Gen. 1, 2.)

Nous devons dire, et nous dirons tout d'abord, avec le Prince des Apôtres, avec les saints Pères, avec les théologiens et interprètes, et avec les savants dans la science de la nature, que « sous ce nom d'eaux nous » entendons la même chose que sous le nom d'abîme, » c'est-à-dire la matière informe de l'univers (1), » « l'abîme fluide qui a servi à former et les cieux et la » terre (2), » « la matière de tous les corps de l'uni- » vers (3), » « la matière qui a formé les différents » corps célestes et planétaires (4). »

Comme l'apôtre saint Paul, le Prince du collége apostolique fait de cette autre révélation de la Genèse un dogme populaire et connu de tous, lorsqu'il écrit à ces mêmes Hébreux qu'on ne peut ignorer que les cieux et que la terre faite consistante, *consistens*, faite et formée de la substance, de la propre substance des eaux de la création par la parole de Dieu, existaient depuis longtemps (longtemps avant le déluge) : *Latet*

quid erat adesse tenebras, nisi abesse lucem ? super itaque erant tenebræ, quia super lux aberat. (St Aug. *De Genes. ad litter.* l. 1, c. 4. *Conf.* l. 12, c. 3.)

(1) D. Calmet, *op. cit.*

(2) Tam enim cœli quàm sublunaria facta sunt ex eàdem aquarum abysso. [*Script. sacr. curs. compl.*]

(3) Wallerius, *op. cit.* §. 13.

(4) M. M. de Serres, *op. cit.* p. 40.

enim eos hoc volentes, quòd cœli erant priùs et terra de aquâ et per aquam consistens verbo Dei (1). (2. St. Petr. III, 5.)

Puisqu'il nous a été révélé que la création du ciel et de la terre du premier jour n'est que la création de la matière constitutive du ciel et de la terre, il est bien évident que cette autre dénomination est encore une dénomination toute caractéristique de l'état de cette matière universelle en ce premier jour de la création. Nous verrons bientôt que cette nouvelle expression marque la gradation, qu'elle est aussi une dénomination qualificative de l'état progressif de la matière élémentaire.

Saint Augustin examine pourquoi le Créateur donne encore le nom d'eaux à la matière élémentaire qu'il vient d'appeler ciel et terre, terre incomposée et abîme ténébreux, et pourquoi il est dit que l'esprit de Dieu se portait sur les eaux, alors qu'il n'y avait encore ni terre ni eau, ni rien autre chose, *cùm adhùc neque aqua distincta atque formata, neque terra esset, neque aliquid aliud.* Et il explique que cette matière élémentaire a dû être désignée sous le nom d'eau pour sa fluidité ou

(1) La plupart des traducteurs et interprètes ont cru devoir répéter le participe en traduisant ou expliquant : *cœli consistentes de aquâ et terra per aquam consistens,* ou d'après le grec, *cœli constituti et terra constituta ;* entendant d'ailleurs par ces eaux la matière première, *aquæ nomine materiam primam significatam.* Ces interprètes n'ont pas considéré qu'il n'est question et qu'il ne pouvait être question ici que du mode de formation de la terre (*modus essendi*), dont St. Pierre ne parle qu'incidemment, comme d'un fait hors de toute discussion, et à l'occasion d'un autre dogme qui ne concerne pareillement que la terre, à l'occasion du dogme du déluge universel. Puis on verra, dans le chapitre suivant, que St. Pierre, *qui écrivait aux Juifs*, n'avait pas besoin de leur rappeler que les cieux tiraient leur origine de ces mêmes eaux du premier jour.

sa mobilité, comme elle l'avait été sous celui de ciel et de terre à cause de son universalité, et sous le nom de terre incomposée et d'abîme invisible pour son défaut absolu de forme ; la première de ces dénominations nous indiquant la fin pour laquelle cette matière a été créée, qui est la formation du ciel et de la terre, la seconde, son état de diffusion, d'informité, et la troisième son aptitude à prendre toutes les formes qu'il plairait au Créateur de lui donner.

Ainsi, conclut le grand interprète, il est dit que l'*esprit de Dieu se portait sur les eaux*, afin que nous entendions par cet esprit l'agent opérateur et moteur, et par ces eaux, la matière ouvrière sur laquelle il opérait, ou sur laquelle il se portait pour en tirer toutes les merveilles de l'univers (1), ou, comme l'expriment saint Grégoire de Nysse et saint Jean Chrysostôme, une substance susceptible de toutes qualités ou modifications, *facultatem qualitatum susceptricem* (2), une substance douée d'un principe vital, *vitalem quamdam vim habens* (3).

Sans doute les principes élémentaires du ciel et de la terre, ou de tous les corps de l'univers, ne pouvaient avoir de dénominations plus convenables et plus en rapport avec les propriétés générales de la matière, et avec ce qu'il nous est donné de savoir de son essence ;

(1) In hâc igitur materiæ significatione priùs insinuatus est finis ejus, id est propter quod facta sit, secundò ipsa informitas, tertiò servitus sub artifice atque subjectio : in primò cœlum et terra, propter hoc enim facta materies, etc... Ideò super aquam ferebatur spiritus Dei, ut spiritum operantem, aquam verò undè operatur, intelligamus materiam fabricabilem... (*De Gen. ad. litt.* l. 1, c. 4.)

(2) St. Greg. Nyss, in *hexam.*

(3) St. Chrysost, *homél.* 3, *in Gen.*

car les efforts et les recherches des philosophes de tous les siècles n'ont pu rien nous apprendre de la nature de la matière, si ce n'est qu'elle doit être constituée par l'union de molécules infiniment déliées, et par conséquent d'une mobilité ou d'une fluidité absolue. Mais il est une autre merveille que les docteurs de l'Église ne pouvaient connaître, et que les progrès de la philosophie naturelle nous permettent aujourd'hui d'apercevoir dans le récit de l'historien inspiré : c'est que ce récit est une description fidèle et rigoureusement exacte des diverses phases par lesquelles a dû passer la matière originelle, pour concourir à la formation de l'univers.

Cependant, avant de produire les témoignages des savants du siècle, nous devons encore interroger les théologiens pour connaître l'essence de cet esprit de Dieu, et la nature de ses opérations sur la matière fluide de la création.

Dans la paraphrase du père de Carrières, et dans la Genèse traduite en français avec l'Explication du sens littéral tirée des saints Pères et des auteurs ecclésiastiques, on lit que l'esprit de Dieu se portait sur les eaux, *les disposant à produire toutes les créatures pour en former tout ce qu'il y a de grand et d'admirable dans le ciel et sur la terre, pour en produire toutes les créatures de l'univers.* Il est dit pareillement dans le Commentaire de dom Calmet, que cet esprit de Dieu imprimait à la matière un mouvement réglé et ordonné par la sagesse du Créateur, *par le moyen duquel les diverses parties de cette matière prirent dans l'univers, pendant l'espace des six jours, la place qu'elles occupent et la forme qui les distingue.* Et saint Augustin enseigne que l'esprit de Dieu se portait sur toute la matière de la création, *par sa vertu vivifiante et productrice, pour donner le mouvement et la vie à cette matière* (1).

Quel est donc cet esprit de Dieu qui planait sur toute la matière fluide de la création? Que faut-il entendre par cet esprit de Dieu? C'est encore le savant interprète de l'Écriture qui parle. Faut-il entendre le Saint-Esprit, la troisième personne de la trinité divine, ou plutôt et simplement une créature vivifiante, *vitalem creaturam*, un agent universel qui pénètre et anime tous les corps, *quâ universus visibilis mundus atque omnia corpora continentur et moventur*, un élément générateur que Dieu a revêtu d'une certaine puissance pour l'exercer, conformément à ses desseins, sur tout le domaine de la création, *cui Deus omnipotens tribuit vim quamdam sibi serviendi ad operandum in iis quæ gignuntur?* Le saint docteur fait observer, en faveur de cette dernière opinion, que cet esprit ou ce principe invisible étant le plus parfait de tous les éléments par sa propre nature ou par une essence supérieure à celle des créatures visibles, a pu être appelé avec raison esprit de Dieu, *qui spiritus, cùm sit omni corpore æthereo melior, non absurdè spiritus Dei dicitur*; puis il apporte des raisons théologiques qui prouvent invinciblement qu'il ne faut voir dans cet esprit de Dieu qu'un agent naturel et créé, *sed à Deo facta atque instituta natura* (2).

Tous les saints Pères, tous les commentateurs et interprètes conviennent que l'expression hébraïque *spi-*

(1) Vi quâdam effectoriâ et fabricatoriâ, ut illud cui superfertur, efficiatur et fabricetur. (*De Gen. ad litter.* l. 1. imp. c. 4.)

(2) *Op. et loc. cit.*

ritus Dei se peut prendre pour *spiritus immensus*, un esprit immense; que cette locution, si commune dans l'Écriture, y est employée le plus souvent pour exprimer la grandeur ou l'excellence du sujet dont il est parlé, et que les Hébreux ne l'ont jamais entendu que dans ce sens. Ces mêmes docteurs et saint Jérôme lui-même nous avertissent que le *ferebatur* de la Vulgate ne rend pas toute la force de l'original, que le terme hébreu répond à celui de *incubabat*, SE RÉPANDAIT SUR, *involitabat*, S'ENVOLAIT AU-DESSUS, *se librabat*, S'AGITAIT, VIBRAIT A LA SURFACE; que c'est dans ce sens que cette même expression est employée dans le Deutéronome (chap. 32, v. 11.) où elle marque l'action de l'aigle qui s'envole pour exciter l'ardeur de ses aiglons, *sicut aquila provocans ad volandum pullos suos, et super eos volitans* (1), et que Moïse s'est servi de ce terme pour marquer qu'en se portant au-dessus de l'abîme de la création, *l'esprit donnait le mouvement, la forme et la vie à toutes choses*; car, déclare-t-on encore, *ce que les anciens philosophes ont dit de l'esprit moteur, de l'âme du monde, etc., doit s'entendre de cet esprit dont parle Moïse* (2).

Cette créature vivifiante, cet agent universel, ce principe invisible qui donne la vie et le mouvement à toute la matière, cet élément générateur de tous les corps, cet esprit de Dieu *qui s'élevait au-dessus de la nature matérielle*, au-dessus de l'abîme de la création,

(1) Pro *ferebatur*, hebraicè est, *merachephet*, quod est volucrum, dum super pullos quasi pendulæ leniter agitatione alarum, se librant, motitant et volitant. (*Script. sacr. curs. compl.*)

(2) Voy. *Bible de Vence. — La Genèse avec l'expl. tirée des saints Pères. — Dom Calmet, etc.*

les physiciens aujourd'hui l'appellent « la puissance » universelle que la nature emploie dans toutes ses » opérations, » « le principe invisible dont la matéria- » lité est un mystère à jamais impénétrable, » « l'agent » des phénomènes de la vitalité, » « le principe vital » des corps bruts, » « l'organe de la nature sensitive, » « l'agent dont l'action sur les corps de l'univers est » aussi générale que continue (1). »

« Les agents qu'emploie la nature pour agir sur les structures matérielles sont invisibles et ne se manifestent que par leurs effets. Le calorique ou la chaleur dilate la matière avec une force irrésistible. Mais qu'est-ce que la chaleur? on l'ignore encore. Le plus remarquable, le plus important de ses effets, est la liquéfaction des substances solides et la conversion des liquides en vapeur. Il n'y a pas de solide connu, qui, à l'aide d'une chaleur suffisamment intense, ne puisse être gazéifié. L'analogie est même si large, si forte, qu'il est impossible de ne pas supposer que les corps qui sont liquides dans les circonstances ordinaires ne doivent cet état à la chaleur. Nous sommes ainsi amenés à regarder comme un fait général que l'état solide, l'état liquide et l'état gazeux ou aériforme sont des accidents qui dépendent tout à fait de la chaleur (2). »

Mais les savants ne séparent plus la chaleur de la lumière, qu'ils s'accordent à regarder comme une mo-

(1) M. Thénard, *Traité de chimie*; M. Ure, *Dictionnaire de chimie*; M. Boitard, *Physiologie végétale*; M. Becquerel, *Traité de l'électricité et du magnétisme*.

(2) *Discours sur l'étude de la philosophie naturelle*, par J.-F.-W. Herschell, par 191, 192, 327 et 328. Voy. aussi le *Traité de chimie*, de M. Thénard, t. 1er, p 26 et suiv., et p. 56 et 57.

dification du même principe ; et on rend raison des phénomènes de l'électricité et du magnétisme par la rupture et le rétablissement de l'équilibre de ce fluide invisible dans les divers corps de la nature. On convient aujourd'hui qu'un seul fluide impondérable suffit à l'explication de tous les phénomènes de la chaleur, de la lumière, de l'électricité et du magnétisme ; et tous les jours de nouvelles découvertes viennent révéler aux physiciens que les opérations les plus secrètes de la nature sont dues à cet élément universel, principe de toutes les actions des corps et de toutes leurs modifications, et que ce principe inconnu « est au monde matériel ce que l'âme est au monde moral (1). »

Tel est le principe mystérieux que Moïse nous représente comme dominant sur toute la masse moléculaire que le Créateur venait de tirer du néant, et que dans son langage profondément philosophique il appelle ESPRIT DE DIEU.

« C'est ce même esprit, dit un savant interprète, » que les platoniciens nommaient l'AME DU MONDE, et » qu'ils croyaient être répandu dans tous les êtres, qui » leur donnait la vie et le mouvement ; saint Augustin » le décrit ainsi : *vitalis creatura quâ universus visi-* » *bilis mundus, atque omnia corpora continentur et* » *moventur* (2). »

Cette âme du monde, cet esprit moteur des platoniciens est le même que le principe générateur des stoïciens. Or, cet esprit générateur de toutes choses

(1) M. Becquerel, *Traité de l'électricité et du magnétisme*, t. 4.
(2) D. Calmet, *Comment. litt. sur la Genèse.*

n'est pas distingué de la chaleur (1), que Cicéron appelle la cause productrice de la vie, la vertu vitale qui se répand partout le monde (2); et le philosophe romain fait voir que cette âme du monde, que cet esprit moteur des platoniciens n'est pareillement autre chose que la chaleur qui anime le monde (3).

Cet esprit qui est appelé *l'organisateur suprême des mondes*, dans la théologie des anciens Egyptiens, est le même que *le génie du feu ou la chaleur extrême* : « Immense et éternel, le chaos, suivant eux, était in- » forme et sans mouvement ; ils l'appelaient *Athor* ou » *Athir*. Un esprit nommé *Cneph* et ensuite *Phtos* anima » cette matière inerte. Il fut l'organisateur suprême » du monde ; on l'a confondu avec le feu, ou la chaleur » extrême, ou le génie du feu (4). »

L'esprit ou l'agent universel qui préside au débrouillement du chaos, dans les hymnes attribués à Orphée et dans la théogonie d'Hésiode, est encore le même que le principe générateur des stoïciens, le même que l'âme du monde des platoniciens, le même enfin que le génie du feu ou la chaleur du monde (5).

C'est cette même chaleur du monde que Virgile, dans son exposition de la doctrine des théogonies anciennes, appelle *l'esprit qui pénètre et anime le ciel et la terre*,

(1) Ignem artificiosum. (Cicero, *De naturâ deorum*, l. 2, n° 22.)

(2) Eam caloris naturam vim habere in se vitalem, per omnem mundum pertinentem. (*Ibid.*, l. 2, n° 8.)

(3) Ex quo efficitur animentem esse mundum. (*Ibid.*, l. 2, n° 12.)

(4) M. Pastoret, cité par M. de Lacépède, *les Ages de la nature*, etc., t. 1, p. 269.

(5) Atque etiam mundi ille fervor purior, perlucidior, mobiliorque multò quàm hic noster calor, quo hæc, quæ nota nobis sunt, retinentur et vigent. (*De naturâ deorum*, l. 2, n° 11.)

l'âme qui donne le mouvement et la vie à la masse entière de l'univers (1).

Et dans la Cosmogonie sacrée, l'esprit de Dieu qui se porte au-dessus des eaux, est le principe actif de la création; et dans cette Cosmogonie, c'est de l'action incessante de cet esprit de Dieu, ou du principe calorifique, que procèdent toutes les opérations de la Sagesse créatrice, pendant les quatre jours consacrés à l'organisation des mondes, ou de tous les globes de l'univers: *spiritus Dei ferebatur super aquas, et facta est lux..... firmamentum..... luminaria.....* Mais n'anticipons pas sur le développement du plan genésiaque.

Le premier jour, la terre encore confondue avec tout le reste de la matière dans l'abîme universel, *cùm in confuso adhùc esset cœli et terræ materia*, est à l'état de gaz, à l'état de vapeur, ou à l'état de matière élémentaire : c'est l'idée que réveillent en nous ces mots de matière vide et vaine, invisible et incomposée, de matière divisée jusqu'à être impalpable, jusqu'à l'annihilation; et l'abîme de la création est encore vide de lumière, *quid erat adesse tenebras, nisi abesse lucem?* Cependant ces vapeurs éminemment subtiles, ces gaz, d'abord rares et diffus, se contractent et se condensent par l'effet du dégagement naturel et progressif du calorique, et deviennent ainsi des fluides de plus en plus condensés, à mesure que ce principe calorifique se porte plus abondamment à la surface, où bientôt il va

(1) « Principio cœlum, ac terras, camposque liquentes,
» Lucentemque globum lunæ, titaniaque astra,
» Spiritus intùs alit ; totamque infusa per artus
» Mens agitat molem, et magno se corpore miscet.
» . . . .
» Igneus est ollis vigor. » (*Æneid.*, l. 6, v. 724-730.)

remplacer les ténèbres en devenant lumineux à un certain degré d'accumulation : LES TÉNÈBRES ÉTAIENT SUR LA SURFACE DE L'ABÎME, *super itaque erant tenebræ, quia super lux aberat* ; MAIS L'ESPRIT DE DIEU SE PORTAIT AU-DESSUS DE CES EAUX PRINCIPES, sur ces fluides condensés, désormais désignés sous le nom d'eaux, *ubi enim lux esset, si esset, nisi super esset.* C'est le moment précis assigné par la Genèse à la manifestation de la lumière : « Et Dieu dit : Que la lumière soit, et la lumière fut : » *Dixitque Deus : Fiat lux, et facta est lux* (1). » (Gen. I, 3.)

Ce récit de l'historien de la création est celui de la science du 19e siècle ; concordance inattendue que nous sommes heureux de signaler à l'attention des cosmogonistes.

(1) Dans la génération du monde physique, la disposition de toutes les parties qui le constituent dérive de l'opération d'un principe actif, et ce principe actif est appelé ESPRIT DE DIEU, *Spiritus Dei.*

Dans la génération du monde moral, tout dérive également de l'opération d'un principe actif, et ce principe actif est aussi appelé Esprit de Dieu : *Emittes spiritum tuum et creabuntur, et renovabis faciem terræ.* (Ps. CIII, 30.)

Or, de même que l'esprit de Dieu, que le Créateur fait servir à l'exécution de ses desseins dans la génération de l'univers, est le principe de la lumière du monde physique ; de même l'esprit de Dieu qui *régénère et renouvelle toutes choses*, est le principe de la lumière du monde moral : *De Spiritu sancto est* (S. Matth. I) ; le principe de cette lumière qui doit luire dans les ténèbres : *Et lux in tenebris lucet, lux vera quæ illuminat omnem hominem venientem in hunc mundum.* (S. Joan. I.) Conformément à cette prédiction d'Isaïe : *Populus qui ambulabat in tenebris vidit lucem magnam ; habitantibus in regione umbræ mortis lux orta est eis.* (IX, 2.)

C'est pourquoi tous les saints Pères, tous les interprètes et commentateurs ont vu dans l'esprit de Dieu de la création la figure du Saint-Esprit, LE SAINT-ESPRIT EN FIGURE. (Bossuet, *Élévations sur la création.*)

SECTION DEUXIÈME.

CONCORDANCE SCIENTIFIQUE.

La matière dont les mondes sont composés était d'abord à l'état gazeux. — Nébuleuses de l'astronomie. — La chaleur est la puissance primordiale de l'univers. — Production de la lumière avant la formation des globes lumineux.

Dans l'origine des choses, la terre était *une masse en évaporation*, une masse *à l'état gazeux, à l'état de vapeur*. Cette vérité capitale, que l'illustre Cuvier avait sanctionnée de son suffrage, en citant à l'appui les expériences de M. Mitcherlich sur la composition et la cristallisation des espèces minérales des montagnes primitives (1), cette vérité révélée est enfin mise en évidence par les manifestations *de l'astronomie*, *de la physique* et *de la géologie* : « Toutes les théories » modernes, fondées sur les données les plus positives » que nous fournissent l'astronomie, la physique et la » géologie, admettent que la terre était primitivement » à l'état gazeux, c'est-à-dire que toutes les substances » solides qui la composent aujourd'hui, se trouvaient » disséminées à l'état de vapeur, dans un espace

(1) *Discours sur les Révol. de la surf. du Globe*, p. 21, 22.

» beaucoup plus grand que celui qu'elle occupe au- » jourd'hui (1). »

Mais est-il également démontré que cet état est l'état originel de toutes les parties coexistantes de la matière qui constitue l'univers, comme l'annonce le livre des Hébreux ? Est-il démontré, par la science moderne, que la matière du soleil et des étoiles, que la matière du ciel enfin a commencé par être un corps gazeux, et par conséquent un corps *obscurément* chaud ? car jusque là, dans le récit historique, il n'est pas fait mention de la lumière, qui ne paraît qu'à la fin du premier jour de la Genèse. A cette question, nous répondons que c'est encore la science du 19e siècle qui s'est chargée de prouver d'une manière aussi éclatante qu'inattendue, la vérité du récit du plus ancien des historiens.

Newton avait dit, à la fin de son livre des Principes, que l'arrangement si admirable du soleil, des planètes et des satellites ne pouvait être que l'ouvrage d'un être intelligent et tout-puissant. En présence de cette profession de foi si philosophique, M. Laplace déclare que cet arrangement des planètes peut être lui-même un effet des lois du mouvement, et que la Suprême intelligence peut l'avoir fait dépendre d'un phénomène plus général. « Tel est, ajoute-t-il, suivant nos conjectures, celui » d'une matière nébuleuse éparse en amas divers dans » l'immensité des cieux (2). »

Depuis longtemps les nébuleuses avaient attiré toute l'attention des astronomes. Déjà Simon Marius, en 1612,

(1) M. Becquerel, *Traité de l'électricité et du magnétisme*, t. 1, p. 430.

(2) *Exposition du système du monde*, p. 393, 5e édition.

Huygens, en 1656, avaient signalé quelques nébuleuses, et Messier, en 1784, avait publié ses observations sur cette partie si intéressante des cieux. Mais Herschell, au moyen de ses puissants télescopes, a considérablement surpassé les autres astronomes dans ses découvertes. Sa publication sur la constitution du ciel et l'organisation des corps célestes, insérée dans les *Transactions philosophiques* de 1811, est le recueil le plus précieux que la science ait jamais livré aux méditations du philosophe.

Cet infatigable explorateur des cieux, qui a observé les nébuleuses pendant plus de trente années, divise ces objets astronomiques en un grand nombre de classes, d'après leur degré de lumière. La première classe, ou le premier degré, est ce qu'il appelle *nébulosité obscure, nébulosité étendue et diffuse, nébulosité extrêmement faible, d'une blancheur entièrement laiteuse, qu'il n'est possible d'apercevoir qu'en rassemblant une lumière considérable au moyen des plus puissants instruments*. Dans les classes suivantes, la matière nébuleuse passe à un état toujours de plus en plus lumineux, jusqu'à ce qu'elle arrive à la forme dite *planétaire*.

Ces gradations successives qui s'observent d'un groupe à l'autre, rendent extrêmement probable, disent les astronomes, la conclusion à laquelle on est naturellement conduit, que chaque état de la matière nébuleuse résulte de la condensation de cette matière, qui, dans son état complet de diffusion, ou d'invisibilité absolue, remplissait originairement tous les espaces célestes.

Conformément à ce haut point de vue, notre ciel, où toutes nos étoiles n'étaient, dans l'origine, qu'une seule et même nébuleuse que la condensation a transformée en une multitude de systèmes distincts, plus ou moins indépendants.

Dans sa Cosmogonie, M. Laplace ne s'explique pas sur la division de cette immense nébuleuse en groupes séparés. Il ne s'occupe que de la formation de notre système solaire déjà détaché des autres systèmes, et qu'il assimile, dans cet état, à l'un de ces *astres problématiques* connus en astronomie sous le nom d'étoiles nébuleuses. « Le soleil, dans son état primitif, » ressemblait aux nébuleuses que le télescope, dit-il, » nous montre composées d'un noyau plus ou moins » brillant, entouré d'une nébulosité qui, en se conden- » sant à la surface du noyau, le transforme en étoile. »

Nous reviendrons, lorsqu'il en sera temps, sur ce qu'il y a d'inexact dans cette exposition. Nous n'avons besoin présentement que de connaître l'état originel de la matière constitutive de tous les corps de l'univers. Or, sur ce premier point, mais sur ce premier point seulement, la doctrine du savant géomètre est absolument la même que celle de nos physiciens et de nos astronomes.

« Si l'on conçoit, par analogie, toutes les étoiles » formées de cette manière, continue M. Laplace, on » peut imaginer leur état antérieur de nébulosité, » précédé lui-même par d'autres états dans lesquels la » matière nébuleuse était de plus en plus diffuse, le » noyau (le noyau problématique) étant de moins en » moins lumineux. On arrive ainsi, en remontant aussi » loin qu'il est possible, à une nébulosité tellement » diffuse, que l'on pourrait à peine en soupçonner » l'existence (1), » c'est-à-dire, pour reproduire les

(1) *Exposition du système du monde*, p. 410 et 411.

propres expressions d'Herschell citées par M. Ampère, c'est-à-dire que « *la matière dont les mondes sont* » *composés était d'abord à l'état gazeux* (1). »

N'est-ce pas là évidemment cette matière *vide et vaine, invisible et incomposée*, cette matière *impalpable et divisée jusqu'à l'annihilation*, que l'auteur inspiré de la Genèse nous représente comme la matière constitutive du ciel et de la terre? N'est-ce pas là *ce quasi-néant, ce vide ténébreux*, dont l'intelligence humaine ne saurait, ni sonder la profondeur à cause de son immensité, *propter profunditatem vastissimam*, ni concevoir la nature à cause de son informité, *propter ipsam informitatem?* N'est-ce pas là bien évidemment ce mode primitif d'existence de ces éléments constitutifs du monde, qui, dans l'explication du grand Apôtre, passent de l'état de diffusion ou d'invisibilité absolue à l'état de concrétion et de visibilité, *aptata esse ut ex invisibilibus visibilia fierent?* En un mot, n'est-ce pas là *ce vide et ce rien* qui passe d'un état *obscurément* chaud, d'un état diffusément gazeux à un état plus concret, pour obéir à ce commandement de l'Éternel : « Que la lumière soit, » *fiat lux.* »

Reconnaissons donc que la lumière a existé avant que le soleil eût brillé dans les cieux ; et, en admirant que Moïse, dans son récit, ait osé placer la lumière avant le soleil, reconnaissons avec un apologiste moderne, que la vérité seule a pu l'engager à écrire une chose qui, pour être réelle, n'en était pas moins bizarre et moins choquante en apparence (2).

(1) *Théorie de la Terre. Revue des Deux-Mondes*, 1er juil. 1833.

(2) M. Frayssinous, *Conférences sur la Religion*.

Cependant les hommes de la science faisaient observer alors, avec raison sans doute, qu'il fallait toutefois admettre avec M. Frayssinous que Moïse avait moins voulu dire la lumière visible et produite, que la création de la substance qui peut devenir lumière (1). Cette dernière difficulté est levée. Rendons enfin à l'historien de la création un hommage plein, entier, décisif, solennel. Le voile qui dérobait encore à nos regards le fond du sanctuaire est *déchiré* : nous voyons enfin que Moïse a parlé de la lumière VISIBLE et PRODUITE ; et c'est cette lumière visible et produite que la science, à son tour, nous révèle avoir été antérieure à la formation des globes lumineux !

Voltaire a pu se moquer de l'astronome Derham qui se demandait s'il n'y avait pas, au-delà de la sphère des étoiles, une région toute lumineuse, un ciel *empyrée*, et si les nébuleuses n'étaient pas cette région éclatante vue à travers une brèche ou une ouverture. Telle n'était pas la pensée du célèbre Huygens, qui, lui aussi, en parlant de la nébuleuse d'Orion, s'exprimait ainsi : « On dirait que la voûte céleste s'étant entr'ouverte, » laisse voir par delà des régions plus lumineuses. » Telle n'était pas non plus la pensée du savant Halley : « Ces nébuleuses, écrivait l'ami de Newton, répondent » pleinement à la difficulté que diverses personnes » avaient élevée contre la description de la création » donnée par Moïse, en disant, il est impossible que » la lumière ait été engendrée sans le soleil. Les né- » buleuses montrent manifestement le contraire ; plu- » sieurs n'offrent en effet aucune trace d'étoile à leur » centre. »

(1) *Bulletin univers.*, t. 10, p. 193,

« Cette remarque est d'autant plus singulière qu'elle était faite par un homme qui professait l'incrédulité presque publiquement. » C'est l'observation que fait ici M. Arago, à qui nous empruntons ces citations par lui consignées dans une Notice toute spéciale, quelques mois seulement après la première publication de la *Cosmogonie de la révélation*.

« Si de telles autorités, continue M. Arago, ne semblaient pas établir avec assez d'évidence qu'il y a dans la lumière dont brillent les véritables nébuleuses quelque chose de caractéristique, je citerais ces paroles récentes de M. Herschell fils : « Dans toutes les nébu-» leuses résolubles l'observateur remarque des élan-» cements stellaires. La nébuleuse d'Orion produit une » sensation toute différente, elle ne fait naître aucune » idée d'étoiles (1). »

Bientôt nous suivrons l'illustre astronome dans son développement du *magnifique problême,* comme il l'appelle. Il nous suffit présentement de savoir que la science proclame que les vraies nébuleuses ne font naître l'idée d'aucune étoile, et que l'existence de la lumière est antérieure à la formation des globes lumineux ; car les astronomes ne mettent pas plus en doute *la transformation future des nébuleuses en étoiles que l'état antérieur de nébulosité des étoiles existantes* (2).

Mais, remarquons-le bien, ce n'est pas seulement dans cette production de la lumière avant la formation du soleil et des étoiles que la Cosmogonie de Moïse est si digne de toute notre attention. Ce qui étonne encore,

(1) *Ann.* 1842, *De la lumière des vraies nébuleuses.*

(2) *Exposition du système du monde,* p. 396.

c'est de voir l'historien de la création nous parler des opérations de la nature qui ont préparé la naissance de la lumière. La matière créée était vide et vaine, impalpable et divisée jusqu'à l'annihilation, et des ténèbres universelles régnaient sur la face de l'abîme. Cependant le principe calorifique, jusque-là confondu dans la masse moléculaire, se dégageait, s'envolait au-dessus de l'abîme, qui se condensait, qui se liquéfiait, SUPER AQUAS : l'esprit de Dieu, un principe mystérieux, se portait au-dessus de l'abîme fluide pour vibrer à sa surface. Et c'est alors qu'apparaît la lumière : ET FACTA EST LUX.

Alors aussi et seulement alors apparaît la parole de Dieu : DIXITQUE DEUS : *Fiat lux, et facta est lux*. Langage solennel et tout divin, mais langage significatif, parce que la lumière est le premier produit de la création, la première manifestation de la Sagesse créatrice (1).

(1) « La parole de Dieu, c'est sa sagesse ; et la sagesse commence » à paraître avec l'ordre, la distinction et la beauté ; la création du » fond appartenait plutôt à la puissance. Et cette sagesse par où de- » vait-elle commencer, si ce n'était par la lumière, qui, de toutes les » natures corporelles, est la première qui porte son impression? » (Bossuet, *Elév. sur la créat. de l'univ.* 7e élév.)

Nous venons de dire que tous les saints Pères, tous les interprètes et commentateurs ont vu dans l'esprit de Dieu de la création, la figure du Saint-Esprit, le Saint-Esprit en figure. Selon ces mêmes interprètes, la lumière du premier jour « est l'imparfaite image de la lu- » mière increée, divine lumière qui possède dans un degré supérieur » toutes les propriétés de la lumière créée. » (Catéch. de persév. t. I, p. 68.) *Luci comparata invenitur prior.* (Sap. VII, 29.)

Dans l'ordre de la génération, la lumière créée naît de l'esprit de Dieu de la création ; et dans l'ordre de la régénération, la lumière increée, *lumen de lumine*, naît de l'esprit de Dieu, *de Spiritu Sancto*, figuré par cet esprit de Dieu de la création.

La lumière increée, mais faite visible et manifestée dans le temps, était le Verbe de Dieu qui était dès le commencement dans Dieu, comme la lumière créée était au commencement des temps dans l'es-

C'est alors aussi que Dieu donne sa première sanction à son ouvrage : « *Et vidit Deus lucem quòd esset bona.* » Puis il sépare la lumière des ténèbres : « *Et divisit lucem » à tenebris* » (Gen. I, 4); séparation physique et réelle dont nous apprécierons les effets et tous les merveilleux résultats dans la contemplation de l'œuvre complémentaire de la Cosmogonie genésiaque.

Cet ordre de création si éloigné de nos idées et de nos conceptions, cette suite méthodique d'opérations successives si longtemps inintelligible, se trouve merveilleusement d'accord avec des faits qui ne devaient être connus que dans le 19e siècle. Dans le récit des savants, *en remontant aussi loin qu'il est possible*, après avoir parcouru une série d'états *toujours de moins en moins lumineux, on arrive enfin à une nébulosité tellement diffuse que l'on a peine à en concevoir l'existence, on arrive à l'état purement gazeux* ; et dans le récit de Moïse, en remontant au premier instant de la création, on arrive à un état de matière *vide et vaine, invisible et incomposée, divisée jusqu'à être impalpable, jusqu'à l'annihilation.*

« Beaucoup d'esprits du premier ordre appellent grande et simple » cette doctrine scientifique que le

prit de Dieu de la création, son principe générateur : *In principio erat Verbum, et Verbum erat apud Deum, et Deus erat Verbum. Hoc erat in principio apud Deum..... Et lux in tenebris lucet. Erat lux vera quæ illuminat omnem hominem venientem in hunc mundum.* Or, c'est par ce Verbe de Dieu que toutes choses ont été faites : *Omnia per ipsum facta sunt, et sine ipso factum est nihil quod factum est* (Ev. S. Joan. I) ; et la première de toutes les choses faites par *le Verbe*, ou par la parole de Dieu, est la lumière visible et produite : *Dixitque Deus fiat lux, et facta est lux,* la lumière du monde matériel, *image et impression* de cette lumière incréée, qui est venue dans le monde pour être la lumière des intelligences : *Ego sum lux mundi ; ego lux in mundum veni*. (Ev. S. Joan. VIII, XII.)

célèbre Buckland et un autre savant anglais, M. Whewell, préconisent comme la plus simple, et par conséquent comme la plus probable et la plus digne de la sagesse du souverain Ordonnateur des mondes (1).

La plus haute intelligence a aussi rendu cet autre témoignage à la vérité, que la doctrine scientifique sur l'état primitif de la matière constitutive de tous les corps de l'univers *n'a rien que de très-conciliable avec le texte de la Genèse*, le sens que comportent ses expressions entraînant surtout l'absence de matière palpable, et s'appliquant par conséquent à *l'état gazeux.*

« Si l'on admet, dit encore M. Ampère, que tous les corps, soit simples, soit composés, qui ont concouru à la formation de notre système planétaire et de la terre en particulier, ont d'abord été à l'état gazeux, il faut admettre nécessairement que leur *température*, à cette époque, était plus élevée que celle à laquelle celui de tous ces corps qui est le moins volatil resterait à l'état liquide. Pour qu'il y ait formation de corps liquides ou solides aux dépens de cette *immense masse gazeuse, etc.* (2). »

Nous ne suivrons pas le célèbre physicien dans le développement de sa théorie. Nous ne voulions que prendre acte de cette déclaration de la science, qu'au premier instant de la création, la matière du ciel et de la terre était tout entière sous l'influence du calorique qui tenait toutes ses molécules en équilibre. Mais M. Ampère n'a pas fait attention qu'il est encore écrit dans le livre de la nature, aussi bien que dans le livre

(1) Voy. M. Jéhan, *Nouv. traité des scienc. géolog.* p. 273, 2e éd.

(2) *Théorie de la terre, Revue des Deux-Mondes,* 1er juillet 1833, p. 99.

de l'Auteur de la nature, que le calorique, en se dégageant de cette immense masse gazeuse, se portait à sa surface, et que la lumière n'apparut dans le champ de la création qu'après que cet esprit de Dieu ou *la substance qui peut devenir lumière* se fut répandue sur les eaux ou sur la masse déjà plus condensée de l'abîme du premier jour. Bientôt les astronomes et les physiciens nous apprendront que tous les ouvrages de la nature témoignent de ces magnifiques dispositions de la Sagesse divine dans l'organisation des mondes. Nous comprendrons alors tout le sens de ces expressions significatives : *Les ténèbres étaient sur la face de l'abîme, mais l'esprit de Dieu se portait sur les eaux, et la lumière fut.*

En attendant, nous pouvons remarquer que ces gradations successives, décrites par l'historien de la création et constatées par les savants de notre époque, sont d'une conformité parfaite avec ce que la chimie nous apprend de cet agent incompréhensible qui ne se manifeste que par ses effets.

Nous venons de voir que le calorique est hypothétiquement considéré comme un fluide dont la distribution, en proportion diverse parmi les molécules de la matière pondérable, constitue les trois formes générales gazeuse, liquide et solide. Nous sommes conduits de la sorte à envisager la chaleur comme la puissance primordiale et modératrice de l'univers, et comme le principe sur lequel repose la constitution immédiate de tous les corps de la nature. Si nous ne sommes pas encore autorisés à prononcer des décisions dogmatiques sur la nature abstraite de la chaleur, si son essence est encore un mystère, nous savons du moins d'une manière certaine, et c'est tout ce qu'il nous importe ici de savoir, que les liquides renferment plus de calorique latent que les solides, et les gaz plus que les liquides, et que le passage des gaz à l'état liquide ou solide est toujours accompagné d'un prodigieux dégagement de calorique *qui se répand à la surface* ou sur les corps environnants. La simple condensation suffit à la production de ce phénomène, comme le montre l'expérience si connue du briquet pneumatique, où la compression semble exprimer et chasser, hors de l'air froid, son approvisionnement latent de chaleur et de lumière. On a expérimenté qu'une condensation d'air au cinquième de son volume produit une chaleur d'ignition. Il nous sera donc permis aujourd'hui de voir dans cette première condensation de la matière gazeuse de la création, la première manifestation de la Sagesse créatrice, ou l'exécution de ce premier ordre du Créateur : Que la lumière soit.

C'est le moment de noter qu'il n'est question dans le texte que de la manifestation de la lumière. Les paroles du texte sacré ne portent pas que Dieu créa la lumière, mais seulement qu'il lui ordonna de paraître : *fiat lux*, ou, comme le porte l'hébreu, *sit lux, et fuit lux* (iehi or, vaihei or), que la lumière soit et la lumière fut, et comme l'exprime le grand Apôtre, « Dieu commanda que la lumière sortît brillante du sein des ténèbres, *Deus dixit de tenebris lucem splendescere.* » (2 Cor. iv, 6.)

Cette remarque, qui a été faite par les saints Pères (1), par les théologiens, interprètes ou commentateurs (2),

(1) Vid. S. patr. Ephræm, *Explan. in Genes.* c. 1.

(2) Beda, Hugo, Magister, St. Thomas, Bonav. Lyranus, Abulens, putant lucem hanc fuisse abyssi lucidam partem...... ubi nota primò lucem hanc propriè non fuisse creatam, quia Deus primo die creavit

et par des savants d'un autre ordre (1), est de la plus grande importance et mérite toute notre attention. Elle est pour nous la preuve que ce qui constitue la lumière était uni et confondu avec tous les éléments des choses matérielles dans l'abîme universel ; que la création du principe *qui peut devenir lumière*, date du premier instant de la nature, aussi bien que la création de tous les autres éléments, comme nous le lisons textuellement dans un autre endroit des Écritures (2). Elle est pour nous la preuve que ce principe mystérieux est le même que cet esprit de Dieu qui se portait à la surface de la masse moléculaire, à mesure que cette masse se comprimait et se condensait ; mais que son existence ne fut dévoilée, ou que la lumière ne remplaça les ténèbres sur la face de l'abîme que lorsque cet esprit primordial, par son accumulation ou par la fréquence de ses vibrations à cette surface, eut acquis le degré d'intensité nécessaire à sa manifestation.

Dans l'état actuel de la science, la chaleur et la lumière procèdent du même principe, les phénomènes de la chaleur et de la lumière dépendent d'un agent unique toujours en action, mais dont nous ne pouvons apprécier les effets divers que dans des circonstances déterminées, là où un instant auparavant rien n'indiquait sa présence. Dans le système de l'émission ou des émanations, le calorique se combine avec tous les corps et s'en dégage incessamment, et lorsque ce dégagement est considé-

omnem materiam primam, eamque substravit formæ aquarum abyssi, et ex eâ deindè hanc lucem, aliasque formas tam essentiales quam accidentales eduxit (*Script. sacr. curs. compl.*)

(1) Bacon, Wallérius, Buckland, etc.

(2) Qui vivit in æternum creavit omnia simul. (*Eccl.* XVIII, 1.)

rable, ses particules émises deviennent lumineuses. Dans le système des ondulations ou des vibrations, la lumière n'est distinguée de la chaleur obscure que par la fréquence et l'intensité des vibrations qui la constituent. Mais dans l'un et l'autre système, comme dans le système qui tend à réunir ces deux méthodes d'explication, la lumière résulte de la compression et de la combinaison des molécules matérielles qui contiennent d'autant plus de calorique latent qu'elles sont plus à l'état libre. Or, nécessairement, dans l'origine des choses, les éléments étaient à l'état libre, à ce qu'on appelle *l'état naissant*, et par conséquent ces éléments se trouvaient dans la condition la plus puissante pour opérer toutes les combinaisons et dispositions relatives au but de la création. Les phénomènes que présentent les nébuleuses conduisent à la même manière de voir, et nous autorisent à admettre que l'état purement gazeux est l'état originel de la matière. Les lois du raisonnement concordent donc avec les faits et les documents scientifiques pour démontrer que la lumière *visible et produite* qui a précédé la formation de tous les globes lumineux, a été précédée elle-même d'un état de nature, pendant lequel *les ténèbres régnaient sur la face de l'abîme,* conformément à ce qui nous est si formellement révélé dans les Livres sacrés.

Puisque la science a constaté que cette lumière visible et produite est antérieure à la formation du soleil et des étoiles, il ne nous reste plus qu'à confirmer, par le témoignage unanime des astronomes et des physiciens, que cette même lumière s'est exprimée du sein même de la masse moléculaire pour occuper l'espace circonférent, *l'esprit de Dieu se portait sur les eaux*, *et la lumière fut.* Car alors nous pourrons dire avec plus de vérité encore que M. Ampère, « ou que Moïse avait dans les sciences une instruction aussi profonde que celle de notre siècle, ou qu'il était inspiré (1); » et, avec le célèbre Linnée, que Moïse n'a écrit et n'a pu écrire que sous l'inspiration de l'Auteur de la nature, *neutiquam suo ingenio sed altiori ductu* (2). Nous dirons alors qu'il est physiquement démontré que Moïse écrivait sous la dictée même du Dieu des sciences (3), qui a donné à résoudre aux savants, en la personne de Job, un problème dont la solution, après quarante siècles de recherches et de labeur, laisse encore tant à désirer : « Je vais t'interroger : dis-moi, quel est le » mode de propagation de la lumière ? *Interrogabo* » *te, et responde mihi, per quam viam spargitur* » *lux.* » (XXXVIII, 3, 24.) Mais c'est dans les chapitres suivants que nous exposerons ces hautes manifestations de la science moderne. Achevons le récit de l'œuvre du premier jour.

« Et Dieu ayant ainsi tiré la lumière du sein des ténèbres, il donna à la lumière le nom de jour, comme il donna aux ténèbres le nom de nuit. Telle fut la première œuvre, ou l'œuvre de la première époque. Littéralement, ainsi fut fait du soir au matin le premier jour : *Appellavitque lucem diem, et tenebras noctem; factumque est vespere et mane dies unus.* » (Gen. I, 4, 5.)

(1) *Op. cit.*

(2) *Curios. naturæ.* §. 6. *Auran. acad.* diss. 17.

(3) Deus scientiarum Dominus est. (I, *Reg.* II, 3.)

SECTION TROISIÈME.

VALEUR DES JOURS GENÉSIAQUES.

Signification biblique du mot jour, et des mots soir et matin. — Mode de supputation usité parmi les Hébreux. — Septième jour : jour du domaine de l'homme, et jour de l'Homme-Dieu. — Les six jours : ordres d'origine, jours-périodes. — Témoignage des auteurs sacrés, des docteurs de l'Église et des savants du siècle.

Tant d'auteurs divers ont parlé de ces jours de la Genèse, qu'il est peut-être inutile de faire remarquer ici que, dans le langage de l'Écriture, le mot *jour* signifie souvent un laps de temps, une période indéterminée ; et que Moïse surtout n'a pu entendre borner ce mot à la durée d'une révolution solaire, puisque lui-même nous apprend que le soleil n'a brillé au firmament que le quatrième jour, que les jours et les années n'ont commencé qu'avec le quatrième jour ; et encore, puisqu'après avoir énuméré les six jours de la création, il emploie le même mot *jour* pour exprimer les six jours mêmes ou tout le temps de la création (1).

(1) « Combien y a-t-il de temps, demande un astronome allemand, que les *atômes* semés dans l'espace par le souffle de l'Être incréé, commencèrent à se mouvoir pour la première fois, et *à se transformer en globes solaires et en globes terrestres*, d'après les lois que la volonté divine prescrivit à la nature ? » — A cette question, le judicieux tra-

« Pour peu qu'on soit versé dans l'étude de l'Écriture » sainte, écrivait saint Augustin, on sait que c'est sa » coutume de se servir du mot *jour* pour celui de » *temps* (1). » C'est l'observation que font pareillement les théologiens et les critiques des deux derniers siècles (2). Le savant Bailly avait également remarqué que, chez les Orientaux, le mot que nous rendons par *jour* a une signification primitive que donne exactement le terme chaldéen SARE, révolution, période, succession de faits ou de temps (3). Aussi, chez ces mêmes Orientaux, l'histoire des générations des Patriarches et des principaux faits arrivés de leur temps portait le titre d'histoire des jours, *verba dierum* (4).

ducteur répond avec M. Frayssinous, comme avait répondu Bossuet avec les Pères de la primitive Église, Origène, St. Jérôme, St. Augustin, St. Athanase, etc., comme ont répondu Burnet, Buffon, Deluc, Duguet, Kirvan, Ampère, Cuvier, Champollion, etc., et comme répondent encore MM. Bertrand, Demerson, Silliman, Salvador, Cahen, etc., « qu'on peut regarder les six jours de la création comme » des périodes de temps indéterminées ; que la chronologie de Moïse » date moins de l'instant de la *création de la matière*, que de l'instant de la création de l'homme. » (*Considérations général. sur la dispos. de l'univers,* par Bode.)

A cette question, nous répondrons aujourd'hui avec MM. Roselly de Lorgues, Nérée Boubée, Chaubard, Marcel de Serres, Auguste Nicolas, en empruntant ici les expressions de deux de ces auteurs, « que non seulement on *peut*, mais qu'*on doit* donner au mot *jour*, employé par Moïse, le sens illimité d'*époque*, » parce que « il est évident que Moïse n'a pas voulu parler de jours tels que nous les entendons. »

(1) Scripturarum more sanctarum diem poni solere pro tempore, qui illas litteras, quamlibet negligenter legerit, nescit. (*De civit. Dei l.* 20, *c.* 11.)

(2) Voy. *La Genèse avec l'explication des saints Pères*, Paris, 1682. — *Histoire critique de la philosophie*, t. 1, p. 182, Amsterdam, 1741.

(3) *Histoire de l'astronomie ancienne*, p. 103.

(4) C'est le nom qu'avait chez les Hébreux le livre des Paralipomènes.

Il en est de même des mots *soir* et *matin*, qui, joints ensemble, n'ont pas un sens fixe et invariable dans la langue hébraïque, et signifient aussi *commencement* et *fin*, soit qu'il s'agisse d'une époque, soit qu'il s'agisse d'un fait ou d'un événement, et encore *désordre* et *ordre*, *confusion* et *disposition régulière*, comme l'ont remarqué tous les interprètes (1) et les savants d'un autre ordre (2).

Dans la célèbre prédiction de Daniel sur le règne d'Alexandre et de ses successeurs, le commencement et la fin des événements annoncés sont appelés le soir et le matin de ces événements, *vesperè et manè* (3).

Dans cette même prédiction, l'abomination de la désolation sera dans le lieu saint, et après une longue profanation le sanctuaire sera purifié : *Du soir au matin*, porte le texte, ou de cette profanation du sanctuaire à sa purification, il se passera deux mille trois cents jours (4). Ces mots *soir* et *matin* ont donc ici deux acceptions différentes, l'une, relative au désordre qui

(1) « *Interdum non tam de primo diei tempore quàm rei aut actionis de quâ agitur*, disent tous les commentateurs. » (M. M. de Serres, *op. cit.* p. 59.)

(2) M. Blaud, cité dans les *Annales univers. de la Relig.*, n° d'août 1832.

« Ainsi donc, dans la Genèse, conclut M. Blaud, le soir n'exprime que le désordre existant avant une création ; le matin, que l'ordre qui y succède ; et le jour est la création achevée, ou bien l'époque où elle a eu lieu. »

(3) Et visio vesperè et manè, quæ dicta est, vera est ; tu ergo visionem signa, quia post multos dies erit. (*Dan.* VIII, 26.)

(4) Usquequò peccatum desolationis quæ facta est, et sanctuarium et fortitudo conculcabitur ? et dixit ei : usquè ad vesperam et manè, dies duo millia trecenti, et mundabitur sacrificium. (*Id.* Ibid. 13, 14.)

précède et nécessite la purification du sanctuaire et à l'ordre rétabli par cette purification, et l'autre, relative au commencement et à la fin d'une période de temps, d'une durée déterminée et nettement limitée.

Dans la Genèse, chaque période de temps ou chaque ordre de création est pareillement limitée entre un soir et un matin : « Ainsi fut fait du soir au matin le premier » jour, le second jour, etc. »

Mais les jours naturels, les jours *solaires* sont composés de jour et de nuit, en temps moyen de douze heures de jour et de douze heures de nuit, et entre un soir et un matin il n'y a qu'un demi-jour ou douze heures, et, précisément, cette portion d'un jour naturel, ou ces douze heures comprises entre le soir et le matin sont les douze heures de nuit.

Les jours genésiaques ne seraient-il que des portions de jour? Voudrait-on que les jours de la création ne fussent que des jours de nuit?

Mais, dans le récit historique, la lumière est le premier produit de la création; et ce n'est qu'après trois de ces jours de lumière, ce n'est que le quatrième jour de la production de la lumière que, pour la première fois, la nuit succède au jour et le jour à la nuit, et que commence le cours des saisons, des jours et des années. (Gen. I, 14-18.)

« Que veulent dire donc ces mots *soir* et *matin* ? » demande ici un profond penseur. « Ils veulent dire simplement le *commencement* et la *fin* d'une période, selon le mode de supputation usitée parmi les Juifs de compter leurs époques à partir du soir (1). »

(1) M. Auguste Nicolas, *Etudes philosophiques sur le christianisme*, t. I, p. 385, 386.

Saint Augustin, même lorsqu'il lui arrive de ne plus faire attention à ce mode de supputation tout particulier au peuple juif et si éloigné des usages des autres peuples, saint Augustin conserve encore à ces expressions déterminatives le sens que réclame la contexture du narré biblique; en expliquant, en conséquence de cette interversion, que le soir exprime la fin d'une création ou formation, *vesperam terminam conditæ creaturæ*, et le matin, le commencement d'un autre ordre de formation, *mané autem, initium condendæ alterius* (1). Preuve manifeste que saint Augustin a compris que les jours de la Genèse devaient s'entendre, que ces jours de la création ne pouvaient et ne devaient s'entendre que de périodes de temps indéterminées, que d'autant d'ordres successifs de formations distinctes.

Aussi, dans la conviction du saint docteur, le jour qui a suivi les six jours de la création ou les six ordres genésiaques, est l'ordre actuel des choses, l'ordre de la stabilité des choses créées, *ideò creatura universa in creatore suo semper manebit*. Dans son explication, le septième jour a eu son matin ou son commencement sans avoir eu de soir ou de fin, *septimus dies mané habuerit sine vesperâ, id est initium sine fine*, parce que ce septième jour est le commencement d'un état fixe et permanent, *initium manendi et quiescendi totius quod conditum est*, parce qu'il a été sanctifié pour subsister à jamais, *quia sanctificasti eum ad permansionem sempiternam* (2).

Mais rendons aux mots *soir* et *matin* leur véritable signification, leur signification de *commencement* et *fin*

(1) *De Gen. ad litter.* l. 4, c. 18.

(2) *De Gen. ad litter.* l. 4, c. 18. — *Confess.* l. 13, c. 35, 36.

que réclament et le mode de supputation en usage chez le peuple hébreu et le contexte genésiaque. Alors nous pourrons donner de l'importante question qui a fait le sujet de tant de discussions une solution complète et décisive : alors il nous sera démontré que le septième jour est un jour sans limite ; il nous sera démontré que le jour qui a succédé aux six jours de la création est le jour actuel, le jour qui se continue, qui se poursuit, le jour enfin dont l'homme est mis en possession.

Chez les Prophètes, le règne du Messie, les temps évangéliques ne comportent qu'un seul et même jour, *dies una* ; et ce jour unique qui a eu son *commencement* ou son temps du soir, *tempore vesperi*, se poursuit et se continue sans interruption.

Chez les Prophètes, les temps du règne du Messie constituent un jour unique, *dies una*, non un jour composé de jour et de nuit, *non dies neque nox*, mais un jour toujours ouvert, un jour qui a eu son temps du soir ou son commencement, sans avoir son temps du matin : la lumière qui se manifestera au commencement de ce jour, DANS LE TEMPS DU SOIR, *in tempore vesperi*, brillera sans interruption, *erit lux et erit in die illâ* ; et, pendant toute la durée de ce jour, le Seigneur règnera sur toute la terre dont il sera le seul Dieu et où son saint nom sera seul adoré (1), son sépulcre glorifié et sa croix invoquée (2).

(1) Et erit dies una, quæ nota est Domino, non dies neque nox, et in tempore vesperi erit lux et erit in die illâ. Exibunt aquæ vivæ de Jerusalem, medium earum ad mare orientale, et medium earum ad mare novissimum, in æstate et in hieme erunt. Et erit Deus rex super omnem terram, in die illâ erit Dominus unus, et erit nomen ejus unum. (*Zachar*, XIV, 7, 8, 9.)

(2) In die illâ, radix Jesse qui stat in signum populorum, ipsum

C'est ce jour, *diem meum*, qui luit sur nos têtes depuis dix-huit siècles, qu'Abraham a désiré voir et qu'Abraham a vu (1) ; et le premier homme a vu la première lueur de ce jour dans la première promesse d'un rédempteur, à lui faite à la naissance de ce septième jour sanctifié par cette promesse, et dont notre septième jour hebdomadaire est le signe représentatif, de même que nos six jours sont les commémoratifs perpétuels des six jours qui ont précédé l'ordre actuel, qui ont précédé le jour de la révélation faite à l'homme prévaricateur, à Adam, à Abraham, à tous les Patriarches, le jour qu'avec Abraham et tous les Patriarches nous nous réjouissons de voir, *vidit et gavisus est*, ce jour enfin que l'Homme-Dieu a appelé son jour : *Diem meum*, et qui ne doit prendre fin, comme il nous en assure lui-même, qu'après que la bonne nouvelle de son règne de miséricorde aura été annoncée à tous les peuples de la terre, *et tunc veniet consummatio* (2).

Puis, selon les Prophètes de la loi évangélique, les hommes rendront gloire et hommage à l'envoyé de Dieu pendant toute la durée de ce jour, jusqu'au *jour de l'éternité* (3), jusqu'à ce *grand jour* de la manifestation de sa toute-puissance (4), qui sera le *grand jour*

gentes deprecabuntur, et erit sepulchrum ejus gloriosum ; et erit in die illâ. (*Isaïe*, c. 11, v. 10.)

(1) Abraham pater vester exultavit ut videret diem meum, vidit et gavisus est. (*S. Joan.* VIII, 56)

(2) Et prædicabitur hoc evangelium regni in universo orbe, in testimonium omnibus gentibus, et tunc veniet consummatio. (*Ev. St. Matt.* XXIV, 14.)

(3) Ipsi gloria et nunc et in diem æternitatis. (2. *s. Petr.* III, 18.)

(4) Ad diem magnum omnipotentis Dei. (*Apoc.* XVI, 14.)

de la confusion de ceux qui l'auront méconnu (1), et de tous ceux qui ont été réservés pour faire éclater la justice divine pendant ce *grand jour de l'éternité* (2).

Disons donc avec les docteurs de l'Église, qu'il nous est absolument impossible d'apprécier la nature ou de déterminer la durée des temps de la création, ou des jours genésiaques qui ont précédé l'époque actuelle, *illum diem, vel illos dies, qui ejus repetitione numerati sunt, in hâc nostrâ mortalitate terrenâ, experiri ac sentire non possumus*; que nous savons seulement, d'une certitude qui exclut jusqu'au moindre doute, *minimè dubitemus*, que les jours énumérés dans la Genèse ont été entièrement différents, *longè aliter*, des jours qui composent, dans la période actuelle, les semaines, les mois et les années, enfin tout à fait dissemblables aux jours que nous connaissons, *non eos illis (qui agunt hebdomadam) similes, sed multùm impares mînimè dubitemus* (3).

Disons avec les docteurs de l'Eglise, que ces jours de la Genèse sont autant d'ordres d'origine et de nature, et non de temps ou de durée qu'il nous soit possible de mesurer, *non durationis ordinem, sed solùm originis et naturœ* (4), autant d'ordres d'exécution des

(1) Abscondite nos à facie sedentis super thronum et ab irâ Agni, quoniam venit dies magnus iræ ipsorum. (Id. VI, 16, 17.)

(2) In judicium magni diei vinculis æternis sub caligine reservavit. (*Ep. s. Jud.* 6.)

(3) Vid. St. August. *De Gen. ad litter.*, c. 27 et c. 18, 26. — *De civit. Dei.* l. 1, c. 6.

Vid. et origen. *De Principiis*, l. 4, n° 16. — *Contra Celsum*, l. 4 n°s 50, 55. — S. Athanaz. *Contra Ariam.* n° 60.

(4) In omnibus his operibus non ponit durationis ordinem, sed solùm originis et naturæ. (*St. Thom.* 1 p. 9. 1 *in corp art*)

lois imposées par la volonté divine à la matière de la création, *rerum omnium occasiones, causas et potestates à Deo confectas* (1); et que, si l'ordre actuel des choses n'existe que depuis six ou sept mille ans, cet ordre des choses de notre monde a été précédé de siècles, de temps comparables seulement aux siècles ou aux temps de l'éternité, *sex millia necdùm nostri orbis implentur anni, et quantas priùs æternitates, quanta tempora, quantas seculorum origines fuisse arbitrandum est* (2).

Ou bien, disons avec les savants du siècle, « que » nous n'avons aucun moyen d'apprécier la durée des » époques dont il s'agit ; que c'est un calcul de même » nature que celui de la distance des étoiles à la terre. » Disons avec ces savants que « les six jours de la création » ne sont que les six mutations par où passa la matière » pour former l'univers tel que nous le voyons aujour- » d'hui ; » « qu'on ne doit y considérer que l'ordre et » la succession des créations (3) ; » parce que ainsi nous nous trouverons reproduire et les propres expressions de Moïse, qui appelle ces jours de la création les générations du ciel et de la terre au temps de leur formation, *istæ sunt generationes cœli et terræ quando creata sunt, in die quo fecit Dominus Deus cœlum et terram,* et les expressions des autres prophètes qui nomment ces mêmes

(1) In principio igitur mundum esse conditum dicens, significat rerum omnium occasiones, causas et postestates à Deo fuisse confectas. (S. Gregor. Nyss, in *hexam.*)

(2) On verra ailleurs combien M. Jéhan a eu tort de vouloir approprier à son hypothèse d'une création antégenésiaque ce texte qu'il cite de St. Jérôme, dans son *Nouveau Traité des sciences géolog.* p. 358, 2e éd.

(3) *Histoire critiq. de la philos*, t. 1 p. 182. — *Examen de l'œuvre des six jours, par* M. de Férussac. — *Bulletin universel.*

4.

jours un temps éternel, *præparavit terram in æterno tempore* (Bar. III, 32).

Ce sont ces jours dont il est impossible à des êtres qui ne vivent qu'un instant, *in hac nostrâ mortalitate terrenâ*, de comprendre la valeur ou de déterminer la durée, ce sont ces jours si différents de nos journées que Bossuet, dans l'impuissance où il se trouve d'en spécifier la nature, désigne par le nom de PROGRÈS : « Dieu, dit Bossuet, après avoir fait d'abord comme le » fond du monde, en a voulu faire l'ornement avec *six* » *différents progrès* qu'il a voulu appeler six jours (1). »

Mais qui nous dira l'étendue de ces progrès, qui nous dira la durée incommensurable de ces « six époques de la nature (2), » de ces phases de la création, de chacune de ces générations du ciel et de la terre? Qui nous fera connaître la valeur des jours de CELUI devant lequel, selon le langage de l'Ecriture, mille ans sont comme un jour, comme une heure, comme un instant insaisissable, comme un pur néant (3), la nature ou la valeur des jours de CELUI qui s'appelle l'Ancien des jours ou l'Éternel, *Antiquus dierum* (Dan VII, 9), et dont les jours sont des jours de l'éternité, *et egressus ejus ab initio, à diebus æternitatis?* (Mich. v, 2.)

C'est le deuxième de ces progrès, c'est la deuxième de ces générations du ciel et de la terre que nous allons examiner. Pour nous conformer au langage reçu, nous appellerons cette autre phase de la création le deuxième jour de la Genèse.

(1) *Elévations sur la création. Elév. sur les six jours.*

(2) M. Cahen, *Manuel d'histoire univers.*

(3) Mille anni ante oculos tuos tanquam dies hesterna quæ præteriit, et custodia in nocte, quæ pro nihilo habentur. (Ps. LXXXIX, 4.)

CHAPITRE DEUXIÈME.

Deuxième jour de la Genèse.

SECTION PREMIÈRE.

EXPOSITION DOGMATIQUE.

Firmament : lieu universel, centre et régulateur de toute la nature. — Erreur d'interprétation des auteurs modernes. — Introduction de la forme dans la matière. — La formation de l'univers proclamée l'ouvrage du firmament. — Ciel du deuxième jour, ou deuxième état de la création.

Dieu dit aussi : Que le firmament soit fait au milieu des eaux, et qu'il sépare les eaux d'avec les eaux.

« *Dixit quoque Deus : Fiat firmamentum in medio* » *aquarum, et dividat aquas ab aquis.* (Gen. I, 6.) »

Et c'est au centre de la masse moléculaire de la création, c'est au milieu des eaux sur lesquelles la lumière vient remplacer les ténèbres de l'abîme du premier jour, que Dieu fait le firmament pour constituer le ciel du deuxième jour.

« *Et fecit Deus firmamentum, divisitque aquas quæ*
» *erant sub firmamento ab his quæ erant super firma-*
» *mentum; et factum est ita, vocavitque Deus firma-*
» *mentum cœlum; et factum est vesperè et manè dies*
» *secundus.* » (Gen. I, 7, 8.)

Dans les fastes de la science humaine, comme dans le récit de la révélation divine, un mot présente d'un seul trait l'ensemble de tous les faits du système céleste. Si nous interrogeons les savants, ils nous diront qu'une même force constitue l'essence de tous les corps, produit la stabilité de tous les êtres, attache et resserre la matière de tous les globes, lie toutes les sphères entre elles, et les retient chacune dans sa forme spéciale. Ils nous diront que, semblable à une chaîne immense, cette puissance indéfinie s'étend à toute l'immensité de l'espace, qu'elle embrasse toutes les parties de la matière, que par elle enfin tout est lié, coordonné, et mis en harmonie avec une sagesse, une régularité et une constance qui n'appartiennent qu'à Dieu même.

« Dieu parle, et le chaos se dissipe à sa voix,
» Vers un centre commun tout gravite à la fois.
» Ce ressort si puissant, l'âme de la nature,
» Etait enseveli dans une nuit obscure ;
» Le compas de Newton, mesurant l'univers,
» Lève enfin ce grand voile, et les cieux sont ouverts (1). »

Telle est la force mystérieuse que la science humaine désigne par le nom d'attraction, de pesanteur, de force centripète, de gravitation universelle; et que, dans son religieux enthousiasme, elle proclame « le chef-d'œuvre

(1) Voltaire, *Elém. de la philos. de Newton.*

» de l'intelligence créatrice, et l'objet éternel de l'ad-
» miration des anges et des hommes (1). »

Mais cette force inconnue qui préside à l'organisation du ciel, cette *force qui sert de lien et de support à tout l'univers matériel* (2), le Livre divin l'avait appelée *ce qui affermit, ce qui consolide, ce qui solidifie,* ou simplement FIRMAMENT, *firmamentum.*

Le *fiat* de la toute-puissance créatrice est prononcé : *Fiat firmamentum in medio aquarum* ; et dès-lors, le nom qui résume toutes les merveilles de la création, le nom de CIEL est donné au produit de cette force *effectrice* et conservatrice de toutes choses, au produit de cette cause efficiente et toujours active de la structure de l'univers matériel, *et factum est ita, vocavitque Deus firmamentum cœlum.*

En rendant le mot latin *firmamentum* par celui de firmament, tous les commentateurs ou interprètes ont eu soin de s'expliquer sur la signification primitive de ce mot FIRMAMENT, *firmamentum*, en grec στερέωμα, et en hébreu *Rakia,* et tous l'ont entendu, avec les anciens, d'une force solidifiante, comme exprimant une solidité réelle, *propter firmitatem* (3). Fuller et Leclerc, cités par dom Calmet, opposent à une interprétation hasardée, et alors toute nouvelle, que le terme hébreu *Raka* signifie toujours AFFERMIR, SERRER, COMPRIMER ; puis dom Calmet fait observer qu'en effet « c'est la signification de ce terme en hébreu ou en syriaque, et que les Sep-

(1) *Système du Monde,* par Lambert, publié par M. de Mérian, 2e édit. p. 22.

(2) *Disc. sur l'étude de la philosophie naturelle,* par John Herschell, traduit de l'anglais, p. 38.

(3) St. August. *De Genesi ad litter.*, lib. 2, c. 10.

tante et saint Jérôme ont eu en vue cette signification en traduisant, les uns, στερέωμα, et l'autre, *firmamentum* (1), » CE QUI AFFERMIT, CE QUI CONSOLIDE, CE QUI SOLIDIFIE ; car telle est la propre et véritable signification de l'expression grecque (2) pareillement calquée sur l'original (3). Cette expression employée au figuré a encore la même signification : elle signifie encore ferme appui, affermissement, consistance, solidité, *moraliter firmamentum est firmitas et constantia animæ in Deo et cœlis defixæ* (4).

(1) *Comment. litter. sur la Genèse*, p. 12 et 13.

(2) στερέωμα de στερέοω, rendre solide, consolider, solidifier. *Firmamentum* de *firmare*, rendre solide, etc.

(3) *Firmamentum* hebraïcè vocatur *Rakia*, cujus radix *Raka* significat firmare ac solidare rem aliquam quæ priùs fluida erat et rara. (*Scrip. sacr. curs. compl. de opere secun diei*.)

(4) *Ibid.* De là ces locutions si communes dans tous les livres de l'Ancien et du Nouveau Testament : *factus est Dominus firmamentum meum* (2 Reg. XXII, 19.), *firmamentum est Dominus timentibus eum* (Ps. XXIV, 14.) *firmamentum meum et refugium meum es tu* (Ps. LXX, 3.), *in tempore casûs sui inveniet firmamentum* (Eccl. III, 34.), *in die agnitionis invenies firmamentum* (Eccl. XXVII, 9.), *protector potentiæ, firmamentum virtutis.* (Eccl. XXXIV, 19, etc.) Le Seigneur est la force et le ferme appui de ceux qui le craignent, il consolide leur puissance, et il affermit leur force, etc.

Dans ces autres passages des Livres saints, ceux qui viennent se joindre à Israël, ou aux nations, pour fortifier l'un ou l'autre parti, sont appelés le firmament d'Israël, le firmament des nations : *additi sunt ad eos, et facti sunt illis ad firmamentum* (1 Macch. II, 43), *et quærebant eis mala semper, et firmamentum gentium.* (Ibid. VI, 18.)

Ce nom de firmament est encore donné à ce qui constitue le pain ; ce qui fait la consistance du pain est appelé le FIRMAMENT DU PAIN : il a détruit ce qui fait toute la consistance du pain, TRITURÉ TOUT LE FIRMAMENT DU PAIN, *et vocavit famem super terram, et omne firmamentum panis contrivit.* (Ps. CIV, 16.)

Dans le Nouveau Testament, le grand Apôtre se réjouit en voyant

Les modernes qui ont essayé de détourner le véritable sens de ce mot, pour lui en donner un autre plus en harmonie avec leur manière de voir, reviennent eux-mêmes à cette signification primitive, obligés qu'ils sont de convenir que le *firmamentum* de l'hébreu n'a jamais servi à exprimer que le fait ou le résultat de la consolidation et de la solidification.

Ainsi, l'auteur de *la Cosmogonie de Moïse comparée aux faits géologiques*, qui ne veut voir dans le firmament du deuxième jour qu'une *matière rare, subtile, éminemment légère et déliée*, afin de pouvoir faire de cette seconde opération de la Sagesse créatrice la formation de l'éther et de notre atmosphère, reconnaît pourtant que le mot hébreu *rakia*, de même que le *firmamentum* des Latins, a une signification toute différente. Forcé par l'évidence à cet aveu, voici comment il réclame, en faveur de son interprétation, le sens naturel et grammatical de l'expression biblique :

« La matière éthérée soutenant en quelque sorte les » corps célestes qui ne peuvent la pénétrer, tandis » qu'elle cède aux efforts des corps légers et se combine » même avec ceux qui sont aériformes, peut, ce semble, » être appelée *solide et ferme*, en un mot, *firmament*. »

Ces prémisses posées, il en fait sortir ce qui suit :

« Lorsqu'elle (l'expression *rakia*) se rapporte à la » terre, elle s'applique à l'atmosphère qui l'environne ; » si, au contraire, elle comprend l'ensemble des corps

la solidité, la fermeté ou le *firmament* de la foi des nouveaux chrétiens, *gaudens et videns ordinem vestrum, et firmamentum ejus quæ in Christo est, fidei vestræ* (Coloss. II, 5), et il nous représente l'Église du Dieu vivant comme la colonne et le centre, ou LE FIRMAMENT DE LA VÉRITÉ, *columna et firmamentum veritatis*. (Thimoth. III, 15.)

» célestes, elle désigne pour lors la matière éthérée, » fluide immense dans lequel roulent ces corps (1) ; » datant ainsi la formation de notre atmosphère du même jour et du même instant que la formation de l'éther, alors que fut prononcé le *fiat firmamentum* du deuxième jour.

Cependant l'auteur du nouveau symbole veut que « l'on considère le système de l'univers, dont le soleil » et les étoiles font partie, comme créé avant la » terre (2). »

Le soleil et les étoiles auraient-ils donc été créés avant la *matière qui soutient les corps célestes*, antérieurement à l'existence de cette matière *éminemment légère et déliée*, ou de ce *solide et ferme*, de ce *firmament* du deuxième jour ? C'est ce qu'il faut bien se décider à admettre, à moins, toutefois, qu'on n'aime mieux considérer la partie de ce *solide et ferme* qui compose notre atmosphère, comme créée aussi avant la terre. Cette dernière combinaison pourrait avoir l'avantage de faire rentrer notre atmosphère dans *le système de l'univers*, dont il n'y aurait plus d'exclus que nos mers et nos continents.

Cette physique de nouvelle espèce que l'on prête à Moïse, on ne la lui prête que parce que l'on n'a compris ni le sens ni la haute portée philosophique des sublimes expressions de la Genèse, parce que l'on a cherché à dénaturer le sens d'une exposition qui désigne avec autant d'exactitude que de précision la force mystérieuse qui sert de fondement à l'harmonie de l'univers.

(1) *Op. cit.* 2e époque ou 2e jour.

(2) *Op. cit.* 4e époque ou 4e jour.

Mais on a voulu s'étayer de l'autorité de nos Livres saints : Pour justifier la nouvelle interprétation, on enseigne « qu'il est dit dans le livre de Job, que les » étoiles louaient Dieu lorsque la terre fut créée (1). » C'est une autre erreur contre laquelle nous devons encore protester dans l'intérêt de la vérité. Le livre de Job, non plus qu'aucun autre livre de l'Écriture, ne fait mention de cette particularité ; et c'est véritablement la première fois que nous lisons que *le système de l'univers fut créé avant la terre.*

Quant à ces quelques autres écrivains modernes qui ont imaginé de rendre l'expression biblique par *étendue, espace*, et de faire ainsi l'existence du ciel et de la terre ou de leurs éléments constitutifs antérieure à la création de l'espace, nous n'avons pas à nous en occuper ; car M. Marcel de Serres lui-même leur objecte que, « comme l'espace ne peut être considéré comme absolument vide, » cette expression s'applique ou doit s'appliquer « aux corps parvenus au plus haut degré » d'amincissement ou de ténuité dont ils peuvent être » susceptibles (2). » C'est du moins le correctif qu'il propose à ces créateurs de l'espace (3).

Pour nous, nous appuyant sur le texte primitif, sur

(1) Id. *Ibid.*

(2) *Op. cit.* 2e époque ou 2e jour.

(3) Il eût peut-être suffi de leur répondre avec le poëte :

« L'espace qui de Dieu comprend l'immensité,
» Voit rouler dans son sein l'univers limité,
» Cet univers si vaste à notre faible vue,
» Et qui n'est qu'un atôme, un point dans l'étendue. »
(*Philosophie de Newton.*)

Diraient-ils que l'univers roulait dans l'espace, avant qu'il y eût un espace, avant que Dieu eût fait l'étendue ?...

la traduction des Septante, sur toutes les versions anciennes et sur presque toutes les versions modernes, nous entendons ces expressions de la Genèse, *fiat firmamentum in medio aquarum et factum est ita firmamentum cœlum*, nous entendons ces expressions, d'une force centrale imprimée à la matière fluide de la création et de l'universalité des phénomènes qui en sont résultés. Et, ce que nous entendons, nous l'exprimons ainsi :

Qu'il y ait FAISANT-TENIR-FERME AU CENTRE, *firmamentum in medio* : qu'il y ait une force centrale qui affermisse, qui condense les eaux de l'abîme, et qu'en les condensant elle les divise, *fiat firmamentum in medio aquarum et dividat aquas ab aquis*; et Dieu donna au firmament, mais au firmament AINSI FAIT, *factum est ita*, au résultat de l'opération du firmament, ou à l'abîme du premier jour ainsi condensé et divisé, le nom générique de ciel, *et factum est ita, vocavitque Deus firmamentum cœlum*.

C'est-à-dire que la matière fluide de la création, placée sous l'influence de la force centrale, se condensait et se consolidait, et que par le fait même de cette condensation, ces eaux de l'abîme unique du premier jour se divisaient en agglomérations distinctes, en abîmes distincts et séparés, pour constituer le ciel ou les divers systèmes célestes. Et c'est ainsi que, dans cette autre description que nous font les Livres saints de cette PRÉPARATION DES CIEUX, *quandò præparabat cœlos*, les eaux de l'abîme sont divisées en ABÎMES DISTINCTS, *vallabat abyssos*, et chacun d'eux, soumis à une loi invariable, A UNE LOI INDÉLÉBILE, *certâ lege*, revêt UNE FORME CIRCULAIRE, *et gyro*, ou acquiert UN MOUVE-

MENT GIRATOIRE, *certâ lege et gyro vallabat abyssos.* (Prov. VIII, 27.)

En prenant le mot FIRMAMENT, *firmamentum*, dans sa véritable acception, dans son acception étymologique et grammaticale, et en entendant ces expressions du texte, *et factum est firmamentum cœlum*, dans leur sens propre et naturel, nous nous rencontrons avec tous les écrivains sacrés qui sont venus après Moïse; car tous nous répètent que les cieux ont été AFFERMIS par la parole du Seigneur, *verbo Domini cœli firmati sunt* (Ps. XXXII, 6.); que Dieu A CONSOLIDÉ les cieux, *Deus stabilivit cœlos* (Prov. III, 19.); que celui qui a formé les cieux les a rendus TRÈS-SOLIDES, *solidissimi*, AUSSI SOLIDES QUE S'ILS ÉTAIENT D'AIRAIN, *tu forsitan cum eo fabricatus es cœlos qui solidissimi quasi ære fusi sunt* (Job, XXXVII, 18.) etc.

Et Dieu qui avait donné à l'action de la lumière le nom de jour ou de jour de la lumière, *appellavitque lucem diem*, Dieu donne à l'action du firmament le nom de ciel ou de ciel du firmament, *vocavitque Deus firmamentum cœlum;* de même que la science humaine a donné le nom de *mécanique céleste* à l'action de cette puissance universelle, cause toujours active de la structure de l'univers matériel:

« Les planètes, les comètes, le soleil, la terre, tout » est sujet à ses lois, et elle sert de fondement à l'har» monie de l'univers. L'exactitude des géomètres et la » vigilance des astronomes atteignent à peine à la » précision de cette mécanique céleste (1). »

Nous avons vu dans l'examen de l'œuvre du premier

(1) Buffon, *Preuves de la théorie de la terre*. Art. 1er. De la formation des planètes.

On sait aujourd'hui que la vigilance des astronomes est bien loin

jour, que les expressions du texte sacré ne portent pas que Dieu créa la lumière, mais seulement qu'il lui ordonna de paraître. Cette observation s'applique également à l'œuvre du deuxième jour. De même que ce qui constitue la lumière était uni et confondu avec tous les éléments des choses matérielles dans l'abîme unique du premier jour ; de même aussi le principe de cette autre force mystérieuse, que le Créateur allait faire servir à l'exécution de ses desseins, résidait dans chacun de ces mêmes éléments dès le premier instant de la création de la matière. Mais cette force ne pouvait se manifester par ses effets, dominée qu'elle était par la toute-puissance du principe calorifique qui régissait, au commencement, tout le domaine de la création.

Cependant le calorique se dégage de la masse moléculaire pour se porter à la surface de cette masse fluide ; et bientôt ce principe universel devient lumineux. Alors prédomine l'influence du principe attractif. La matière gazeuse de la création se contracte, puis se divise par l'effet même de cette contraction, en amas divers, en agglomérations distinctes ; et ces agglomérations distinctes, désormais sous l'empire de la force centrale, sont toutes comprises sous un seul et même nom qui devient le nom synthétique de la création tout entière, désignée le premier jour sous celui de chaos ou d'abîme : *Vocavitque Deus firmamentum cœlum.*

> Dieu parle, et le chaos se dissipe à sa voix,
> Vers un centre commun tout gravite à la fois.

Les cieux ont été faits firmament par la parole du

d'atteindre à la précision de cette mécanique céleste. Aussi longtemps que le *fiat firmamentum* sera écrit dans la Genèse, la planète Leverrier publiera de toute sa hauteur l'inaltérabilité de l'empreinte du doigt de Dieu, et la gloire du géomètre qui a eu foi en l'inviolabilité des décrets portés par le souverain législateur.

Seigneur, *verbo Domini cœli firmati sunt*. Le Seigneur a mis sa parole dans la bouche de son fils, sa parfaite image, pour qu'il enracinât les cieux, *posui verba mea in ore tuo ut plantes cœlos*. (Isa. LI, 16.) Et l'effet opérant de cette parole du Seigneur, cet effet opérant qu'Esdras, dans son quatrième livre, appelle le principe du ciel ou l'esprit du firmament, *spiritum firmamenti,* l'auteur du livre de Job l'avait appelé la raison des cieux, *cœlorum rationem* (XXXVIII, 37), et son effet opéré il l'appelle l'harmonie de l'univers, l'ensemble du ciel, *concentum cœli*. (*Ibid.*)

L'univers est l'expression d'une pensée unique : *Creavit omnia simul*. (Eccl. XVIII, 1.) Mais dans cet univers créé d'un seul jet, toutes les choses ont été ordonnées successivement par la parole de Dieu, *sed omnia in mensurâ et numero et pondere disposuisti*. (Sap. XI, 21.)

« La parole de Dieu c'est sa sagesse ; et la sagesse » commence à paraître avec l'ordre, la distinction et » la beauté : la création du fond appartenait plutôt à » la puissance.

» Quand Dieu a fait le fond de son ouvrage, c'est- » à-dire en confusion le ciel et la terre, il n'est point » dit qu'il ait parlé. Quand il a commencé à mettre » l'ordre, la distinction et la beauté dans son ouvrage, » c'est alors qu'il a fait paraître sa parole (1). »

DIEU A DIT : Que la lumière soit ; et la lumière fut. L'Éternel a parlé une seconde fois, *dixit quoque Deus*. Il a commandé au *faisant-tenir-ferme* d'agir au centre de l'abîme universel, *dixit quoque Deus : Fiat firma-*

(1) Bossuet, *Elévations sur la création*, 7e élév.

mentum in medio aquarum; et une force centrale étend son empire sur toute la matière, *et factum est ita*. Mais l'Éternel A DIT ENCORE : Que le firmament divise aussi les eaux de l'abîme, *fiat firmamentum, et dividat aquas ab aquis*; et l'ordre et la distinction règnent dans l'ouvrage du Créateur, et l'ouvrage du Créateur reçoit le nom générique de ciel du firmament, *et factum est ita, vocavitque Deus firmamentum cœlum*. Ou, comme l'exprime le Roi-Prophète, une parole du Seigneur a affermi et consolidé les cieux, et un soufle de sa bouche a ordonné et distribué tous les globes célestes, toute l'armée des cieux, *verbo Domini cœli firmati sunt, et spiritu oris ejus omnis virtus eorum*. (Ps. XXXII, 6.)

C'est ainsi que l'effet opérant de cette parole, *l'appui et le soutien de tous les êtres et par laquelle Dieu porte le monde*, selon l'énergique expression de Bossuet, est devenu la pierre angulaire de toute la création, la force qui sert de lien et de support à tout l'univers matériel, et que son effet opéré est cet univers matériel, *ouvrage de la sagesse de Dieu assistante et coopérante avec sa puissance* (1).

Les interprètes modernes n'ont pas toujours saisi avec le même bonheur cette différence éminemment caractéristique entre l'œuvre de la Puissance créatrice et l'œuvre de la Sagesse ordonnatrice ; et ici nous entendons parler tout aussi bien des théologiens que des savants du siècle.

Souvent aussi il arrive que ces auteurs ne font pas attention que toutes les opérations de la parole ou de la Sagesse divine portent sur la matière CRÉÉE, sur le

(1) Bossuet, *Élévations sur la création*, 8e élév.

fond CRÉÉ au commencement, avant tous les temps, puis FAIT et FORMÉ dans le temps, pendant les jours genésiaques, par le Verbe ou par la parole de Dieu. Car ce n'est pas seulement la parole de Dieu qui commence à paraître avec l'ordre, la distinction et la beauté, mais encore et en même temps la substitution du verbe FAIRE, FORMER, DISPOSER, au verbe CRÉER, TIRER DU NÉANT. *Creavit omnia simul, sed omnia in mensurâ et numero et pondere disposuisti.*

Ces interprètes n'ont pas considéré que quand il s'agit ou que quand il est question des opérations de la parole ou de la Sagesse divine, l'Écriture emploie toujours le verbe *faire, produire* au moyen d'une matière déjà existante, et qu'elle ne se sert du verbe *créer* que pour exprimer la grande opération de la Sagesse créatrice ; différence si bien établie et distinction si bien marquée par l'auteur de la Genèse (1).

Nous leur dirons donc avec Bacon :

« Dans les œuvres de la création, nous voyons une » double émanation de la vertu ou force divine, dont » l'une se rapporte à la puissance et l'autre à la sa- » gesse. La première se fait particulièrement remarquer » dans la création de la matière, et la seconde dans » la beauté de la forme dont la matière fut ensuite » revêtue. Lorsque l'Écriture parle de la création de » la matière, elle ne nous apprend pas que Dieu ait

(1) Cette distinction caractéristique a été exactement observée par tous les auteurs sacrés qui ont écrit en hébreu. Si quelques-uns de ces auteurs qui ont écrit en grec paraissent moins exacts, c'est que, par un idiotisme de la langue grecque, nos verbes *créer* et *faire* ne marquant pas, dans cette langue, la différence essentielle que les Hébreux attachaient à leurs verbes BARA et ASAH, et que nous y attachons avec eux, sont quelquefois employés l'un pour l'autre.

» dit que le ciel et la terre se fassent, *fiat cœlum et*
» *terra* ; manière de parler qu'il emploie pour les
» œuvres suivantes. Ainsi, pendant que la création de
» la matière se présente comme l'œuvre pure de la
» main, l'introduction de la forme dans la matière
» porte le caractère d'une loi ou d'un décret. Tant il
» est vrai que Dieu a voulu établir une différence
» sensible entre les œuvres de sa sagesse et celle de sa
» puissance. »

Mais nous devons dire encore de ces interprètes ce que le père de la véritable philosophie disait des philosophes grecs : « Leur tort est de n'avoir pas considéré
» qu'entre les effets et Dieu il existe un intermédiaire,
» une loi sommaire et unique qui est comme le centre
» et le régulateur de toute la nature, et que Dieu, en
» quelque sorte, a substituée à lui-même (1). »

Cette loi ou ce décret que Bacon appelle « la vertu
» primitive et unique qui fait et forme tout de la
» matière, la loi sommaire de la nature, la force
» que Dieu a imprimée aux premières particules pour
» leur rassemblement, et qui, par la répétition et la
» multitude des rassemblements, a produit toutes les
» choses diverses qui remplissent l'univers (2), » cette loi universelle a été promulguée le deuxième jour de la création, immédiatement après la manifestation de la lumière : *Fiat firmamentum.* Cette LOI SOMMAIRE DE

(1) Le Christianisme de Fr. Bacon, t. 1. p. 126, 127, 154.

Loi unique et sommaire qui régit toute la nature et a Dieu pour auteur. (De sap. vet. parab. 17.)

La dignité de la science prouvée par l'Ecriture. (De augment. scientiar. l. 1.)

(2) Id. *Ibid.*

LA NATURE a été promulguée APRÈS la manifestation de la lumière, parce que la lumière procède d'un principe encore antérieur et tout à fait distinct; parce que la lumière n'est pas régie par LA VERTU QUI FAIT ET FORME TOUT DE LA MATIÈRE; parce que la lumière est soumise à un principe plus mystérieux encore, que la science, dans l'impuissance où elle se trouve d'en spécifier autrement le caractère tout différentiel, appelle la loi des fluides IMPONDÉRABLES, mais que l'historien de la création a appelé L'ESPRIT DE DIEU, *spiritus Dei.*

Or, cette loi ou ce décret, promulgué le deuxième jour, reçut son exécution ce même jour : L'INTRODUCTION DE LA FORME DANS LA MATIÈRE date de ce deuxième jour de la création; et le produit de cette FORCE IMPRIMÉE AUX PREMIÈRES PARTICULES POUR LEUR RASSEMBLEMENT fut l'univers matériel, désigné ce deuxième jour sous le nom générique et symbolique de ciel du firmament, du nom de sa cause efficiente, et du nom de sa matière constituante, comme nous allons l'apprendre.

Si Voltaire a pu dire, dans son Éloge de Bacon, que « on voit dans son livre, en termes exprès, cette attraction nouvelle dont M. Newton passe pour l'inventeur (1), » nous pouvons bien dire aussi qu'on voit dans le livre de Moïse cette attraction nouvelle, et non-seulement cette attraction nouvelle dont Newton passe pour l'inventeur, mais encore la matière originelle au milieu de laquelle, *in medio*, a opéré cette attraction nouvelle. Et ce que nous voyons dans le *Livre* (αὐτὴ ἡ βίβλος) *des générations du ciel et de la terre* (2), toute la tradition l'a vu avec nous; car elle

(1) *Mélanges de littérature*, in-4°, t. 2, p. 81.
(2) *Gen.* ch. 2, v. 4, d'après l'hébreu et les Septante.

nous parle ici de cette INTRODUCTION DE LA FORME DANS LA MATIÈRE, *in materiam* INDUCTA FORMA, mais dans la matière fluide de la création, *in materiam* AQUÆ PRIMÆVÆ *inducta forma*; elle nous parle du PRODUIT de cette force imprimée aux premières particules pour leur rassemblement, *in materiam aquæ primævæ in abysso inducta est forma* CŒLORUM.

Elle nous parle de la matière qui fut les cieux, de l'introduction de la forme dans la matière fluide de la création, de l'introduction de la forme dans l'ABÎME universel du premier jour, *in materiam aquæ primævæ* IN ABYSSO *inducta est forma cœlorum*; non-seulement elle nous en parle dans les mêmes termes que nos physiciens et nos astronomes, mais elle expose encore que Moïse a voulu donner au produit de cette force universelle, à l'ouvrage du firmament, un nom symbolique qui rappelle que cet ouvrage du firmament tire son origine des eaux du premier jour : elle constate que Moïse s'est servi d'une dénomination qui témoigne que le ciel du deuxième jour, ouvrage du firmament, a été fait et formé des eaux créées au commencement, des eaux de l'abîme du premier jour : CIEL, *Scamaim*, NÉ DES EAUX : « *Sic hic dicitur : Fiat firmamentum, idque factum est » et vocatum est cœlum, hebraïcè* SCAMAIM *quasi* SCAMMAIM, *id est* IBI AQUÆ; *quod docet : in materiam aquæ » primævæ in abysso, inducta est nova forma cœlorum; » idèoque ab aquis pristinis cœlum, licèt novum, vocatur » tamen scamaim, id est aqueum*, EX AQUIS ENATUM ET » EFFORMATUM. »

Ainsi que l'illustre Bacon, qui faisait de l'œuvre genésiaque le principe de toutes ses connaissances, ces anciens interprètes ont vu, dans l'opération du firmament, l'action de cette force universelle dont l'application mathématique devait faire la gloire immortelle de Newton.

C'est ici, disaient-ils, c'est à cette seconde phase de la création que Dieu donne une forme à son abîme du premier jour : *Ecce hìc disponit et format Deus suam abyssum aquarum* ; c'est des eaux de cet abîme condensées et solidifiées le deuxième jour que furent formés tous les cieux, tout ce qu'embrasse le firmament, les choses du ciel aussi bien que les choses de la terre : *Ex quâ abysso, sive aquâ densatâ atque consolidatâ facti sunt cœli omnes, sive firmamentum die secundo. Tam enim cœli quàm sublunaria facta sunt ex eâdem aquarum abysso* (1).

Sans doute nous sommes loin de prétendre qu'il n'y ait pas beaucoup de vague, d'incertitude, et souvent même beaucoup d'inexactitude dans les explications de ces anciens interprètes sur cette cause efficiente de tout ce qui existe, sur ce firmament du deuxième jour qu'ils appellent, les uns, le cordon ombilical du monde, le milieu des choses, les autres, le mystère du sein maternel, l'enfantement de la nature (2). Sans doute tous ces interprètes n'ont pas saisi dans tous ses développements la grande loi qui a présidé à l'organisation des mondes. Mais nous devons constater qu'ils ont reconnu

(1) Est hæc sententia S. Petri, S. Clementis, S. Basilii, etc. Ita docent Clemens roman, Hippolytus, Severianus, Gennadius, Acacius, Theodor. Hyeron. Cyrill. Molin et alii. (*Script. sacr. curs. compl.*)

(2) Firmamentum speciem infantis intra materni uteri septum positi repræsentat. Quidam interpretes firmamentum, utpotè in meditullio situm, universi umbilicum statuunt. (S. patris Ephræm, *Explanatio in Genesim.*)

dans l'institution de cette *mécanique céleste*, une puissance primordiale mise en action pour opérer, dans les choses matérielles et dans chacune d'elles, toutes les combinaisons et dispositions relatives au but de l'Auteur de la nature : *Didicimus divinam vocem non esse mandatum verbis expressum et explicatum, sed artificem ac sapientem in rebus singulis potestatem, quâ ea, quæ in ipsis cernuntur, admirabilia perfecta sunt* (1). Nous devons constater qu'en même temps ils ont reconnu et attesté, avec les Septante et avec tous les Hébraïsans, *aliisque doctissimis hebræis*, que le firmament de l'hébreu, dans sa signification primitive et radicale, exprime l'action d'affermir et solidifier ce qui était auparavant rare et fluide : *Firmamentum hebraïcè vocatur* RAKIA, *cujus radix* RAKA *significat firmare ac solidare rem aliquam quæ priùs fluida erat et rara* (2).

Aussi, dans leurs explications, le premier jour est le jour de la création de toute la matière, et le second jour est le jour de la formation, ou de l'introduction de la forme dans cette matière de la création (3); opposant aux novateurs de leur temps que, s'il est écrit que le ciel et la terre furent CRÉÉS le premier jour, il est écrit aussi que le ciel lui-même ne fut FORMÉ que le jour suivant, *nam et cœlum scribitur posteà factum.*

Enfin, dans leurs explications, le ciel du second jour est le produit de l'action de cette puissance primordiale

(1) S. Gregor. Nyss *in hexam.*

(2) *Script sacr. curs. compl.*

Voy. aussi Menochius, dom Calmet, etc.

(3) Deus primo die creavit omnia creanda, reliquis verò diebus non creavit, sed creata formavit et exornavit...... Deus primo die creavit omnem materiam primam, et ex eâ deindè formas eduxit (*Ibid.*)

dans la matière fluide de la création, ou le second progrès, une seconde mutation de la matière, *nova forma*, un changement de forme dans la matière du premier jour : *In materiam aquæ primævæ in abysso inducta est nova forma cœlorum.* Dans leurs explications, ce ciel du firmament, quoique manifesté comme produit nouveau, *licèt novum*, n'est cependant pas le produit immédiat de la matière créée, puisqu'il est NÉ, puisqu'il a été FORMÉ de ces eaux PLUS ANCIENNES, *pristinis*, issues de l'abîme universel du premier jour : *Ideòque ab aquis pristinis cœlum, licèt novum, vocatur tamen scamaim, id est aqueum, ex aquis enatum et efformatum.*

Ce précis des enseignements de toute la tradition n'est que la reproduction exacte et complète des enseignements de la révélation primitive.

En effet, Moïse nous avertit que le ciel et la terre créés au commencement n'étaient qu'une masse informe et invisible, un abîme ténébreux. En d'autres termes, « Moïse nous avertit ici (dans sa description du premier » jour ou de l'état premier de la matière), qu'il entend » une masse confuse et ténébreuse de matière dont » Dieu composa les cieux, les astres, etc., la matière » de tout l'univers. » Puis, il enseigne que l'esprit de Dieu se dégageait de cet abîme qui, par ce dégagement du calorique, se condensait, se liquéfiait, *super aquas*; et que, tandis que la lumière se manifestait au-dessus des eaux, le firmament, au contraire, opérait au centre, au milieu de ces mêmes eaux, *in medio aquarum*, pour former le ciel du second jour, le ciel du firmament, toutes les choses créées, *quandò creata sunt, in die quo fecit Dominus Deus cœlum et terram*, ou comme l'exprime le grand Apôtre, pour constituer tous les éléments invisibles de la création, *ut ex invisibilibus visibilia fierent.*

Tant il est vrai que ces appellations, premier jour, second jour, etc., ne sont relatives qu'aux divers états par où passa la matière pour devenir le monde que nous voyons, en vertu des lois primitivement imposées par le Créateur. Tant il est vrai que ces appellations diverses sont seulement relatives aux opérations de la Sagesse créatrice pendant les quatre jours consacrés à l'organisation de l'univers matériel, opérations décrites successivement, mais toutes découlant des prémisses posées à l'instant de la création, comme les conséquences de leurs principes ; ainsi que l'a encore reconnu, ainsi que l'enseigne encore cette même tradition : *In omnibus his operibus non ponit durationis ordinem, sed solùm originis et naturæ.*

Pareillement ces autres dénominations de matière informe et d'abîme invisible, puis d'eaux soumises à l'esprit de Dieu pour la production et de la lumière et du ciel du firmament, ne sont que des dénominations qualificatives de l'état progressif de la matière constitutive de l'univers matériel. Dénominations toutes qualificatives, pareillement envisagées sous leur véritable point de vue par les anciens interprètes du texte sacré : *In principio igitur mundum esse conditum dicens, significat rerum omnium occasiones, causas, et potestates à Deo fuisse confectas.* Dénominations dont nous pouvons, aujourd'hui, apprécier toute l'exactitude, puisqu'elles répondent exactement et complètement à cette autre révélation, à ce nouvel enseignement de la science, que la matière dont les mondes sont composés, créée à l'état *purement gazeux*, passe à un état toujours de plus en plus concret, jusqu'à ce qu'elle arrive à la forme dite *planétaire*.

La fluidité de la matière étant en raison directe de l'absence de la cohésion, la dernière des subdivisions de la matière, que nous devons nommer élémentaire et primordiale, est nécessairement d'une fluidité absolue. C'est ce dernier ou plutôt ce premier état de ténuité ou de fluidité de la matière, c'est cette première modalité que Moïse appelle d'abord vide et vaine, informe, incomposée, ou, selon l'expression primitive plus caractéristique encore, impalpable et divisée jusqu'à l'annihilation, et qu'il désigne ensuite sous le nom d'abîme et d'abîme invisible. Après avoir ainsi épuisé toutes les expressions de sa langue pour nous peindre le suprême degré de fluidité de la matière de la création, l'historien de cette création donne à cette même matière déjà soumise à un principe actif, *cui jam ad operandum spiritus superferebatur*, un nom, pour ainsi dire, plus substantiel : il ne lui donne plus que le nom d'eau. Mais il ne la désignera désormais que par cette qualification générique, parce qu'il n'a plus d'autre terme pour exprimer la fluidité de la matière constitutive de tous les corps de l'univers (1).

Que ces divers termes répondent aux termes nouveaux et scientifiques de fluides, de gaz, de principes élémentaires, toutes expressions inconnues à la langue des

(1) Hæc ergo nomina omnia, sive cœlum et terra, sive terra invisibilis et incomposita, et abyssus cum tenebris, sive aqua super quam spiritus ferebatur, nomina sunt informis materiæ. Sub his omnibus nominibus, materies erat invisa et informis de quâ Deus condidit mundum. (*De Gen. cont. Manich.* l. 1, c. 7.—*De Gen. ad litter.* l. 1, c. 8.)

Hébreux, c'est ce qui est attesté par tous les lexicographes, juifs et chrétiens, apologistes et rationalistes, qui enseignent que le primitif MAIM, eau, de l'hébreu, comprend sous son acception toute espèce de substance à l'état naissant ou élémentaire, comme à l'état fluide et gazeux (1). Et nous voyons que ce mot d'une signification si étendue est encore employé dans le sens de principe, de tige, de race, etc. Si le Psalmiste est obligé de donner aux vapeurs répandues dans l'atmosphère le nom d'eau ténébreuse, *tenebrosa aqua* (Ps. XVII, 1.), le prophète Isaïe appelle les Israélites de la tribu de Juda, les enfants issus des eaux de Juda, *de aquis Juda.* (XLVIII, 1.)

Or, toute la tradition constate que ce même primitif MAIM est entré dans la composition du SCAMAIM de la langue sacrée, parce que les cieux ont été faits et formés de ces fluides, de ces gaz, de ces principes élémentaires de la création, *cœli hebraïcè vocantur* SCAMAIM, *id est ibi aquæ, eo quòd ante cœlos omnia plena essent aquis ex quibus facti sunt cœli* (2). Aussi les erreurs d'interprétation de Cajétan sur l'opération de l'esprit de Dieu, qu'il entend d'une opération angélique (3), non plus que les erreurs d'interprétation de M. Marcel de Serres sur le firmament, ne les ont pas empêchés de professer avec tous les anciens que « le mot MAIM est entré dans l'expression qui indique les cieux, » et que « le mot SCAMAIM doit s'entendre de la matière qui a formé les différents corps célestes et planétaires. » D'où ce dernier

(1) Voy. le *Dictionnaire hébraïque* de Glaise.

(2) *Script. sacr. curs. compl.*

(3) Spiritus Dei, id est angelus, movebat aquas, id est omnes cœlos qui hebraïcè scamaim, id est aquæ nominantur.

conclut que « cette matière peut être l'éther, ou l'air, ou l'eau gazeuse, *ou toute autre substance* (1) ; » ce que nous n'avons pas l'intention de lui contester.

On comprend donc pourquoi, chez le peuple dépositaire de ses révélations, le Dieu des cieux était appelé Créateur des eaux, *Deus cœlorum, Creator aquarum* (Jud. IX, 19); on comprend que le souverain Ordonnateur des mondes était ainsi reconnu et proclamé Créateur de la matière constitutive de tout l'univers.

On comprend pareillement pourquoi le Prince des Apôtres a dit, en parlant des Juifs, qui sans doute avaient l'intelligence de leur langue et de ses expressions significatives, que c'est volontairement qu'ils ignorent, *latet enim eos hoc volentes*, que la terre aussi fut faite firmament, *consistens*, que la terre fut formée en même temps que les cieux, de la propre substance des eaux de la création, de ces mêmes eaux constitutives des cieux, *et terra de aquâ et per aquam consistens verbo Dei*. Ce que l'Apôtre des Nations exposait en d'autres termes, en rappelant à ces mêmes Juifs convertis à la foi, que la révélation leur enseigne, *fide intelligimus*, que, par la parole de Dieu, les éléments constitutifs du monde furent engencés et rendus visibles d'invisibles qu'ils étaient auparavant, *aptata esse verbo Dei, ut ex invisibilibus visibilia fierent*.

Car, s'il a été révélé au peuple juif que les cieux furent consolidés au milieu des eaux par une émanation de la Sagesse divine, il a été pareillement révélé à ce même peuple qu'en même temps la terre fut consolidée

(1) *Op. cit.* p. 40.

au milieu de ces eaux par cette même parole du Seigneur.

« Le Seigneur a fait aussi firmament le globe terrestre, *etenim firmavit orbem terræ;* il a fondé la terre sur son firmament, sur sa propre stabilité, *qui fundasti terram super stabilitatem suam.* (Ps. XCII, 1; CIII, 5.)

« Il a séparé les eaux qui furent dessous en firmament de celles qui furent dessus en firmament. Littéralement : « Il a séparé les eaux qui au-dessous en firmament, » *quæ subter in firmamentum,* de celles qui au-dessus » en firmament, *quæ de super in firmamentum* (1). »

« Tous les ouvrages du Seigneur sont souverainement bons : A sa parole, les eaux n'ont constitué qu'une seule et même immensité ; et, à un souffle de sa bouche, elles ont été divisées : *opera Domini universa bona valdè : in verbo ejus stetit aqua sicut congeries, et in sermone oris illius sicut exceptoria aquarum.*

» Ne dites donc point de ses œuvres, continue le » Paraphraste sacré, ne dites point : Qu'est-ce que ceci, » qu'est-ce que cela? car tout se découvrira en son » temps, et on saura comment il a converti les eaux » en siccité : *Non est dicere : quid est hoc aut quid* » *est istud? omnia enim in tempore suo quærentur; quo-* » *modò convertit aquas in siccitatem.* » (Eccles. XXXIX, 21, 22, 26, 29.)

Le premier jour, l'esprit de Dieu se portait au-dessus des eaux pour donner naissance à la lumière, et pour laisser au principe de la solidité des corps toute liberté d'agir au milieu, *in medio*, de ces eaux élémentaires,

(1) Le texte hébreu porte mot à mot : *Divisitque aquas quæ subter in firmamentum ab his quæ desuper in firmamentum.* (Gen. I, 7.)

les disposant ainsi à produire toutes les merveilles de l'univers, *ut de illâ omnia formarentur*, ou, comme l'enseigne encore toute la tradition, les choses du ciel aussi bien que les choses de la terre, *tam enim cœli quâm sublunaria facta sunt ex eâdem aquarum abysso.*

« Ces eaux ont produit toutes choses, elles ont servi à former toutes choses, et les cieux eux-mêmes, *quin et cœli producerentur*, puisqu'il est écrit ensuite que Dieu fit le firmament ou tous les globes célestes, *seu omnes orbes cœlestes*, au milieu de ces eaux et par conséquent de la substance même des eaux de l'abîme immense du premier jour (1).

« Or, Dieu formait les cieux, *cœlos efformabat*, en » congelant et en consolidant partie de ces eaux, *partem aquarum*, comme l'airain fondu se fige et se » consolide par le refroidissement : *Partem aquarum,* » *conglaciando, et ut æs fusum consolidando cœlos efformabat* (2). »

Le Dieu des cieux Créateur des eaux, *Deus cœlorum Creator aquarum*, formait donc les cieux, en mettant les eaux du dessus en firmament, *desuper in firmamentum,* en congelant ces eaux gazeuses, *conglaciando,* en consolidant ces eaux supérieures, *partem aquarum consolidando cœlos efformabat.* Mais en même temps Dieu mettait en firmament l'autre partie de ces eaux qu'il séparait des eaux en firmament au-dessus, *ab his quæ desuper in firmamentum* ; il mettait ces eaux du

(1) « Aptas procreationi reddens ut indè mox germina, quin et cœli producerentur ; nam, ut sequitur, fecit Deus firmamentum, seu omnes orbes cœlestes, in medio aquarum, utiquè et ex medio seu ex vastâ illâ abysso et mole aquarum. » (J. Tirini, *Comment. lib. Gen.*)

(2) Id. *Ibid.*

dessous en firmament, *subter in firmamentum*, pour en former la terre, qui apparaît du milieu de ces eaux le troisième jour.

Ce firmament du dessus que l'Écriture appelle ailleurs le firmament d'en haut, *altitudinis firmamentum* (Eccl. XLIII, 6), Moïse l'appellera, le quatrième jour, le firmament du ciel, *firmamentum cœli*, pour le distinguer entièrement du firmament du dessous ou du dessous du firmament. Or, ce dessous du firmament, Moïse nous le représentera, le troisième jour, conglobé en une seule masse terraquée, en une masse aqueuse intérieurement solidifiée, déjà solidifiée dans son centre, dans son milieu, *in medio aquarum*.

L'ordre est donné au firmament d'agir au milieu des eaux de la création; et l'effet opérant de ce commandement du souverain Ordonnateur des mondes devient pour la terre, aussi bien que pour les cieux, la pierre angulaire, *lapidem angularem*, sur laquelle s'appuient ses fondements solidifiés, *super quo bases illius solidatæ sunt*. (Job, XXXVIII, 6.)

Le Seigneur a mesuré les eaux de la création, et il a pesé ces eaux créées pour les cieux : le Dieu des cieux créateur des eaux a voulu mesurer lui-même ces eaux créées et préparées pour les cieux, et déterminer ainsi la masse et le volume des corps célestes : *Mensus est pugillo aquas et cœlos palmo ponderavit*. (Isa. XL, 12.) Mais en même temps qu'il distribue par poids et mesures les masses constitutives du ciel, l'éternel géomètre pèse dans la même balance la masse entière de la terre : *Appendit tribus digitis molem terræ, et libravit in pondere montes et colles in staterâ*. (Id. *Ibid.*)

Ma main a mesuré les cieux, et cette même main a

fondé la terre : Je les appellerai, et ils se dresseront en même temps; *manus quoque mea fundavit terram, et dextera mea mensa est cœlos : Ego vocabo eos et stabunt simul.* (Isa. XLVIII. 13.)

« Je les appellerai, et ils se dresseront ensemble, *ego vocabo eos et stabunt simul.* » Et voici qu'ils nous sont manifestés comme procédant de la même cause, comme étant le produit de la même force : *Ecce tu fecisti cœlum et terram in fortitudine tuâ magnâ, et in brachio tuo extento.* » (Jér. XXXII, 17.)

Le Seigneur a fait aussi firmament le globe terrestre, *etenim firmavit orbem terræ.* Mais dès-lors, dès cette époque de la consolidation de la terre, à l'instant même, *ex tunc*, de cette consolidation du globe terrestre, il avait préparé son trône, *parata sedes tua ex tunc.* Il avait préparé le ciel, ce trône de sa gloire et de sa puissance (*cœlum sedes mea*) ; et ce ciel il l'a préparé, en se revêtant de force, et en se ceignant de la puissance que son père lui a dévolue : *Indutus est Dominus fortitudinem et præcinxit se, etenim firmavit orbem terræ, parata sedes tua ex tunc.* (Ps. XCII, 1, 2.)

Ecoutons la Sagesse éternelle :

« Il m'a dit : Vous êtes mon fils, je vous ai engendré aujourd'hui (1), *dixit ad me ; Filius meus es tu, Ego hodiè genui te.* (Ps. II, 7.) J'ai mis ma parole dans votre bouche, et je vous ai revêtu de toute ma puissance, pour que vous plantiez les cieux et que vous fondiez la terre, et pour que vous disiez à Sion : Vous êtes mon peuple, *posui verba mea in ore tuo et in umbrâ manûs*

(1) « La vie du Père est l'*aujourd'hui* du Père, et cet *aujourd'hui* est son éternité. » (Berthier, *Comm. sur les Psaumes.*)

meæ protexi te, ut plantes cœlos et fundes terram, et dicas ad Sion : Populus meus es tu. (Is. LI, 16, 17.)

» C'est pourquoi j'étais avec lui quand il préparait les cieux et qu'il jetait les fondements de la terre, *quandò præparabat cœlos aderam, quandò appendebat fundamenta terræ cum eo eram* ; j'étais avec lui, formant et composant toutes choses, *cum eo eram cuncta componens.* » (Prov. VIII, 29, 30.)

Or, dans cette préparation des cieux, le Verbe éternel, qui formait toutes choses, *cuncta componens*, l'Ordonnateur des mondes compassait et arrondissait les abîmes, *abyssos*, sortis de l'abîme unique du premier jour : il préparait ces cieux en assujétissant les eaux de l'abîme à la gravitation, à une loi indélébile, *certâ lege*, à cette autre puissance universelle qui affermit et consolide les corps, et les coordonne en masses globulaires, *et gyro*, et ces masses globulaires en systèmes sphériques, *certâ lege et gyro vallabat abyssos.* Et c'est lors de la mise en action de cette raison des cieux, *cœlorum rationem*, de cette cause indestructible de l'harmonie des corps célestes, *concentum cœli*, que les éléments de la terre s'agglomeraient, et que les matières qui la composent se durcissaient : *Quandò fundebatur pulvis in terrâ et glebæ compingebantur.* (Job, XXXVIII, 37, 38.) C'est lors de cette préparation des cieux que l'Ordonnateur des mondes a préparé la terre, *qui præparavit terram* ; c'est dans ce même jour de la préparation des cieux, c'est dans ce même instant de son éternité qu'il a préparé la terre, *qui præparavit terram in æterno tempore.* (Bar. III, 32.)

Le premier jour, la terre encore à l'état de matière invisible et incomposée, était confondue avec tout le reste de la matière dans l'abîme unique de la création, *cùm in confuso adhùc esset cœli et terræ materia.* Le deuxième jour, le principe de la solidité des corps est mis en action, et cet abîme unique des eaux est distribué en amas divers : *Fiat firmamentum et dividat.* Dès-lors la matière qui doit composer la terre, les eaux constitutives du globe terrestre ou les eaux constituées en firmament au-dessous demeurent séparées des eaux constitutives des globes célestes ou des eaux constituées en firmament au-dessus : *Divisitque aquas quæ subter in firmamentum ab his quæ desuper in firmamentum.*

Et Dieu donna à son ouvrage du deuxième jour le nom générique de ciel, *et factum est ita, vocavitque Deus firmamentum cœlum.*

La terre n'est point nommée ici pour signifier, disent les interprètes, que cette partie dite inférieure du firmament n'est qu'un point mathématique, comparée à l'immensité des cieux, ou, comme s'expriment ces interprètes, parce que le ciel comprend la plus grande comme la plus belle partie de ce firmament, ouvrage du deuxième jour, *cœli nomen meritò tributum firmamento, quia hujus firmamenti major et melior pars sunt cœli* (1); appréciations si différentes et si éloignées de la précision toute mathématique de ces évaluations comparatives de l'Écriture : *quoniam tanquam momentum stateræ, sic est ante te orbis terrarum, et tanquam gutta roris antelucani quæ descendit in terram.* (Sap. XI, 23.)

Mais l'opération du deuxième jour est l'opération par laquelle le Créateur donne la forme à la matière ; et cette formation de l'univers matériel est proclamée

(1) Menochii. *Comm. Gen.* — *Bible de Carrières*, etc.

l'ouvrage du firmament. Dans cette architecture céleste, les masses stellaires et planétaires, les mondes et les systèmes de mondes sont également compris. La terre n'est point nommée dans la dédicace de l'édifice de la création, parce que le soleil, la lune et les étoiles ne sont point nommés dans cette dédicace. Les globes célestes et le globe terrestre ne sont pas encore nominativement distingués, parce que cet édifice, ouvrage du firmament, est un tout uniforme dont chacune des parties, modelée sur le même patron et assujétie à la même loi, n'a encore rien de distinctif. La terre n'est point nommée, et les astres, qui constituent le ciel, ne sont point nommés, parce que le ciel du deuxième jour comprend l'universalité des choses créées, parce que ce ciel du deuxième jour est le ciel du firmament, l'ouvrage tout entier du firmament, l'introduction de la forme dans la matière créée, ou la formation de la création entière.

La terre ne sera nominativement distinguée du ciel, la terre ne recevra son nom distinctif que le troisième jour, parce que sa constitution physique ne date que de cette troisième époque de la création. Le deuxième jour, la terre a son être à part ; mais rien ne la distingue encore des autres produits du firmament, de cette cause efficiente de la structure de tous les corps de l'univers. C'est déjà un abîme sphérique, une masse *sui generis* qui s'affermit et se consolide ; mais cet abîme sphérique est encore un tout semblable aux autres abîmes disséminés dans l'immensité des espaces célestes.

Le ciel lui-même, le ciel distingué de la terre, aura aussi son nom distinctif : le ciel distingué de la terre, le ciel stellaire sera appelé le FIRMAMENT DU CIEL, *fir-*

mamentum cœli ; mais ce nom distinctif, ce nom sacramentel ne lui sera donné que le quatrième jour, parce que l'organisation du ciel distingué de la terre, ou la constitution physique des globes célestes ne date que de cette dernière époque de la Cosmogonie biblique.

Nous disons donc que le ciel du deuxième jour n'est pas encore le ciel que nous voyons, ou, ce qui est la même chose, que cette première disposition des ouvrages du Créateur n'est pas encore l'opération qui détermine leur existence dans leur état normal. L'historien sacré n'a pas attendu aux jours suivants pour nous mettre sur la voie de cette grande et décisive révélation. Dès le deuxième jour, il nous donne à entendre qu'il ne s'agit, dans l'œuvre de ce deuxième jour, que d'une première opération, que d'une disposition préparatoire.

En effet, l'écrivain inspiré, dans la description qu'il nous fait de l'œuvre des six jours, termine le récit de chaque production par cette formule laudative, qu'il répète toujours dans les mêmes termes : « ET DIEU VIT » QUE CELA ÉTAIT BON, *et vidit Deus quòd esset bo-» num.* » (Gen. I, 4, 10, 12, 19, 21, 25, 31.) Les mêmes paroles approbatives reviennent après chaque opération. Il n'y a qu'une seule exception, et cette exception porte tout entière sur l'opération du deuxième jour. Le Créateur ne donne pas à l'ouvrage du deuxième jour l'approbation qu'il a donnée à son ouvrage du premier jour, et qu'il donne encore à chacun des ouvrages des quatre derniers jours : l'Ordonnateur des mondes ne dit point ce deuxième jour ce qu'il a dit le premier jour, et ce qu'il répète, à chaque opération, les quatre jours suivants, que SON OUVRAGE EST BON.

Cette exception remarquable doit avoir une cause dans un livre où chaque mot a tant d'importance et de vérité. Quelle est cette cause? Pourquoi Dieu ne confirme-t-il point par sa sanction l'opération du deuxième jour? si ce n'est parce que cette consolidation effectuée au sein de l'abîme universel, parce que l'opération qui en résulte, ou la dissémination des masses constitutives de tous les corps de l'univers, n'est encore qu'un commencement d'exécution, un acheminement à la grande opération qui doit manifester les ouvrages de la Sagesse créatrice? Dieu ne proclame point encore l'accomplissement de son œuvre, parce que cette PRÉPARATION DES CIEUX n'est encore que l'opération qui coordonne en agglomérations distinctes tous les abîmes émanés du grand abîme de la création. Dieu ne sanctionne point l'œuvre du deuxième jour, parce que, s'il faut un autre ordre du Créateur pour que LA TERRE APPARAISSE, il faut aussi une dernière intervention pour que LES LUMINAIRES SOIENT FAITS DANS LE FIRMAMENT DU CIEL.

Enfin, pour reproduire les expressions des anciens interprètes, « Dieu ne donne pas sa sanction au ciel du » deuxième jour, parce que ce ciel du deuxième jour » n'est pas encore achevé, parce qu'il n'est pas encore » convenablement disposé, parce qu'il n'a encore au- » cune beauté ; en un mot, parce qu'il faut pour cette » sanction que les luminaires soient faits : *Etsi porrò* » *Deus lucem primo die conditum laudasset, firmamen-* » *tum tamen posterâ die constitutum sine laude dimisit,* » *et rectè, quia necdum perfectum fuerat, nec ordinem,*

» *ornatumque sibi convenientem acceperat. Restitit*
» *tantisper Conditor, et expectavit dùm fierent lumi-*
» *naria* (1). »

Il faut pour cette sanction que les luminaires soient faits.

Dieu a donné sa sanction à la lumière du premier jour : *Et vidit Deus quòd esset bona*. C'est à la suite de cette première promulgation qu'il est fait mention de la séparation de la lumière d'avec les ténèbres : *Et divisit lucem à tenebris*.

Cette séparation est-elle une opération indépendante de la production de la lumière? Evidemment non, car elle est annoncée comme ayant trait à l'œuvre du premier jour, à l'acte même de la production de la lumière. Pourtant elle n'est pas une opération achevée, une œuvre accomplie, puisqu'elle n'a pas reçu la sanction divine.

« Dieu a vu que la lumière était bonne. » Puis il est écrit que « la lumière est séparée des ténèbres. »

Cette autre proposition, ainsi placée entre le récit de l'œuvre du premier jour et le récit de l'œuvre du deuxième jour, est donc l'énonciation d'une loi de continuité, l'énonciation d'un fait qui a commencé avec l'existence de la lumière, et qui se continue pendant l'opération du jour qui suit immédiatement.

Mais l'œuvre du deuxième jour ne reçoit la sanction divine que le quatrième jour de la création, alors que la terre a ses luminaires, l'un plus grand pour présider

(1) S. Ephræm, *Explanatio in Genesim*.
Catharinus, *Enarrationes in Genesim*.
Ita Molina et alii.

au jour, et l'autre moins grand pour présider à la nuit. (Gen. I, 16.)

A la parole de Dieu, la lumière agit à la surface de l'abîme ; et, à la parole de Dieu, le firmament agit au centre de ce même abîme qu'il sépare aussi en agglomérations diverses pour constituer tous les globes célestes ; et tandis que la lumière manifeste son action à la surface de chacun de ces globes, le firmament développe son action occulte et antagoniste au centre de chacun de ces mêmes globes. Mais, parce que cette séparation des éléments soumis à l'action de l'esprit de Dieu d'avec les éléments soumis à l'action du firmament ne manifeste ses effets que le quatrième jour, en d'autres termes, parce que la terre ne sort du sein de la lumière et n'est physiquement séparée du ciel ou des globes lumineux qu'à cette quatrième phase de la création, la sanction divine n'est proclamée qu'en ce jour de la manifestation de l'œuvre cosmogonique.

N'ayant à sa disposition qu'un vocabulaire usuel extrêmement restreint pour publier les merveilles des *générations du ciel et de la terre,* Moïse a eu pour mission spéciale de faire ressortir la majestueuse unité du plan de création qui lui était révélé. La production de la lumière avant toutes choses, l'introduction de la forme dans la matière, l'apparition de la terre avant l'organisation de ses luminaires, ou sa séparation du ciel, ces grands traits unissent le ciel à la terre et rattachent à une origine commune toutes les parties de ce merveilleux ensemble.

Il était réservé à la science du 19e siècle de mettre en évidence la précision méthodique et l'exactitude rigoureuse de l'historien de ces arcanes universelles, alors précisément qu'on voulait y trouver une série de créations successives et indépendantes.

C'est le second de ces grands traits que nous allons envisager sous le point de vue scientifique, en mettant la révélation primitive en présence de la révélation nouvelle.

SECTION DEUXIÈME.

CORRESPONDANCE SCIENTIFIQUE.

§. 1.

GRAVITATION UNIVERSELLE.

Changement d'état de la matière originelle. — Un seul et même principe a présidé à l'organisation de l'univers, et à la distribution des masses qui le composent. — Mécanisme du grand tout de la création.

Leibnitz regrettait que l'hypothèse de Descartes sur la contexture des parties de l'univers visible eût été si peu confirmée par les recherches et les découvertes faites depuis, ou que Descartes n'eût pas vécu cinquante ans plus tard, pour nous donner sur les connaissances de cette époque une hypothèse aussi ingénieuse que celle qu'il avait donnée sur les connaissances de son temps (1). Le philosophe allemand n'aurait pas exprimé ce regret s'il avait vécu dans notre siècle. Les brillantes décou-

(1) *Nouv. Essais sur l'entendem. humain*, p. 12.

vertes d'Herschell établissent que, comme l'avait imaginé Descartes, « la terre et les cieux sont faits de la » même matière (1), » ou que la terre, le soleil, notre système céleste et tous les systèmes perdus dans les profondeurs de l'espace sont le produit de la condensation, de la concentration vers différents points donnés, d'une matière gazeuze qu'on considère comme n'ayant dû former dans l'origine qu'un seul et même fluide, qu'une seule et même nébulosité constituant ou remplissant l'immensité de l'espace ; idée sublime qui combine le système de Newton avec celui de Descartes.

Le changement d'état de la matière originelle, et ses divisions ultérieures en groupes ou systèmes distincts et séparés sont aujourd'hui au nombre des données scientifiques les plus accréditées. On nous dit que la matière nébuleuse, *d'abord rare, diffuse et étendue*, devenant *de plus en plus condensée*, a fini par *se séparer, pour former d'autres nébuleuses à plusieurs siéges d'attraction* ; on enseigne que *l'état antérieur de nébulosité de toutes les étoiles a été précédé lui-même par d'autres états dans lesquels la matière nébuleuse était de plus en plus diffuse*, de plus en plus voisine de *l'état de vapeurs, de l'état purement gazeux* (2), ou de l'état de matière *vide et vaine, impalpable, invisible et incomposée*. Dès-lors nous pouvons admettre, avec les savants de notre époque, que le Créateur, pour simplifier le mécanisme de l'univers, a répandu dans l'immensité de l'espace la matière de tous les soleils et de toutes les planètes à

(1) *Des Principes des choses matérielles*. §. 22, traduction de 1651.

(2) W. Herschell, *Trans. philos.* ; M. Laplace, *Exp. du syst. du monde* ; M. Ampère, *Théor. de la terre* ; M. Becquerel, *Traité de l'électr. et du magnét.*

l'état de molécules élémentaires, à l'état de fluides invisibles, ou que dans l'origine les ténèbres étaient sur la face de l'abîme, alors que la matière du ciel et de la terre ne consistait qu'en une nébulosité d'une diffusion absolue. Mais en même temps nous devons reconnaître, et nous sommes obligé de reconnaître, que la plus sublime philosophie n'a eu pour mission que de nous faire lire dans le ciel astronomique ce que nous lisons depuis quatre mille ans dans le livre descendu des cieux.

Il reste maintenant à constater que cette séparation ultérieure effectuée au milieu de cette *matière nébuleuse, d'abord rare, diffuse et étendue, pour former d'autres nébuleuses à plusieurs siéges d'attraction*, il reste à constater que cette séparation opérée au milieu du vaste océan des soleils, n'est que l'exécution de cet ordre émané du Dieu créateur, au second jour de la création, immédiatement après la production de la lumière : « Qu'il y ait un lien, un support, un firmament au centre de l'abîme, qu'il y ait une force centrale qui sépare les eaux des eaux. » C'est le but que nous nous proposons dans cette seconde dissertation.

Dans la théorie du plus grand observateur des cieux, « toutes les étoiles, en y comprenant la multitude innombrable de celles qu'on aperçoit dans la voie lactée, ne forment qu'une nébuleuse, parvenue à un point où toute la matière gazeuse s'est *concentrée en noyaux solides* (1). » Dans cette théorie, qui a reçu l'assentiment de tous les savants, c'est le même phénomène qui a condensé la matière gazeuse ou fluide de la créa-

(1) Voy. *Revue des Deux-Mondes*, 1er juillet 1833.

tion autour de certains centres, et qui a groupé ces centres innombrables vers différents points de l'espace.

La contexture visible des cieux est loin de contredire cet immense aperçu. La distribution des étoiles dans le ciel n'est point faite au hasard : on a calculé qu'il y a cinq cent mille à parier contre un que cette distribution est le résultat d'un dessein, ou qu'il y a une raison ou une cause quelconque à cette division par amas ou par groupes plus ou moins compliqués. Notre système solaire unit ensemble plusieurs corps et plusieurs systèmes de corps. Il est infiniment probable que la nature dans tous ses ouvrages a travaillé sur le même plan (1); et que les étoiles ainsi groupées sont des systèmes analogues à notre système solaire et aux divers systèmes qu'il réunit, et que notre soleil n'est qu'un membre individuel de quelque arrangement plus haut et plus élevé.

La loi de la gravitation universelle a trop bien expliqué tous les mouvements de notre propre système pour que son extension à ces systèmes reculés ne se présente pas de prime abord ; et le phénomène des *étoiles binaires* dénote une correspondance si parfaite entre les lois dynamiques qui dominent dans les régions les plus distantes du ciel étoilé, et celles qui régissent les mouvements de notre système planétaire, qu'il n'est plus possible de ne pas reconnaître que les sphères d'activité de toutes les étoiles de notre système céleste, comme celles des étoiles de tous les autres systèmes de cette sphère infinie dont le centre est partout et la circonférence nulle part, suivant la belle expression de

(1) « Natura enim simplex est, semper sibi consona, et superfluis rerum causis non luxuriat. » (Newton, *Principia mathemat. philosop. natur.*)

Pascal (1), et tous ces systèmes eux-mêmes, sont liés l'un à l'autre dans un rapport de mouvement déterminé par la pesanteur des masses et le carré des distances.

Ainsi, s'il est démontré par les phénomènes que présente notre système solaire, que la terre et toutes les planètes et le soleil lui-même n'ont pu prendre naissance qu'au sein d'une même masse gazeuse ou à l'état de vapeurs, nous serons autorisé à conclure que tous les corps qui composent ces divers groupes ou systèmes célestes ont été primitivement autant d'amas de matière élémentaire émanés d'un abîme unique, émanés de l'abîme universel, amas immenses qui s'étant rapprochés, par l'effet de l'attraction mutuelle de leurs éléments, vers différents centres de gravité donnés, ont passé par tous les degrés de fluidité et de condensation relatifs au but de l'Auteur de la nature.

La Suprême intelligence, a dit l'illustre auteur de la mécanique céleste, a pu faire dépendre l'arrangement des planètes d'un phénomène général. Nous dirons, nous, que la Suprême intelligence a dû faire sortir et dépendre le mécanisme entier de la nature d'une seule et même cause. Dieu est un, sa volonté est une; le principe de ses opérations doit être unique, et la Sagesse éternelle n'a pu mettre en œuvre qu'un seul et unique ressort pour animer la machine immense du monde, parce que l'unité est la plus grande de toutes

(1) Cette idée de Pascal ne doit pas s'entendre dans un sens absolu : le champ de la création est nécessairement circonscrit, mais l'imagination la plus active ne saurait atteindre à ses limites. C'est ce qu'a voulu dire Pascal.

« L'espace qui de Dieu contient l'immensité,
« Voit rouler dans son sein l'univers limité.

les perfections. L'univers, cette magnifique expression de la pensée du Créateur, est composé de parties diverses; mais un principe commun à tous les corps, et propre à chacun d'eux en particulier, régit toutes les parties de ce grand tout. *La pesanteur* est ce principe qui *sert de lien et de support à tout l'univers matériel*; et la Révélation nous apprend que c'est ce principe, que c'est cette cause unique de la concentration et de la consolidation de la matière fluide de la création, qui a présidé à l'organisation du ciel et à la distribution des masses qui le composent; non-seulement à l'organisation du ciel ou des corps célestes, mais encore à la distribution de tous ces corps dans l'immensité de l'espace : *Fiat firmamentum et dividat.*

Dans un univers où tous les systèmes gravitent les uns vers les autres, il faut un *medium* ou centre principal d'où dérivent toutes les forces qui maintiennent l'équilibre du mécanisme universel.

« Un centre est au grand tout de la machine immense,
» Ce qu'à l'âme est un Dieu, centre d'intelligence (1). »

Aussi l'opinion générale des astronomes est que tout le ciel étoilé est animé d'un mouvement de rotation autour d'un axe central; et des observations directes fournissent des arguments en faveur de cette idée féconde, que tous les corps célestes sont assujétis à une seule et même loi, et ordonnés d'après un plan unique.

« Tout tourne donc; la terre autour du soleil; le soleil autour du centre de son système; ce système autour d'un centre qui lui est commun avec d'autres

(1) *La Théogonie newtonienne*, par Lemercier, chant 1er.

systèmes; et cet assemblage, ce groupe de systèmes autour d'un autre centre commun (1). »

Cette conclusion pouvait peut-être encore être considérée comme une simple probabilité à l'époque où écrivait Lambert. La découverte des étoiles binaires a changé cette probabilité en certitude : les mouvements de rotation de ces étoiles les unes autour des autres, nous sont démontrés avec la même évidence que ceux des satellites autour de leurs planètes, et des planètes autour du soleil. Quant au mouvement de tout le système solaire et de ces divers systèmes d'étoiles autour d'un centre commun, il est maintenant suffisamment indiqué par l'observation. Déjà même la direction du mouvement de translation du soleil a pu être établie avec un degré de précision qui laisse peu de chose à désirer; et on a cru pouvoir constater que le grand cercle près duquel les étoiles à forts mouvements propres se rencontrent plus pressées qu'ailleurs, n'est incliné que de 20 degrés sur cet autre grand cercle que M. Madler a nommé *équateur stellaire* (2).

« Il est un dernier centre éloigné de la sphère
» Sur qui roulent captifs nos cieux et notre terre ;
» Non celui du soleil, fixe à nos yeux bornés,
» Et qu'en un autre éther, lieux indéterminés,
» Attirent en secret tant d'étoiles pressées,
» Autres soleils roulants par-delà nos pensées ;
» Mais un vrai centre unique où tendent tous les corps,
» Point où s'évanouit le jeu de leurs ressorts,
» Obscur milieu du monde, et terme des distances
» Où vont des pesanteurs aboutir les puissances (3). »

Sans doute il n'est pas donné à l'homme de pénétrer

(1) Lambert, *Système du monde*, publié par M. Mérian, ch. 7, 2e éd.

(2) *Mémoire sur le mouvement propre du soleil*, par M. Bravais. (Académie des sciences, séance du 27 mars 1843.)

(3) Lemercier, *op. cit.* chant 1er.

jusqu'à ce centre des centres, *source du mouvement universel, le trône de la nature, le marche-pied de la divinité* (1). Mais le soleil est le centre d'un système analogue au système des étoiles. Or, si nous remontons par l'observation des phénomènes à la cause organique du système solaire, nous trouverons que la disposition des corps planétaires doit être attribuée à la condensation de la masse centrale de ce système. Alors nous aurons une idée réellement intelligible du procédé suivi par l'Ordonnateur des mondes dans la production de ses merveilles ; nous comprendrons que tous les faits particuliers ont pu émaner d'un seul fait, du fait de la condensation primitivement opérée au centre de la masse fluide de la création, *au milieu des eaux de l'abîme universel.*

Puisque tous les systèmes célestes, les systèmes généraux comme les systèmes particuliers sont modelés sur le même dessin, nous n'avons besoin que de contempler le système dont nous faisons partie, et dont notre soleil est le centre, et d'étudier la loi de son organisation. En appliquant à la disposition de l'univers entier ce que nous saurons de la disposition de notre monde planétaire, nous nous élèverons jusqu'au système universel, et le mécanisme du grand tout de la création nous sera dévoilé. C'est vers cette contemplation et cette étude que vont tendre tous nos efforts.

(1) Lambert, *op. cit.* ch. 7,

§. II.

PROLÉGOMÈNES COSMOGONIQUES.

Idées théoriques de M. Laplace. — Ses erreurs sur la nature du soleil et de sa lumière. — Étoiles dites nébuleuses. — Structure des nébuleuses planétaires, types de l'état primitif de notre monde planétaire. — Réponse à une objection de M. Arago. — Les découvertes de la chimie moderne détruisent l'idée d'une matière éternelle et existant par elle-même.

Les rapports les plus intimes lient entre elles toutes les parties du système planétaire. Le soleil, la terre et les autres planètes tournent sur leur axe d'occident en orient, en même temps que toutes ces planètes, avec leurs satellites aussi en mouvement autour de leurs planètes centrales, se meuvent autour du soleil dans le même sens et presque dans le même plan. Ce mouvement de rotation, commun à tout le système, dirigé dans le sens et à peu près dans le plan du mouvement de projection ou de translation des planètes et de leurs satellites, annonce encore entre ces deux mouvements une mutuelle dépendance, et sans doute la relation nécessaire de la cause à l'effet. Le calcul des probabilités montre qu'il y a plus de quatre mille milliards à parier contre un, que cette disposition du système solaire n'est pas l'effet du hasard; mais qu'il y a une cause unique qui a dirigé dans le même sens tous les mouvements des planètes et de leurs satellites, au moment de leur formation. Il ne s'agit plus que de trouver cette cause primitive, et de résoudre ainsi le plus grand problème de mécanique qu'il ait été donné à l'esprit humain de concevoir.

Trois systèmes ont été proposés pour l'explication de ce phénomène : le système de Buffon, celui de M. Laplace, et le système des géologues qui font de la terre et des planètes, autant de déjections incandescentes et fluides, lancées en même temps de divers points de l'équateur solaire.

En réfutant le système de Buffon, l'illustre auteur de la mécanique céleste a par avance réfuté l'hypothèse des géologues modernes sur la formation des planètes par suite d'une explosion solaire (1). Leur système mitigé ne satisfait pas mieux aux phénomènes observés que celui de leur devancier. Pour l'un comme pour l'autre cas, il résulte avec une entière évidence des premiers principes de la mécanique, que si les planètes étaient sorties du soleil, soit par le choc d'une comète, soit par une force intérieure ou inhérente à sa masse incandescente, elles reviendraient tout au moins raser sa surface à chacune de leurs révolutions, et ne pourraient jamais circuler dans des ellipses dont les distances périhélies seraient telles que nous les observons. Nous n'avons donc à nous occuper effectivement que de la théorie de M. Laplace.

Après avoir démontré que le système de Buffon est très-éloigné de satisfaire aux phénomènes de la similitude des mouvements de rotation et de translation des planètes et des satellites à peu près dans le même plan, et dans des orbites peu excentriques, le grand géomètre

(1) Tout l'honneur de cette hypothèse, dont les géologues se sont emparés, appartient à M. Lancelin, ancien ingénieur de la marine, qui l'a développée dans sa *Théorie physico-mathématique de l'organisation des mondes.*

expose en ces termes son hypothèse sur la cause de ces phénomènes.

« Quelle que soit sa nature, puisqu'elle a produit » ou dirigé les mouvements des planètes, il faut qu'elle » ait embrassé tous ces corps ; et vu la distance pro- » digieuse qui les sépare, elle ne peut avoir été qu'un » fluide d'une immense étendue. Pour leur avoir donné » dans le même sens un mouvement presque circulaire » autour du soleil, il faut que ce fluide ait environné » cet astre comme une atmosphère. La considération » des mouvements planétaires nous conduit donc à » penser qu'en vertu d'une chaleur excessive, l'at- » mosphère du soleil s'est primitivement étendue au » delà des orbes de toutes les planètes, et qu'elle s'est » resserrée successivement jusqu'à ses limites actuelles... » Mais comment l'atmosphère solaire a-t-elle déterminé » les mouvements de rotation et de révolution des » planètes et des satellites? Si ces corps avaient pénétré » profondément dans cette atmosphère, sa résistance » les aurait fait tomber sur le soleil ; on peut donc » conjecturer que les planètes ont été formées à ses » limites successives, par la condensation des zones de » vapeurs qu'elle a dû, en se refroidissant, abandonner » dans le plan de son équateur (1). »

Il semble qu'à mesure que les découvertes brillantes de nos physiciens tendaient davantage à destituer le soleil, en nous apprenant à ne plus le regarder comme le corps d'où émanaient la chaleur et la lumière, les géologues faisaient de plus grands efforts pour lui rendre dans la création toute l'importance que la chimie

(1) *Exposition du système du monde*, p. 410, 411.

et la physique modernes lui faisaient perdre. C'est ce qu'a tenté aussi l'auteur de l'Exposition du système du monde.

Dans la théorie de M. Laplace, le soleil est une énorme masse de feu, un océan de matière lumineuse, un noyau brillant, un globe incandescent environné d'une atmosphère qui s'étend ou peut s'étendre jusqu'au point où la force centrifuge balance exactement la pesanteur (1).

M. Laplace avait d'abord attribué à quelque catastrophe subite et violente, cette prodigieuse expansion de l'atmosphère solaire au delà des orbites de toutes les planètes : « ce qui peut avoir eu lieu, disait-il alors, par des causes semblables à celle qui fit briller du plus vif éclat, pendant plusieurs mois, la fameuse étoile que l'on vit tout à coup, en 1572, dans la constellation de Cassiopée (2). » Plus tard, pour des raisons que nous apprécierons tout à l'heure, il n'a plus voulu recourir à une révolution accidentelle et instantanée ; il a préféré faire du soleil un globe incandescent qui augmente progressivement en masse et en volume. « Dans l'état » primitif où nous supposons le soleil, il ressemblait » aux nébuleuses, que le télescope, dit-il, nous montre » composées d'un noyau plus ou moins brillant, entouré d'une nébulosité qui, en se condensant à la » surface du noyau, le transforme en étoile (3). »

Il peut ne pas être inutile d'avertir que le télescope n'a pas encore montré aux astronomes les progrès de cette condensation ; nous voulons dire que

(1) *Expos. du syst. du monde*, p. 270 et 411.

(2) *Ibid.* t. 2e, édition de l'an IV. — (3) *Ibid.* p. 410, 5e édition, 1824.

cette transformation d'une nébuleuse en étoile est un phénomène dont les archives scientifiques n'ont encore fait aucune mention. Il faut bien dire aussi que ces étoiles nébuleuses que M. Laplace fait intervenir dans l'intérêt de sa nouvelle explication, sont précisément les objets astronomiques les moins connus de tout le ciel étoilé, et sur la nature desquels les savants sont le plus partagés.

Selon les uns, les étoiles environnées de nébulosités seraient de grandes étoiles, centres d'autant de systèmes célestes d'une nature particulière, et leurs nébulosités seraient formées par la réunion d'une multitude d'autres étoiles trop petites pour être observées.

Selon les autres, ces nébuleuses seraient entièrement composées d'étoiles agglomérées dans un espace resserré, et d'un éclat intrinséquement trop faible pour être individuellement aperçues, mais dont la densité croîtrait vers le centre, parce que là un plus grand nombre de ces étoiles se projètent les unes sur les autres, et que, par un effet d'optique, elles se rapprochent assez pour que leurs lumières réunies donnent l'image d'un point plus brillant que le reste.

Cependant la plupart des astronomes pensent que ces astres problématiques, comme ils les appellent, sont des étoiles qui se projettent sur des nébulosités plus éloignées, ou en face desquelles viennent s'interposer des nébulosités plus rapprochées de nous, et uniquement éclairées par la lumière de ces étoiles. Dans leurs explications, une matière encore à l'état naissant, une matière restée à son état originel, une matière cosmique, diaphane, non rayonnante, non lumineuse par elle-même constitue la nébulosité des étoiles dites nébuleuses;

de même qu'une matière essentiellement ou accidentellement lumineuse constitue le disque brillant de ces étoiles, comme elle constitue le disque lumineux de notre soleil et de toutes les autres étoiles.

Telle était aussi l'opinion du grand Herschell, qui expliquait l'apparition en 1774 et la disparition en 1811 de la nébulosité circulaire de chacune des deux petites étoiles situées au nord de la grande nébuleuse d'Orion, par l'interposition accidentelle, entre ces deux petites étoiles et la terre, d'une partie de la matière cosmique et diaphane constituant cette grande nébuleuse d'Orion.

Cette explication est d'une trop grande importance pour que nous puissions nous dispenser de mettre sous les yeux du lecteur le précis que donnent les savants anglais des merveilleuses observations du grand astronome.

Le 4 mars 1774, Herschell observa l'étoile nébuleuse, dans l'épée d'Orion, qui n'est que de quelques minutes au nord des grandes nébuleuses; il en remarqua en même temps deux autres semblables, mais beaucoup plus petites; une de chaque côté de la grande, et à peu près à la même distance. En 1783, en examinant l'étoile nébuleuse, il trouva quelle était faiblement environnée d'une couronne circulaire de nébulosité blanchâtre qui la joignait à la grande nébuleuse. En 1784, cet astronome commença à soupçonner que l'étoile n'était pas liée avec la nébulosité de cette grande nébuleuse d'Orion, mais qu'elle était semblable à celles qui se trouvent dispersées dans toute l'étendue des cieux. En 1801, 1806 et 1810, cette opinion fut confirmée par le changement graduel qui arriva dans cette grande nébuleuse, à laquelle appartient la nébulosité qui environne cette étoile; car l'intensité de la lumière près de l'étoile nébuleuse s'était, pendant ce temps, considérablement réduite, par suite d'atténuation ou de dispersion de la matière nébuleuse, et il paraissait alors très-évident que l'étoile était loin derrière cette matière nébuleuse, et que, par conséquent, la lumière la traversant se trouvait déviée et dispersée, *de manière à produire l'apparence d'une étoile nébuleuse.* Lorsque Herschell revit cet intéressant objet en décembre 1810, il dirigea particulièrement son attention vers les deux petites étoiles nébuleuses aux côtés de la grande, et il trouva qu'elles étaient parfaitement dégagées de toute apparence nébuleuse. Ceci ne confirma pas seulement son précédent soupçon sur la grande atténuation ou dispersion de la nébulosité, mais lui prouva aussi que *leur apparence nébuleuse première avait entièrement été produite par le passage de leur lumière à travers la matière nébuleuse* qui les occulta en quelque sorte. Le 19 janvier 1811, il eut un autre bel examen du même objet dans un très-bon télescope de quarante pieds; et malgré la lumière supérieure que cet instrument produisait, il ne put apercevoir aucun reste de nébulosité près des deux petites étoiles (1).

Les savants de notre France vont compléter cette explication.

« Quand une étoile s'aperçoit à travers un brouillard, elle paraît être au centre d'une auréole lumineuse. Cette auréole se compose d'une portion de brouillard éclairée par l'étoile. Une cause analogue produisit, suivant

(1) *Les Merveilles des Cieux.* De la distance de la nébuleuse dans la constellation d'Orion.

Ouvrage traduit de l'anglais sur la *troisième* édition.

l'illustre astronome, les nébulosités observées en 1774 autour des trois étoiles citées ; seulement le brouillard ordinaire était remplacé par une matière cosmique, plus voisine de nous que les trois étoiles, située cependant dans les hautes régions du firmament, et en liaison immédiate avec la grande nébuleuse d'Orion. La matière ne brillait pas d'une lumière propre, puisqu'à une certaine distance des trois étoiles on n'en voyait aucune trace. Elle reflétait fortement vers notre œil les rayons stellaires qui la traversaient sous des incidences très-peu éloignées de la perpendiculaire (1). »

C'est en ces termes que M. Arago expose la *Théorie d'Herschell*, théorie qui explique d'une manière si satisfaisante et si rationnelle, la forme circulaire et l'affaiblissement graduel du centre à la circonférence de l'auréole lumineuse ou de la nébulosité dont paraissent environnés, par un effet de perspective, ces astres improprement appelés étoiles nébuleuses.

Cependant le même M. Arago déclare ici qu'il n'examinera pas s'il n'aurait pas été plus simple d'assimiler les nébulosités circulaires des trois étoiles d'Orion à des atmosphères lumineuses, d'attribuer ensuite l'affaiblissement de la plus grande et la disparition des deux autres à un mouvement de ces atmosphères vers le centre de chaque étoile (2). C'est que M. Arago a avancé précédemment qu'il y a peu de probabilité que, par un effet de projection, une étoile vienne occuper *précisément le centre d'une nébulosité ronde* ; inférant de ce peu de probabilité qu'il existe réellement des étoiles brillantes, entourées de nébulosités ou d'atmosphères

(1) *Ann.* 1842, p. 443, 444. — (2) *Ibid.* p. 444.

immenses, lumineuses par elles-mêmes ; et que ces atmosphères peuvent, à la longue, se réunir aux étoiles centrales et accroître leur éclat. De là aussi l'annonce non moins inattendue, que « le souvenir de la lumière » zodiacale s'emparera de notre esprit comme un » nouveau trait de ressemblance entre certaines étoiles » et notre soleil (1). »

Ici les assertions du savant auteur des Notices n'ont plus le même caractère : s'il déclare encore qu'il ne voit rien dans les observations qui, de prime abord, puisse contrarier ce mode d'explication, il déclare aussi que *la plus stricte réserve est un devoir toutes les fois qu'on s'éloigne des opinions professées par l'illustre astronome de Sloug* (2).

M. Arago permettra donc que nous exposions les raisons qui nous empêchent de nous éloigner des opinions professées par le grand astronome. Notre requête sera d'autant mieux accueillie qu'on ne saurait adopter le nouveau mode d'explication, sans attribuer à Herschell l'insigne honneur d'avoir, en quelque sorte, assisté à la naissance de deux étoiles; privilége tout spécial et que nul autre habitant de notre planète ne serait en droit de revendiquer ; car nous ne sachions pas que la science ait jamais eu à enregistrer d'actes de naissance parmi les étoiles fixes. Ce n'est pas que nous ne connaissions bien la réponse qui nous serait faite, si nous demandions quelle est la durée approximative d'une gestation stellaire.

On nous répondrait : « Ici il faudrait peut-être des

(1) *Ann.* 1842, p. 406, 407.
(2) *Ibid.* p. 444, 445.

» millions d'années ; là, avec d'autres conditions, des » périodes beaucoup plus courtes seraient suffisantes, » comme l'apparition subite de l'étoile nouvelle de » 1572 semblerait l'indiquer (1). » Il est vrai que cet avènement n'eut qu'une durée éphémère ; car, dès le mois de mars 1574, *l'étoile nouvelle* de M. Arago et de M. Laplace disparut complètement. Il est vrai aussi que pareil phénomène avait déjà été observé, dans la même région du ciel, en 945 puis en 1264, et que l'égalité des intervalles d'apparition a fait penser à tous les astronomes que ces étoiles *temporaires* sont un seul et même astre dont la période est de 300 ans. C'est ce qu'on aurait pu, et c'est même ce qu'on aurait dû mentionner ici.

Quoi qu'il en soit, puisqu'une étoile vue à travers un brouillard paraît être au centre d'une auréole lumineuse, puisque cette auréole lumineuse ne se compose que d'une portion de brouillard éclairée par l'étoile, puisqu'à une certaine distance de l'étoile on ne voit plus aucune trace de cette prétendue auréole ou atmosphère lumineuse, il est de toute évidence que la position vraie de l'étoile relativement à une nébulosité inférieure ne change rien à sa position apparente au centre de cette nébulosité ; et il est de toute évidence aussi que la forme réelle de cette nébulosité ou de ce brouillard ne change rien à cet effet de projection, ou à cette apparence d'une nébuleuse exactement circulaire, dominée par une étoile centrale. Pour que cette étoile devienne une étoile nébuleuse, en d'autres termes, pour que cette étoile nous paraisse environnée d'une auréole ou d'une atmosphère lumineuse, il suffit quelle se trouve, par rapport à

(1) *Ann.* 1842, p. 432.

nous, dans la ligne suivant laquelle nous regardons cette nébulosité ; il suffit enfin que cette étoile corresponde à une portion quelconque de ce brouillard, à une portion de la matière cosmique et diaphane qui constitue cette nébulosité ; et il n'est pas du tout nécessaire que cette nébulosité dépende de l'étoile, qu'elle fasse corps avec elle.

Mais M. Arago pourrait-il ignorer qu'il est physiquement impossible que la lumière zodiacale dépende du soleil, qu'elle fasse corps avec le soleil ? M. Arago ignorerait-il qu'il serait absurde de supposer que cette zone de molécules volatiles pût, à la longue, se réunir à notre étoile centrale et accroître son éclat ? non, car il nous dira en 1844 : « Quant à la lumière zodiacale, cette pierre d'achoppement contre laquelle tant de rêveries ont été se briser, elle se compose des parties les plus volatiles de la nébuleuse primitive. L'existence de cette matière extrêmement rare, dans la région qu'occupe la terre et même seulement dans celle de Vénus, semblait inconciliable avec les lois de la mécanique ; mais c'était lorsque, en mettant par la pensée, la matière zodiacale dans la dépendance immédiate et intime de la photosphère solaire proprement dite, on lui imprimait un mouvement angulaire de rotation égal à celui de cette photosphère (1). »

Comment donc M. Arago a-t-il pu, en 1842, nous présenter cette même existence comme une preuve de la liaison de l'étoile et de la nébulosité, comme une preuve de la dépendance immédiate et intime de la photosphère stellaire et de la nébulosité environnante,

(1) *Ann.* 1844, p. 353.

comme une preuve de la possibilité de la réunion des atmosphères nébuleuses aux étoiles centrales, et de l'accroissement de ces étoiles en éclat? C'est une des questions que nous n'entreprendrons pas de résoudre.

Il serait beaucoup trop long et il serait inutile, d'ailleurs, de présenter une analyse des véritables nébuleuses, de ces objets si nombreux et si variés que l'on comprend sous la dénomination commune de nébuleuses. On sait qu'en général le trait caractéristique des vraies nébuleuses est une lumière faible et douteuse, à contours plus ou moins réguliers, dominant ou environnant de grands espaces obscurs. La lumière ne devient certaine, uniforme et bien tranchée que dans les couches nébuleuses qui approchent de la forme sphérique ou elliptique. Mais alors, au lieu *d'un noyau plus ou moins brillant, entouré d'une nébulosité qui, en se condensant à la surface du noyau, le transforme en étoile*, elles nous offrent le spectacle merveilleux d'une lumière nette, parfaitement uniforme, et tout entière répandue à la surface de la nébulosité; et lumière pourtant encore bien inférieure à celle des étoiles, quoique leur volume soit incomparablement plus développé. Ce sont les nébuleuses *planétaires*, ainsi nommées, à cause de leur ressemblance avec les planètes, quant à la régularité de leur forme, et à la grandeur de leur diamètre apparent.

Ces globes qu'Herschell a placés au premier rang parmi les nébuleuses *proprement dites*, ces sphères immenses qui ont offert à l'admiration des astronomes le phénomène inattendu d'une lumière toute superficielle, longtemps avant que des opérations d'un autre genre eussent révélé aux physiciens que la nature a travaillé tous les soleils sur le même plan, M. Laplace les a rejetées, parce qu'elles ne répondaient ni à sa manière de voir sur la structure originelle de notre monde planétaire, ni à l'opinion qu'il s'était faite sur la constitution physique du soleil. Produisons, sans plus tarder, la description que nous font les astronomes de cette merveille, la plus significative sans doute entre toutes les merveilles des cieux étoilés, et dont pourtant M. Laplace ne nous parle que pour nous dire que, *quelquefois, la matière nébuleuse, en se condensant d'une manière uniforme, produit les nébuleuses que l'on nomme planétaires* (1). C'est au fils et au digne successeur du grand Herschell que nous nous adresserons, comme au juge le plus compétent dans la matière.

« Les nébuleuses planétaires sont des objets très-étranges. Elles ont, comme leur nom l'indique, une exacte ressemblance avec les planètes : ce sont des disques ronds ou légèrement ovales, quelquefois nettement terminés, dans d'autres cas un peu brumeux vers leurs bords. La lumière est parfaitement uniforme ou très-peu nuancée, et parfois elle approche pour l'éclat de celle des planètes véritables. Ces objets, quelle qu'en puisse être la nature, atteignent des dimensions énormes. Un d'entre eux, dont le diamètre apparent est d'environ 20 secondes, se voit sur le parallèle de ν du Verseau, à peu près 5 minutes en avant de l'étoile. En admettant qu'ils soient à la même distance de nous que les étoiles, leur diamètre réel serait au moins égal à celui de l'orbite d'Uranus. Au cas que l'on veuille les regarder comme des corps solides de la nature du

(1) *Expos. du syst. du mond.* p. 396.

soleil, il n'est pas moins évident que l'éclat intrinsèque de leurs surfaces doit être infiniment inférieur à celui de cet astre. Si le soleil était reculé à une distance telle que son diamètre apparent fût de 20 secondes, il donnerait une lumière égale à celle de cent pleines lunes ; tandis que les objets dont il s'agit sont tout au plus discernables à l'œil nu. L'uniformité de leur disque, et le défaut de concentration centrale apparente doivent nous faire conjecturer que leur lumière est *purement superficielle*, comme serait celle d'une écale sphérique creuse. La cavité existe-t-elle effectivement, ou est-elle remplie par une matière solide ou gazeuse ? A cet égard, le champ est ouvert aux conjectures (1). »

Il n'est pas un physicien qui ne demeure convaincu que l'existence d'une cavité aussi immense répugne à toutes les lois de la statique et de la dynamique. La forme sphérique ou elliptique d'ailleurs indique clairement la présence d'un lien général, d'un centre d'attraction. Nécessairement une sphère lumineuse d'un diamètre aussi considérable est remplie par une matière fluide ou gazeuse, plus ou moins condensée dans toute sa capacité, mais toujours d'une densité croissante de la surface au centre d'attraction ; car la solidité ne convient pas plus que le vide à un globe d'une extension aussi prodigieuse.

Cette merveilleuse découverte offre à nos regards étonnés un point de vue aussi vaste que sublime, dans la contemplation des analogies manifestes que présentent les nébuleuses planétaires avec la structure de notre

(1) *Traité d'astronomie*, par sir John Herschell, traduit de l'anglais, par Tournot, p. 478 et 479.

soleil. Lorsque nous interrogerons nos astronomes et nos physiciens sur la nature intime de cet astre, nous apprendrons que sa constitution physique n'est pas différente de celle des nébuleuses planétaires : nous apprendrons que la lumière du soleil est toute superficielle, comme celle des nébuleuses ; qu'elle a son siége à la surface extérieure de son atmosphère ; qu'une atmosphère sombre et obscure s'interpose entre l'enveloppe lumineuse que nous voyons, et le globe invisible du soleil ; et que le soleil n'a point d'atmosphère au delà de cette enveloppe lumineuse. Nous saurons ainsi d'une science humaine ce que nous savions d'une science divine, longtemps avant qu'il y eût des astronomes et des physiciens, que le soleil n'a point de rang de primordialité dans le champ de la création : que ce n'est point à la condensation de l'atmosphère du soleil que nous devons attribuer la formation de la terre et des planètes. Nous saurons ainsi que c'est au système de Moïse, c'est-à-dire au récit de la création, qu'il faut revenir, si on veut remonter à l'origine de la terre et du soleil, et de tout ce qu'il y a de commun entre ces deux corps et les autres globes planétaires.

La structure des nébuleuses, dites planétaires, offre tant de points de ressemblance avec le plan magnifique dessiné par l'auteur de la Genèse, et la théorie de M. Laplace fournit une explication si complète de tous les phénomènes du monde planétaire, que, pour résoudre le grand problème cosmogonique qui a occupé les savants de tous les siècles, il n'est plus besoin aujourd'hui que d'apporter à cette ingénieuse théorie, les modifications que réclament décidément les importantes découvertes de nos astronomes, et les expériences non moins décisives de nos physiciens. Or ces révélations de la science humaine sur la structure des nébuleuses, et sur la constitution physique du soleil et la nature de sa lumière, ne déposent si hautement contre le fait invoqué par M. Laplace, que pour proclamer avec plus de force la vérité du récit historique, et sanctionner ce récit dans tout ce qu'il a de plus mystérieux et de plus incompréhensible.

Le ciel et la terre, créés à l'état de molécules élémentaires, ne formaient encore qu'une seule et même immensité matérielle d'une fluidité absolue, et déjà aux ténèbres universelles, qui régnaient sur le grand tout de la création, avait succédé la lumière, premier produit de la condensation, quand une condensation ultérieure vint diviser cet abîme unique en une infinité d'abîmes distincts et séparés. Cependant cette grande division n'était encore que le commencement de l'exécution de cette parole de l'Ordonnateur des cieux : « que la condensation centrale sépare les eaux d'avec » les eaux. » Notre univers ou notre ciel, cette fraction de l'unité de la création, fraction tout à la fois immense et insignifiante que nous appelons notre système solaire, composait encore un tout plus ou moins semblable au grand tout dont il venait d'être séparé ; fraction, par conséquent, qui s'arrondissait, en même temps que l'intensité de son auréole lumineuse, émanée de la lumière primitive, augmentait incessamment en raison des progrès de la condensation de la masse centrale.

En présence de ce premier aperçu cosmogonique, la science déclare que les configurations des très-grandes nébuleuses diffuses n'ont rien de régulier ; que toutes les figures qu'affectent les nuages de notre atmosphère se retrouvent dans le firmament des nébuleuses diffuses; que la régularité des formes et des contours n'apparaît que dans les petites nébuleuses qu'on considère comme ayant appartenu, dans l'origine, à une ou plusieurs grandes nébuleuses, ainsi transformées en nébuleuses distinctes et indépendantes; que quelquefois il existe entre deux de ces petites nébuleuses, alors *à formes arrondies, bien distinctes, bien circonscrites, un très-mince filet de nébulosité qui rattache leurs circonférences.* On dirait, ajoute-t-elle, en signalant cette circonstance comme *très-digne d'attention*, « on dirait une sorte » d'indice, de témoin visible de leur origine com- » mune (1). »

D'un autre côté, la science déclare que « la matière nébuleuse, en se condensant d'une manière uniforme produit les nébuleuses planétaires ; » et elle constate que « la lumière de ces nébuleuses est purement superficielle, comme serait celle d'une écale sphérique creuse. »

C'est-à-dire que la science déclare et constate que les opérations de la Sagesse créatrice, dans la préparation des cieux, se sont passées de la manière et dans l'ordre décrits dans nos Livres saints.

Mais voici que, tout à coup, un homme de la science émet le soupçon que, « parmi les nébuleuses planétaires, plusieurs deviendraient des étoiles nébuleuses, si nous en étions plus près. »

Je ne sais, continue M. Arago, car c'est M. Arago qui émet ce soupçon, « je ne sais, mais il me semble que toutes ces suppositions pourraient être évitées en admettant que ces nébuleuses planétaires sont des étoiles

(1) *Ann* 1842, p. 426, 427.

nébuleuses assez éloignées de la terre pour que l'étoile centrale ne prédomine plus par son éclat sur la lueur dont elle est entourée (1). »

Voyons quelles sont ces suppositions que M. Arago voudrait éviter? Produisons toutes ces suppositions.

« Pour expliquer comment l'éclat des disques planétaires nébuleux n'est guère plus fort au centre que vers les bords, il faut admettre que la lumière ne provient pas de toute la profondeur de la nébuleuse : il faut réduire le rayonnement à être purement superficiel (2). »

Mais, précisément, c'est ce qui est admis par la science et par la science la plus compétente ; et, précisément encore, c'est ainsi qu'il arrive que la lumière, pareillement purement superficielle de notre soleil, n'est pas plus forte au centre que vers les bords.

M. Arago répète son objection : « Il faut accorder, en d'autres termes, qu'arrivée à une certaine densité, la matière diffuse, laiteuse, comme on voudra l'appeler, cesse d'être diaphane (3). »

Où est donc la difficulté? M. Arago lui-même ne nous avertit-il pas du « danger qu'il y aurait à tirer des conséquences trop absolues des évolutions de la matière diffuse, des formes diverses qu'elle peut affecter en s'agglomérant? » Ne déclare-t-il pas que « tout nous autorise à penser que les molécules laiteuses sont soumises dans les vastes régions de l'espace à des formes dont nous n'avons aucune idée (4)? »

(1) *Ann.* 1842, p. 411, 441.
(2) *Ibid.* p. 441.
(3) *Ibid.* p. 441.
(4) *Ibid.* p. 441, 442.

Ces suppositions, car ce sont là toutes les suppositions que M. Arago voudrait éviter, ces deux suppositions, qui en définitive se réduisent à une seule, doivent-elles nous déterminer à nous écarter, sur ce point unique, de l'orthodoxie scientifique ?

Les étoiles dites nébuleuses sont *exactement circulaires*. C'est là un fait constaté et indépendant de toute théorie. Mais les nébuleuses planétaires ne sont pas parfaitement rondes, elles ne sont pas exactement circulaires. Généralement, leur disque est *légèrement ovale*. Sur les dix nébuleuses planétaires découvertes par Herschell, sept sont manifestement un peu elliptiques, résultat incontestable du mouvement de rotation de ces sphères immenses. Ces nébuleuses seraient-elles condamnées à perdre leur forme elliptique, c'est-à-dire leur mouvement de rotation, dans leur passage à l'état d'étoiles nébuleuses ?...

En exprimant sa propre conviction sur la lumière toute superficielle des nébuleuses planétaires, le savant astronome anglais, le fils du grand Herschell, n'a fait que reproduire la conviction de son illustre père et celle des plus habiles observateurs. Dans sa lettre écrite du cap de Bonne-Espérance à M. Quételet, en date du 8 juin 1837, et insérée dans le *Bulletin de l'Académie de Bruxelles*, le célèbre astronome a donné l'ascension droite et la déclinaison de 13 nébuleuses planétaires par lui découvertes dans l'autre hémisphère. « Parmi » ces nébuleuses, toutes, dit-il, décidément planétaires, » deux ou trois ressemblent tellement à des planètes, » qu'elles tromperaient même un observateur exercé, » à qui on les montrerait comme telles. »

Combien il y a loin de l'aspect de nos planètes à

forme pareillement *un peu elliptique*, engendrée par le mouvement de rotation, à celui de ces étoiles qu'on désigne sous le nom d'étoiles nébuleuses! Car ces nébuleuses, si improprement appelées étoiles nébuleuses, n'offrent pas seulement une forme exactement ronde ou circulaire; elles présentent encore l'apparence d'une lumière dont l'éclat va croissant de la circonférence au point central, où l'intensité de la lumière devient tout à coup considérable. Les nébuleuses planétaires, au contraire, ont une lumière parfaitement uniforme, également répartie sur tous les points de leur surface visible.

M. Herschell ne dit pas assez quand il assigne aux nébuleuses planétaires un diamètre égal à celui de l'orbite d'Uranus. La parallaxe annuelle des étoiles ne nous permet guère de douter que leurs dimensions rectilignes ne soient au moins dix fois plus grandes encore. Le diamètre de ces nébuleuses serait déjà au moins égal à celui de l'orbite d'Uranus, si la parallaxe annuelle des étoiles, parmi lesquelles elles se trouvent, était d'une seconde. Mais il y a tout lieu de croire que, pour le plus grand nombre de nos étoiles, cette parallaxe n'est pas même d'un dixième de seconde. M. Bessel a trouvé 0''3136 pour la parallaxe annuelle de la 60e étoile de la constellation du Cygne. Cette étoile, qui a un mouvement propre annuel de plus de cinq secondes, tandis que ce mouvement est à peine d'une seconde pour la plupart des étoiles observées, se présente naturellement comme étant beaucoup plus rapprochée de nous que toutes les autres.

Or, parmi les nébuleuses planétaires découvertes par les astronomes anglais, il s'en trouve dont le dia-

8.

mètre soutend un angle de 60 secondes, et dont par conséquent la surface visible est éloignée du centre de plus de 15 fois la distance d'Uranus au soleil (près de 300 fois la distance du soleil à la terre). Nous ne demanderons pas comment de la lumière réfléchie, partie d'un point central aussi éloigné, pourrait nous atteindre à l'énorme distance où nous sommes de ces nébuleuses. Mais il nous sera permis d'être plus que surpris que l'éclat de ces sphères immenses ne soit pas plus fort au centre que vers les bords.

On objecte aujourd'hui qu'il faut admettre que la lumière ne provient pas de toute la profondeur de la nébuleuse. « Sans cela, fait-on observer, son intensité augmenterait avec le nombre de particules matérielles et rayonnantes contenues dans la direction de chaque rayon visuel (1). » Mais c'est précisément parce que cette intensité n'augmente pas avec le nombre de ces particules, qu'il demeure constaté, en faveur de notre thèse, que la lumière des nébuleuses est toute superficielle.

Puisque « les parties des rayons visuels qui sont comprises dans une sphère vont en augmentant de grandeur en allant du bord au centre, » et donnent ainsi « la mesure de l'intensité lumineuse de toutes les parties de la nébuleuse, depuis le bord jusqu'au centre (2), » il est indubitable que des sphères dont l'éclat lumineux est uniforme dans toutes les parties de la surface visible, n'ont rien de commun avec des sphères qui ne seraient que des agglomérations d'une

(1) *Ann.* 1842, p. 441.

(2) *Ann.* 1842, p. 421.

matière phosphorescente, et encore moins avec des agglomérations à étoile centrale.

On objecte qu'il faut accorder qu'arrivée à une certaine densité, la matière diffuse ou élémentaire cesse d'être diaphane, qu'elle devient opaque. Nous ne voyons pas bien sur quoi porte l'objection. Opaque ou diaphane, solide ou gazeuse, la matière intérieure de ces globes célestes n'a aucune action sur la nature de l'enveloppe lumineuse, et l'état de cette matière ne peut avoir de corrélation qu'avec l'intensité de cette enveloppe sidérale. Mais n'accorde-t-on pas à M. Laplace que c'est aux dépens d'une matière diffuse ou élémentaire qui composait la nébuleuse solaire, qu'ont été formés tous les corps *opaques* du système planétaire? Mais le globe central du soleil, ce globe *obscur*, ce noyau *opaque*, qu'une atmosphère semblable à l'atmosphère de nos planètes tient éloigné de sa photosphère ou de son enveloppe sidérale, n'a-t-il pas lui-même été formé aux dépens de cette même nébulosité? Ne faut-il pas accorder que la matière diffuse ou élémentaire qui constitue ce noyau, a cessé d'être diaphane, qu'elle est devenue opaque?

Cette conséquence est nécessaire, elle est inévitable, soit qu'on considère la terre et les autres planètes comme ayant pris naissance au sein d'une sphère circonscrite par une enveloppe lumineuse, soit qu'on veuille former tous ces corps opaques de la substance d'une nébuleuse qui aurait enveloppé l'étoile préexistante ou primitive. Dans l'une, comme dans l'autre hypothèse, il faut accorder que la matière élémentaire, arrivée à une certaine densité, devient une matière opaque : « il faut » accorder, en d'autres termes, qu'arrivée à une cer-

» taine densité, la matière diffuse, laiteuse, comme on » voudra l'appeler, cesse d'être diaphane. » Seulement, dans la dernière hypothèse, dans l'hypothèse du *passage d'un noyau à l'état stellaire par la précipitation de sa nébulosité environnante*, l'existence d'un noyau opaque, environné à une grande distance d'une écale lumineuse, devient un fait inexplicable, un fait impossible.

Cette objection qui tourne contre son auteur, l'unique objection de M. Arago, est d'autant plus incompréhensible, que lui-même, dans son analyse des idées cosmogoniques de M. Laplace, exprime le regret « que l'illustre auteur ne se soit pas suffisamment expliqué touchant l'état primitif, l'état moléculaire de notre nébuleuse (1). »

M. Laplace ne s'est pas suffisamment expliqué sur ce point, disons mieux, M. Laplace ne s'est pas du tout expliqué sur ce point, parce qu'il a recours à un soleil déjà formé, à un noyau brillant que la condensation de sa nébulosité transforme en étoile ; parce que, dans son exposition, l'existence du soleil est antérieure à la formation des planètes et des satellites ; parce qu'il suppose que le corps même du soleil, que son noyau central n'est pas distingué de sa photosphère ; parce qu'il suppose que ce noyau central constitue cette photosphère sidérale. M. Laplace ne s'est pas expliqué sur l'état primitif, sur l'état moléculaire de tout le système, parce qu'il ne s'est pas élevé jusqu'à ces sphères à lumière superficielle perdues dans les profondeurs de l'espace, et que le télescope semble n'avoir retrouvées

(1) *Ann.* 1844, *Notice sur les princip. découv. astron* de Laplace, p. 354, 355.

que pour nous offrir le type de l'état originel de notre monde planétaire. M. Laplace ne s'est pas élevé jusqu'à ce type primitif, parce que ce type originel ne répondait pas à l'opinion qu'il s'était faite sur la constitution du soleil et sur la nature de sa lumière. Mais M. Arago est loin de partager à cet égard les erreurs du savant théoricien. Comment donc son admiration pour ces idées cosmogoniques, proclamées « les seules qui, par » leur grandeur, leur cohérence, leur caractère ma- » thématique, puissent être vraiment considérées comme » formant une cosmogonie physique (1), » a-t-elle pu l'empêcher de s'apercevoir qu'il se mettait en contradiction avec lui-même?

Nous disions en 1841 : Nous ne ferons pas au célèbre académicien l'injure de croire qu'il n'a pas compris que l'existence de cette écale lumineuse, de cette enveloppe sidérale du soleil, est infiniment plus décisive encore contre M. Laplace que contre son devancier (Buffon) dans la science cosmogonique. Aujourd'hui nous sommes obligé de lui demander comment il a pu ne pas comprendre que le principe qui sert de base à la théorie mathématique du grand géomètre, est en contradiction flagrante avec tout ce que nous savons de plus positif sur la constitution physique de notre étoile, sur la nature de sa lumière, et, par conséquent, sur le mode de formation de la terre et des autres planètes aux limites successives d'une nébuleuse à enveloppe sidérale, en même temps qu'il est inconciliable avec le fait constaté de l'opacité du corps du soleil.

Que dans l'origine la terre et le soleil, tout notre

(1) *Ann.* 1844, p. 355.

système planéto-solaire enfin ait eu la forme d'une nébulosité *planétaire,* c'est-à-dire d'un globe immense de matière élémentaire suffisamment condensée pour permettre au fluide lumineux de se répandre sur toute sa surface, c'est ce qui résulte du récit de l'historien de la création qui nous fait assister à la naissance de la lumière, que nous voyons remplacer les ténèbres *sur la face de l'abîme,* d'où allaient être tirés, chacun séparément et successivement, tous les corps planétaires et le soleil lui-même. Que ce globe matériel ait pu s'étendre jusqu'à l'orbite d'Uranus et au delà, et beaucoup au delà encore de la planète Leverrier, c'est ce qui résulte avec la même évidence des observations astronomiques, qui assignent des dimensions bien autrement énormes, à ces sphères uniformément lumineuses, placées à des distances incommensurables de notre terre et de notre soleil.

Considérons encore que dans la Cosmogonie génésiaque, la dilatation de la matière élémentaire est infiniment moins grande que celle à laquelle a recours l'auteur de l'Exposition du système du monde.

Dans l'hypothèse de M. Laplace, c'est la seule atmosphère du soleil déjà formé ou ayant déjà son *noyau brillant,* qui a déposé successivement, *à ses extrêmes limites,* la terre et toutes les planètes. Dans l'histoire de la création, au contraire, le soleil n'existait point encore : son volume énorme, sa masse tout entière était encore à l'état de vapeurs plus ou moins condensées, quand la terre sortit, pour ainsi dire, du sein de la lumière. On peut opposer à M. Laplace l'impossibilité de supposer une aussi prodigieuse dilatation dans l'atmosphère solaire, et surtout l'impossibilité de concilier la volatilité de ces dernières molécules atmosphériques, nécessairement les moins condensables de toute la masse, avec la puissance matérielle nécessaire à la formation de tant de globes si volumineux et d'une pareille densité. Mais remarquons que plus ces difficultés sont grandes dans la théorie scientifique, plus elles deviennent preuves démonstratives de la vérité du récit historique, puisqu'ici l'expansion requise et la puissance matérielle des couches composantes, se concilient d'autant mieux avec la densité ou la puissance matérielle des masses planétaires.

Dans cette hypothèse de M. Laplace, on est obligé de supposer l'homogénéité de la matière. On est obligé de supposer que toute la matière est composée d'éléments semblables soit dans leur nature, soit dans leurs formes, et que toutes les molécules se transmuent les unes dans les autres. Combien n'est-il pas plus probable que les molécules matérielles diffèrent pour chaque espèce de corps, comme le veut Dalton, ou du moins qu'un certain nombre d'éléments, ayant des propriétés diverses ou des formes particulières, composent, par leurs combinaisons infiniment variées, tous les corps que nous offrent la nature. Comment concevoir qu'il n'y ait d'autre différence entre l'air atmosphérique et les métaux, et même (c'est jusqu'à cette extrémité qu'il faudrait aller), entre la lumière et les ténèbres ou les éléments pondérables, que celle qu'y apporte le mode d'agrégation des dernières molécules?

Il n'est pas impossible que les 55 à 60 corps réputés simples soient ramenés à un nombre plus petit. Mais l'établissement de la loi des proportions définies de Wenzel, la détermination des poids atomiques des différents éléments, due à l'admirable sagacité de Berzélius, l'application de l'analyse chimique et la reconnaissance des importantes distinctions qui séparent entre elles ces grandes classes de corps, tous soumis à des lois de combinaisons, de figures et de proportions particulières d'une parfaite exactitude et d'une précision toute mathématique, nous autorisent à penser avec l'immortel Newton, que « Dieu, en créant la matière, l'a composée d'atomes divers ou de diverses espèces de molécules élémentaires, dont les dimensions, les figures et les différentes qualités sont assorties aux fins qu'il se proposait (1). » Puis nous conclurons, avec un autre philosophe astronome, que « les découvertes dont il est question détruisent l'idée d'une *matière éternelle et existant par elle-même*, en donnant à chacun de ces atomes les caractères essentiels d'un objet fabriqué et tout à la fois d'un agent subordonné (2), » et avec le célèbre Haüy, que « le même Dieu, dont la puissance et la sagesse ont soumis la course des astres à des lois qui ne se démentent jamais, en a aussi établi auxquelles ont obéi avec la même fidélité les *diverses* molécules qui se sont réunies pour donner naissance aux corps cachés dans les retraites du globe que nous habitons (3), » et encore avec Daubeny, que « les particules des *diverses* substances qui existent dans la nature peuvent être considérées comme une sorte d'alphabet,

(1) *Optice lucis*, l. 3, quæst. 31.

(2) *Discours sur l'étude de la philosophie naturelle*, par John Herschell, trad. de l'Anglais, p. 36.

(3) *Tableau comparatif des résultats de la cristallographie et de l'analyse chimique*, p. 17.

dont se compose le grand volume où sont attestées la sagesse et la bonté du Créateur (1). »

Et puisque, d'une autre part, il est constaté qu'en outre de la lumière, il existe dans la création une matière restée à son état originel, une matière cosmique non rayonnante ou non lumineuse, osons nous élever jusqu'à la hauteur de la Cosmogonie sacrée, pour proclamer que c'est à une expansion *totale* de la masse solaire, ou plutôt à l'expansion de toute la matière constitutive de notre monde planétaire déjà environné d'une auréole lumineuse, que nous devons attribuer, d'abord la formation de la terre et par conséquent la formation de toutes les planètes, puis, en dernier lieu, la formation du soleil.

Dans cet état de choses, si nous supposons toute cette masse animée d'un mouvement de rotation autour de son centre de gravité, nous aurons une idée simple et nette de la manière dont se sont formés, ou dont ont pu se former tous les globes planétaires, antérieurement à la formation du soleil ; et le grand problème du système du monde ne sera plus qu'une simplification du mouvement giratoire combiné avec la gravité ou la pesanteur.

(1) *Atomic theory*, p. 107.

§. III.

FORMATION DES PLANÈTES ET DU SOLEIL.

Mouvement giratoire imprimé à la matière en même temps que la force de gravité. — Leurs fonctions mathématiques. — Développement de la théorie de M. Laplace, modifiée dans le sens des données acquises sur la constitution du soleil, modifications réclamées en outre par la présence dans les espaces planétaires du fluide atmosphérique improprement appelé lumière zodiacale. — Doctrine hétérodoxe, conséquence nécessaire des prémisses théoriques, condamnée par la science. — Intuition géométrique de l'empreinte du doigt de Dieu dans la disposition du système planétaire.

Nous reconnaissons avec les géomètres que c'est du mouvement de rotation que naît la force centrifuge; que la vitesse de rotation d'une masse fluide allant toujours en croissant à mesure que cette masse se contracte, il arrive un point où la pesanteur devient nulle à l'équateur, et où les corps s'échappent par la tangente. Nous reconnaissons ainsi que le mouvement de rotation est le principal et même le seul élément de la force tangentielle, ou de la force de projection, que Newton croyait avoir été imprimée à chacun des globes planétaires par la main du Créateur. Mais, en même temps, il faut reconnaître que *la Suprême intelligence, dont Newton invoque l'intervention, a fait dépendre d'un phénomène plus général,* non-seulement *l'arrangement des planètes,* mais l'arrangement de toutes les sphères célestes.

Ce phénomène général, unique, est la force de rotation centrale, qui, non plus que la gravité universelle, n'a pas de cause physique, et ne peut être attribuée qu'à la volonté du Créateur. La géométrie ne nous donne pas, et la géométrie n'a aucun espoir de jamais nous donner la raison de ce mouvement giratoire. Or, cette force giratoire, ce mouvement générateur dont la plus sublime philosophie est dans l'impuissance d'expliquer l'origine (1), est aussi le seul que la révélation nous apprenne avoir été imprimé, en même temps que la force de gravité, à la matière constitutive des cieux : *quandò præparabat cœlos, certâ lege et* GYRO *vallabat abyssos.*

De là, le GYRUM *stellarum* du livre de la Sagesse, le GYRUM *cœli* de l'Ecclésiastique, le GYRUM *arcturi* du livre de Job. As-tu connu l'ordonnance du ciel, demande à son prophète l'Auteur de toutes ces merveilles, et peux-tu en rendre raison? qui pourra arrêter le mouvement de ce prodigieux ensemble ? *Numquid nosti ordinem cœli, et pones rationem ejus in terrâ? concentum cœli quis dormire faciet?* (Job, XXXVIII, 33, 37.)

Mais voyons comment les mouvements si variés et si compliqués de tous les corps de notre système planétaire, deviennent autant de fonctions mathématiques du mouvement giratoire combiné avec la gravitation universelle, qui lutte sans cesse, par son action antagoniste, contre une force plus générale et plus énergique encore, contre la force répulsive ou la force du calorique, cette puissance primordiale qui régissait sans

(1) « Le mouvement n'étant pas de l'essence de la matière, il faut nécessairement qu'elle l'ait reçu d'ailleurs. Elle ne peut l'avoir reçu du néant, car le néant ne peut agir. Il y a donc une autre cause qui a imprimé le mouvement à la matière, qui ne peut être ni matière, ni corps; c'est ce que nous appelons esprit. » (*Encyclopie*, mot *athéisme*.)

partage toute la matière de la création, avant l'apparition de la lumière.

Le vaste globe de la matière constitutive de tout notre système planétaire tournait sur lui-même, en vertu de l'impulsion primitive communiquée à la matière du ciel et de la terre par le Créateur universel. La force d'impulsion demeurant constante, le volume de ce globe ne pouvait diminuer, cette sphère immense ne pouvait se contracter, sans qu'il en résultât une augmentation, une accélération dans la vitesse de rotation. Cependant les molécules situées dans le plan de l'équateur acquéraient une force centrifuge d'autant plus grande que ce mouvement de rotation devenait plus rapide ; et, quand cette nouvelle force fut enfin supérieure à leur poids ou à la force de gravité, ces particules durent se détacher de la masse moléculaire originelle, pour former successivement dans le plan de son équateur des anneaux ou des zones de vapeurs distinctes et séparées. Mais bientôt les particules de chaque anneau, se condensant et s'agglomérant sous l'influence de la force attractive autour d'un centre commun, formèrent une nouvelle masse de vapeurs, ou un nouveau sphéroïde animé d'un mouvement de rotation, qui engendra une nouvelle force centrifuge, pour produire, dans certaines circonstances, d'autres anneaux et d'autres globes à l'état de vapeurs.

C'est ce qui résulte des principes de la mécanique rationnelle ; et c'est ainsi que, dans l'hypothèse de M. Laplace, nous voyons l'atmosphère du soleil abandonner, en se refroidissant, les molécules situées à ses limites successives produites par l'accroissement de la rotation du soleil ; et ces molécules former, par leur condensation et leur attraction mutuelle, d'abord divers anneaux concentriques de vapeurs circulant autour de cet astre, et ensuite des planètes à l'état de vapeurs, animées d'un mouvement de rotation dirigé dans le sens de leur révolution ; et enfin un refroidissement ultérieur produire, le plus souvent, aux diverses limites de l'atmosphère de chaque planète, des phénomènes semblables, c'est-à-dire des anneaux, puis des satellites circulant autour de son centre, dans le sens de son mouvement de rotation, et tournant dans le même sens sur eux-mêmes.

De là, « les phénomènes singuliers du peu d'excen-
» tricité des orbes des planètes et de leurs satellites,
» du peu d'inclinaison de ces orbes à l'équateur solaire,
» et de l'identité du sens des mouvements de rotation
» et de révolution de tous ces corps, avec celui de la
» rotation du soleil (1). »

Cette mystérieuse rotation du soleil, ou plutôt la rotation originelle de la masse moléculaire de tout le système planéto-solaire, devient de la sorte la plus vive expression de la pensée du souverain Législateur.

L'Être infiniment parfait qui venait de créer les éléments de la matière, l'éternel géomètre qui venait d'imprimer un mouvement giratoire à la matière constitutive des divers systèmes célestes, ne signale plus son intervention divine par des moyens surnaturels. Pour parvenir à ses fins, il n'a besoin que de laisser un libre cours aux agents naturels qu'il vient de mettre en action par sa volonté toute-puissante. Aussi, l'admirable disposition de l'univers, ou la formation de tous les

(1) *Expos. du système du monde*, p. 411-414.

corps qui le composent, n'est plus, pour l'historien inspiré, que l'exécution des lois immuables établies par le Créateur au premier instant de la nature (1).

Nous aurons bientôt occasion de revenir sur cette observation importante. Nous ne devons nous occuper ici que de la condensation effectuée au milieu des eaux de l'abîme universel de la création, et des phénomènes généraux et particuliers qui en résultent; car n'oublions pas que c'est le complément de l'œuvre du second jour de la création que nous examinons, c'est-à-dire l'opération par laquelle la matière de notre système, déjà détachée, séparée de la masse originelle, est divisée et séparée elle-même en amas distincts. Suivons notre guide dans le développement de sa théorie.

« Si toutes les molécules d'un anneau de vapeurs » continuaient de se condenser sans se désunir, elles » formeraient à la longue un anneau liquide ou solide. » Mais la régularité que cette formation exige dans » toutes les parties de l'anneau et dans leur refroidis- » sement, a dû rendre ce phénomène extrêmement » rare. Aussi le système solaire n'en offre-t-il qu'un » seul exemple, celui des anneaux de Saturne. Presque » toujours chaque anneau de vapeurs a dû se rompre » en plusieurs masses, qui, mues avec des vitesses très- » peu différentes, ont continué de circuler à la même » distance autour du soleil. Ces masses ont dû prendre » une forme sphéroïdique, avec un mouvement de ro- » tation dirigé dans le sens de leur révolution, puisque

(1) Naturam verò appello legem omnipotentis
Supremique patris, quam primà ab origine mundi
Cunctis imposuit rebus.
(Marcel Palingene, *Zodiaq. de la vie*, l. 2.)

» leurs molécules inférieures avaient moins de vitesse
» réelle que les supérieures ; elles ont donc formé au-
» tant de planètes à l'état de vapeurs. Mais si l'une
» d'elles a été assez puissante pour réunir successive-
» ment par son attraction toutes les autres autour de
» son centre, l'anneau de vapeurs aura été ainsi trans-
» formé dans une seule masse sphéroïdique de vapeurs,
» circulant autour du soleil, avec une rotation dirigée
» dans le sens de sa révolution. Ce dernier cas a été
» le plus commun : cependant le système solaire nous
» offre le premier cas dans les quatre petites planètes
» qui se meuvent entre Jupiter et Mars (1). »

Appelons les choses par leur véritable nom ; donnons au globe central de ce monde primitif et particulier, le nom qui lui convient au même titre qu'à tous les autres globes dont il se compose, et qui émanent de ce globe central émané lui-même de l'abîme universel ; nommons-le aussi masse fluide, masse sphéroïdique à l'état de vapeurs, et le symbole géométrique de l'illustre auteur de l'Exposition du système du monde deviendra le véritable commentaire interprétatif de la Genèse. Nous comprendrons alors le sens de ces paroles mémorables : « que la condensation se fasse au centre, et » qu'en se faisant elle divise les eaux de l'abîme pour » constituer le ciel. » Alors aussi nous comprendrons pourquoi la terre n'est point nommée dans cette *préparation des cieux*. Nous comprendrons que ces eaux constituées en firmament au-dessous, ne composant encore qu'un tout absolument semblable aux autres abîmes sortis de l'abîme unique du premier jour et

(1) *Expos. du syst. du monde*, p. 413.

maintenant distribués en abîmes sphériques, nous comprendrons que ces eaux constitutives de la terre, que cette masse sphéroïdique de vapeurs ne pouvait encore être nominativement distinguée des autres masses sphéroïdiques de vapeurs *préparées pour les cieux*.

Or, ce correctif nécessaire pour faire concorder le texte du philosophe géomètre avec celui de l'historien inspiré, n'est pas moins rigoureusement indispensable pour la concordance de ce symbole géométrique avec les données acquises sur la nature intime et la constitution physique du soleil.

Puisqu'il résulte des hautes manifestations de la science que la constitution physique du soleil n'est pas différente de celle des nébuleuses planétaires, que sa lumière est toute superficielle comme celle des nébuleuses, qu'elle a son siége à la surface extérieure de son atmosphère, qu'une atmosphère *aérienne* s'interpose entre l'enveloppe lumineuse que nous voyons et le globe opaque du soleil, et que le soleil n'a point d'atmosphère au delà de cette enveloppe lumineuse, il est manifesté, par cela même, que le soleil n'a point commencé par être un noyau brillant qui se serait accru successivement par la condensation de son atmosphère. Il est clairement manifesté encore que les phénomènes de la condensation des zones de vapeurs abandonnées par notre nébuleuse planétaire, ne se sont point opérés aux extrêmes limites de cette nébuleuse planétaire ou si l'on veut aux extrêmes limites de l'atmosphère du soleil. C'est-à-dire, qu'il est clairement manifesté que tous les corps planétaires ont pris naissance aux limites successives d'une masse centrale plus ou moins condensée, mais déjà environnée d'une atmosphère circonscrite elle-même par une enveloppe lumineuse.

Sans doute « les couches atmosphériques doivent » prendre, *à la longue*, un même mouvement angulaire » de rotation, commun au corps qu'elles envi- » ronnent (1). » Mais le fluide atmosphérique est éminemment dilatable, et cette dilatation, ainsi qu'il résulte des expériences de M. Gay-Lussac, est exactement proportionnelle à la température. Or, on conçoit que sous l'empire des circonstances qui ont accompagné la formation de tout le système planétaire, la dilatation de son atmosphère primitive devait être énorme, et son degré de raréfaction presque indéfini. On conçoit dès-lors que ce fluide atmosphérique, qui pouvait être plusieurs milliers de fois plus rare que l'air que nous respirons, a dû n'opposer qu'une résistance insensible au mouvement de rotation de la masse centrale. Et par conséquent on conçoit que cette atmosphère primitive, précisément à cause de son extrême rareté, ne pouvait atteindre à la rapidité du mouvement de rotation de la masse centrale, alors que l'accroissement incessant de ce mouvement, dû à une condensation toujours plus intense, faisait détacher de cette masse centrale, dans le plan de son équateur, les molécules constitutives des masses planétaires.

On va nous objecter avec M. Laplace que, « si les planètes avaient pénétré profondément dans cette atmosphère, sa résistance les aurait fait tomber sur le soleil, » ou, pour bien dire, sur la masse centrale du système.

(1) *Expos. du syst. du monde*, p. 269.

Mais, quand nous disons que les planètes ont pris naissance aux limites successives de la masse centrale, ou de la partie la plus condensable de la masse moléculaire de tout le système planéto-solaire, nous n'entendons parler que de la formation des zones de matière abandonnées par cette masse centrale, aussitôt qu'elle eut été animée d'un mouvement de rotation. Tant que ces zones furent profondément engagées dans la nébulosité ou dans l'atmosphère de cette masse génératrice, elles n'ont pas cessé de composer autant d'anneaux concentriques circulant autour du centre commun de gravité. La résistance que cette atmosphère leur opposait allait sans cesse en diminuant, à mesure que son mouvement, accéléré par cette même résistance, approchait davantage de la vitesse de ces zones condensées. Ce ne fut que lorsque les couches les plus comprimées de cette atmosphère se furent rapprochées du centre de gravité, par la contraction toujours croissante de la masse centrale, et lorsque leurs couches superposées eurent acquis un mouvement angulaire de rotation moins différent de celui de ces zones abandonnées, que les phénomènes de l'attraction et du frottement mutuel des molécules de chaque anneau déterminèrent, pour chacun d'eux, la forme sphéroïdique, et un nouveau mouvement de rotation dans le sens du mouvement de translation.

Qu'on ne nous oppose pas que toute ou presque toute l'atmosphère de la masse génératrice, en vertu de sa force centrifuge acquise, a dû continuer de circuler à la même distance du centre commun de gravité, sans jamais s'en rapprocher ; car il ne s'agit ici que de la partie de cette atmosphère comprise dans le plan de l'équateur de cette masse génératrice. Toutes les autres parties placées sur les parallèles à cet équateur n'ont pas cessé d'appartenir au corps central, et sont venues ainsi former plus tard l'atmosphère intermédiaire du soleil : nous disons l'atmosphère intermédiaire entre le corps solaire et l'enveloppe lumineuse de sa surface ; de même que la portion de cette atmosphère comprise dans le plan de cet équateur a composé les atmosphères des planètes, et sans doute aussi, mais en dernier lieu, cette zone atmosphérique à laquelle les astronomes donnent le nom de lumière zodiacale.

Après cela, nous demeurons d'accord que les globes planétaires avec leurs atmosphères acquises ne se sont pas formés *dans un vide parfait* ; nous demeurons d'accord qu'immédiatement après son organisation définitive, chacun de ces globes, chacun d'eux successivement, opérait encore ses révolutions dans les régions supérieures de l'atmosphère de la masse centrale ; les particules atmosphériques de ces régions supérieures n'ayant pas encore acquis un mouvement parfaitement égal à celui de la planète, ou parfaitement égal à leur pesanteur.

A cet égard nous pourrions faire observer que le fluide atmosphérique devient d'autant plus rare qu'il est plus élevé au-dessus du corps qu'il environne, puisque, d'après la loi de Mariotte, il se dilate dans le rapport inverse du poids dont il est chargé, et par conséquent que ces dernières couches de l'atmosphère primitive n'ont pu opposer qu'une très-faible résistance aux planètes qui les traversaient. Mais, en supposant que la marche des planètes ait été tant soit peu entravée par la présence de ces dernières couches atmosphériques, ne peut-on pas dire que c'est à cette cause qu'il faut attribuer l'excentricité de leurs orbites et toutes les déviations de leurs mouvements? Ces globes auront d'abord décrit des spirales, en se rapprochant du centre commun d'attraction, jusqu'à ce qu'une accélération prédominante dans les mouvements de ces dernières couches, eût établi entre leurs mouvements et le mouvement de la planète une égalité rigoureuse.

Quoi qu'il en soit, ce que nous sommes obligé d'admettre ici pour la concordance de la théorie scientifique avec la révélation, est positivement et formellement reconnu et avoué par M. Laplace lui-même.

« Dans notre hypothèse, dit-il, les satellites de Ju-
» piter, immédiatement après leur formation, ne se
» sont point mus dans un vide parfait : les molécules
» les moins condensables des atmosphères primitives
» du soleil et de la planète, formaient alors un milieu
» rare dont la résistance différente pour chacun de ces
» astres, a pu approcher peu à peu leurs moyens
» mouvements, etc., (1). »

Puisque ces satellites, après leur formation, étaient encore engagés dans les molécules les plus rares ou les moins condensables de l'atmosphère primitive de la masse originelle, leur formation s'est donc effectuée au milieu des molécules encore plus condensables de cette atmosphère ; et par conséquent leur planète centrale s'était mue elle-même, et elle-même avait été formée au milieu de molécules beaucoup plus condensables encore, puisque sa formation, sa formation à l'état de vapeurs, est nécessairement antérieure à celle de ses

(1) *Expos. du syst. du monde*, p. 418.

satellites. On comprend que ce que nous disons ici de la planète de Jupiter s'applique à toutes les autres planètes de notre système.

Après un témoignage aussi précis et aussi formel, nous ne voulons plus produire, pour constater que dans l'origine les planètes opéraient leurs révolutions dans les régions supérieures de l'atmosphère primitive du système solaire, nous ne voulons plus produire que la toute puissante autorité du fait astronomique présenté, dans un autre but, par le savant géomètre qui devient encore ici notre garant et notre caution.

« Si dans les zones abandonnées par l'atmosphère » du soleil il s'est trouvé des molécules trop volatiles » pour s'unir entre elles ou aux planètes, elles doivent » en continuant de circuler autour de cet astre, offrir » toutes les apparences de la lumière zodiacale, sans » opposer de résistance sensible aux divers corps du » système planétaire, soit à cause de leur extrême » rareté, soit parce que leur mouvement est à fort peu » près le même que celui des planètes qu'elles ren» contrent (1). »

Telle serait d'après M. Laplace, et telle est très-probablement *la cause jusqu'à présent ignorée de la lumière zodiacale qui paraît s'étendre au delà même de l'orbre terrestre* (2).

Mais, si les planètes ont été formées aux limites successives de l'atmosphère du soleil par la condensation des molécules qu'elle abandonnait dans le plan de son équateur, il est impossible de concevoir que d'autres

(1) *Expos. du syst. du monde*, p. 415, 416.

(2) *Ibid.*, p. 13 et 270.

molécules abandonnées par cette même atmosphère dans les mêmes espaces planétaires, et par conséquent, dans cette hypothèse, au temps de la formation de ces planètes, aient pu ne pas s'unir entre elles ou aux planètes, aux planètes formées, toujours dans cette même hypothèse, de molécules nécessairement toutes semblables, de molécules pareillement abandonnées aux extrêmes limites de cette atmosphère du soleil. Or ce phénomène, inexplicable dans la théorie de M. Laplace, résulte naturellement de notre exposition.

Dans cette exposition que nous déduisons du contexte genésiaque, ce fluide zodiacal n'a pu être abandonné par l'atmosphère de la masse originelle ou constitutive de tout le système planéto-solaire qu'après la formation des planètes, c'est-à-dire lorsque les couches supérieures de cette atmosphère ou que les parties les moins condensables de notre nébuleuse eurent acquis, à leur tour, une force centrifuge égale à leur pesanteur. Jusques là, les molécules *atmosphériques*, les molécules situées dans le plan de l'équateur universel, se rapprochant sans cesse du centre commun d'attraction, venaient fournir les éléments nécessaires à la formation des atmosphères de ces planètes, pendant que les molécules de même nature placées sur les parallèles à cet équateur universel continuaient à se rapprocher du centre d'attraction, et entraient ainsi, comme éléments derniers, dans la composition de l'atmosphère du globe central ou du corps solaire.

Sans doute, dans l'origine, la chaleur indispensable pour l'existence à l'état de nébulosité diffuse de toutes les parties de la matière, n'admettait la possibilité d'aucune combinaison chimique entre les molécules.

Ces molécules primordiales existaient toutes mélangées et à l'état *simple*, suivant l'acception scientifique du mot. Mais tel n'était plus, le deuxième jour, l'état de la matière de l'univers solaire. Un premier dégagement de calorique dans la masse constitutive avait déterminé la condensation des vapeurs appartenant aux corps les plus réfractaires, à ceux qui exigent la plus grande quantité de calorique pour rester à l'état simple. Nécessairement cette condensation s'était opérée, et la condensation continuait à s'opérer, au centre de la sphère originelle, tant en vertu du rayonnement uniforme, qu'en vertu de la gravité et de la compressibilité qui, nécessairement encore, appelaient vers le centre les vapeurs les plus denses et les plus condensables.

Or, cette condensation dût amener les resserrements indiqués et l'abandonnement successif des zones génératrices des planètes, longtemps avant que l'eau et les autres substances comparativement très-volatiles eussent pu perdre la moindre quantité du calorique dont elles ont besoin pour se maintenir à l'état de fluide élastique. En effet, l'immense quantité de calorique produite par la condensation de la masse centrale et des zones abandonnées, cette immense quantité de calorique qui se répandait dans l'atmosphère, ne faisait que dilater davantage ses fluides constituants, et ce ne fut qu'après l'entière condensation de ces zones abandonnées, que cette atmosphère primitive put se dépouiller de ses fluides les plus volatiles, au fur et à mesure que cette même atmosphère venait fournir les éléments nécessaires à la formation des atmosphères des planètes et du soleil, d'abord à la formation des atmosphères des planètes, et ensuite à la formation de l'atmosphère du globe central.

Nous disons donc que la présence, dans les espaces planétaires, de ces bandes ou courants dont la direction est précisément celle de l'équateur solaire, est une preuve toujours subsistante que ce résidu atmosphérique, si improprement nommé lumière zodiacale, n'a été abandonné par l'atmosphère primitive de notre nébuleuse, qu'après la formation des planètes.

Alors on conçoit que ces anneaux concentriques, animés, à leur entrée dans les espaces planétaires, de vitesses égales à celles des planètes, n'ont pu s'unir à ces planètes, ou plutôt à leurs atmosphères.

On conçoit pareillement dans cette exposition, mais seulement encore dans cette exposition, que ces molécules n'ont pu s'unir entre elles pour former des sphéroïdes de révolution ; car, si on comprend que les zones constitutives des planètes ont dû le plus souvent se séparer, se rompre en plusieurs masses, et dans tous les cas se liquéfier et se solidifier, on comprend aussi qu'il n'a pu en être de même pour des zones tout autrement composées, pour des zones formées de fluides élastiques permanents, qui, par leur nature, tendent à se dilater et à occuper le plus grand espace possible ; et l'existence de notre atmosphère à une hauteur où sa température est à très-peu près indépendante de celle du globe, explique encore pourquoi ces zones atmosphériques ne se sont point solidifiées.

Mais, en même temps, on comprend que la substance lumineuse qui enveloppait toute la nébulosité, n'a pu abandonner les régions voisines des espaces planétaires que successivement, en raison des progrès de la concentration plus ou moins active des couches atmosphériques placées sur les parallèles à l'équateur, toujours postérieurement à la formation des planètes et de leurs atmosphères acquises.

Ce n'est pas ici le lieu d'expliquer comment il est arrivé que cette enveloppe sidérale de l'atmosphère primitive de notre nébuleuse planétaire, n'a pas également laissé de zone lumineuse dans le plan de son équateur. Cette explication trouvera beaucoup mieux sa place dans l'exposition du quatrième tableau de la Cosmogonie sacrée.

La grande erreur, nous allions dire l'unique erreur de l'illustre auteur de la haute théorie que nous examinons, est d'avoir placé le foyer de la lumière au centre du soleil, quand les phénomènes astronomiques et les expériences physiques nous révèlent que la lumière solaire, que le fluide lumineux est tout entier relégué aux extrêmes limites, ou dans les régions les plus élevées de l'atmosphère du soleil; et, ce qui n'est pas moins décisif, quand la révélation divine nous apprend que la lumière a existé avant le soleil et avant toutes choses, et que l'organisation de la terre a précédé la formation de l'astre régulateur du jour et de la nuit.

A la vérité, M. Laplace semble quelquefois confondre le noyau ou le corps central du soleil avec le fluide lumineux qui nous éclaire, de sorte qu'alors, dans sa pensée, le corps central n'est pas distingué de son auréole lumineuse, et son atmosphère n'est encore que l'extension de cette même enveloppe lumineuse. Mais nous savons aujourd'hui que le soleil est un corps obscur et opaque, et qu'un fluide atmosphérique, en tout semblable à l'atmosphère des planètes, s'interpose entre ce corps central et obscur, et l'enveloppe lumineuse que nous voyons.

Il est vrai aussi que dans d'autres circonstances M. Laplace ne donne plus à cette atmosphère solaire, que les propriétés que nous connaissons à notre atmosphère et aux atmosphères des autres planètes. Ainsi il nous dit : « Un fluide rare, transparent, compressible » et élastique, qui environne un corps en s'appuyant » sur lui, est ce que l'on nomme son atmosphère. Nous » concevons autour de chaque corps céleste, une pa» reille atmosphère dont l'existence vraisemblable pour » tous, est, relativement au soleil et à Jupiter, indiquée » par les observations (1). » Et c'est cette atmosphère solaire, semblable à l'atmosphère terrestre, semblable à l'atmosphère de Jupiter et aux atmosphères de toutes les autres planètes, c'est cette atmosphère qui maintenant *ne s'étend pas jusqu'à l'orbe de Mercure, parce que l'atmosphère ne peut s'étendre à l'équateur que jusqu'au point où la force centrifuge balance exactement la pesanteur*, c'est cette atmosphère qui a produit toutes les planètes, *en abandonnant successivement des zones fluides dans le plan de son équateur*, de même que *les anneaux de Saturne sont des zones pareilles abandonnées par l'atmosphère de cette planète* (2). Mais ce fluide rare, transparent, compressible et élastique qui environne le corps du soleil en s'appuyant sur lui, et que l'on nomme son atmosphère, ne peut rien produire de semblable, d'abord parce que ce fluide est un fluide purement atmosphérique, et ensuite parce que ce fluide ne s'appuie que sur le corps central du soleil, et qu'il sert lui-même de support à l'auréole lumineuse que nous voyons; et des expériences

(1) *Expos. du syst. du monde*, p. 269.

(2) *Ibid.*, p. 270 et 271.

directes ont appris aux astronomes que l'existence d'une atmosphère extérieure *indiquée par les observations*, que cette prétendue existence d'une atmosphère au delà de l'enveloppe lumineuse du soleil ne repose que sur *les observations erronées de Bouguer*.

Dans notre exposition, l'accélération du mouvement de rotation du soleil a une limite. Cette limite est la consolidation de sa masse centrale, consolidation qui a permis aux fluides permanents de se comprimer en s'agglomérant autour de sa surface. Dans l'hypothèse de M. Laplace, *le refroidissement resserrant l'atmosphère et condensant à la surface de l'astre les molécules qui en sont voisines*, et d'un autre côté, *l'émission continuelle du fluide lumineux*, ou de la substance du soleil, *produisant une diminution incessante dans sa masse en fusion* (1), le mouvement de rotation deviendra toujours de plus en plus rapide, jusqu'à ce que le noyau se détruise, et que ses éléments se désunissent, par l'effet de cette accélération graduelle dans la vitesse de rotation ; ou bien, jusqu'à ce que les matières de la surface perdant leur fluidité par un refroidissement ultérieur, et venant à former une croûte impénétrable aux rayons de ce globe incandescent, la terre et les autres planètes soient replongées dans les ténèbres d'où la volonté de Dieu les a fait sortir.

Heureusement les découvertes de la physique et de la chimie, en nous faisant connaître la nature du soleil et de sa lumière, viennent nous prémunir contre les craintes que pourraient nous inspirer d'aussi affreuses perspectives ; et si nous sommes grandement surpris,

(1) *Expos. du syst. du monde*, p. 270, 393 et 411.

nous ne sommes point du tout effrayé de cette assertion sentencieuse de notre auteur : « N'y eût-il dans l'espace » céleste d'autre fluide que la lumière, sa résistance » et la diminution que son émission produit dans la » masse du soleil, doivent à la longue détruire l'ar- » rangement des planètes ; et pour les maintenir, une » réforme deviendrait sans doute nécessaire (1). » Nous savons en effet, aujourd'hui, que l'émission du fluide lumineux, et la diminution produite par cette émission dans la masse du soleil, sont des hypothèses purement gratuites, hypothèses qu'il n'est plus permis de soutenir depuis les brillantes découvertes des physiciens et des astronomes sur la nature de la lumière et sur la constitution physique du soleil.

Mais M. Laplace ne voulait pas, et M. Laplace ne devait pas vouloir *qu'on pût affirmer que la conservation du système planétaire entre dans les vues de l'Auteur de la nature* (2).

Cependant l'Auteur de la nature a donné sa parole, l'Auteur de la nature a promis aux savants comme aux ignorants, que ses ouvrages subsisteront à jamais ; que toutes les sphères célestes conserveront leurs mouvements sans interruption, sans éprouver aucun besoin, sans fatigue aucune ; que jamais un mouvement ne gênera ni ne dérangera un autre mouvement : « *Or- » navit in æternum opera illorum ; nec esurierunt, nec » laboraverunt, et non destiterunt ab operibus suis. Unus » quisque proximum sibi non angustiabit usque in æter- » num : Non sis incredibilis verbo illius.* (Eccl. XVI, 27,

(1) *Expos. du syst. du monde*, p. 393.
(2) *Ibid.*

» 28, 29.) » Et la géométrie qui a embrassé dans ses formules des cycles incommensurables, a démontré que toutes les inégalités et les perturbations grandes ou petites du système planétaire sont périodiques, et renfermées dans de très-étroites limites. Le célèbre Lagrange qui venait de découvrir la périodicité de ces perturbations, et, dans cette périodicité, la plus sublime des causes finales, une prévoyance qui assure à jamais la stabilité du système planétaire, Lagrange s'arrêta éperdu en reconnaissant le doigt de l'éternel Géomètre.

C'est que les conditions de cette périodicité ne sont nullement des conséquences nécessaires de la gravitation ou de quelque autre cause physique, mais qu'elles procèdent de la volonté d'une intelligence suprême qui a dirigé la constitution originelle de tout le système.

Bientôt nous verrons que, selon les mêmes promesses, la Suprême intelligence qui a présidé à la disposition du système planétaire pour en assurer la stabilité, a pourvu avec la même sollicitude à la conservation des corps de ce système, du soleil comme de la terre et des autres planètes et de leurs satellites.

C'est ainsi que chaque pas que nous faisons dans le sanctuaire de la nature nous rapproche de son Auteur, par une intuition plus immédiate de la divine sagesse qui se manifeste si hautement dans l'ordonnance des merveilles de la création.

Maintenant, veut-on faire dépendre encore de l'attraction tous ces phénomènes providentiels? Nous ne nous y opposons pas ; seulement nous exigerons qu'on ait la bonne foi de reconnaître que la gravitation elle-même réclame une cause d'un ordre supérieur ; car ce terme gravitation, attraction, pesanteur, n'est que l'expression d'un fait dont il faut chercher la cause ailleurs. Quelle est cette cause? quelle est la nature de cette force universelle? quel est son mode d'action? Ces questions ne sont pas du domaine de la physique. On a essayé de dire que l'attraction était le résultat de l'impulsion d'un fluide. Mais il est démontré que la vitesse de ce fluide mystérieux ne pourrait être de moins de *cinquante millions de fois la vitesse de la lumière*; c'est-à-dire qu'il est démontré que la cause de la gravité est en dehors de la nature, qu'elle ne procède que du *Fiat* du Créateur universel : *Fiat firmamentum.*

§. IV.

THÉORIE DES COMÈTES ET DES NÉBULEUSES.

Les Comètes, les plus terribles ennemis de M. Laplace. — Leur formation aux limites du système planéto-solaire, antérieure à la formation des planètes. — Formation des Nébuleuses aux limites des systèmes généraux de la création. — Leur état stationnaire. Cause de cet état. — Mission de ces astres imparfaits dans l'économie de la nature.

Nous n'avons pas encore parlé des comètes. M. Laplace les considère comme de petites nébuleuses errantes de systèmes en systèmes solaires, que le soleil, lorsqu'elles parviennent dans les parties de l'espace où son attraction est prédominante, force à décrire des orbes elliptiques ou hyperboliques, dans tous les sens et sous toutes les inclinaisons à l'écliptique (1). Ainsi, dans le

(1) *Expos. du syst. du monde*, p. 414.

système de M. Laplace, comme dans le système de Descartes, les comètes sont étrangères à notre monde planétaire. Les comètes seraient donc les messagers chargés de publier, dans tout le domaine de la création, l'unité d'origine des divers systèmes célestes, et la communauté de rapport qui lie entre elles toutes les parties de cette création. Cette mission est assez importante pour que nous soyons dispensé d'assigner à ces astres énigmatiques un autre rôle dans le système de l'harmonie universelle.

Newton supposait que les comètes ne traversaient notre monde planétaire que pour rétablir l'équilibre entre les diverses parties de ce système, et pour replacer dans leurs orbites les planètes que l'attraction centrale en avait dérangées. L'observation et la théorie sont loin d'avoir confirmé cette hypothèse.

Jusqu'ici on avait cru que les comètes allaient sans cesse en s'affaiblissant; qu'après quelques révolutions successives autour du soleil, toutes les molécules dont elles se composent se dispersaient dans l'espace pour y devenir un obstacle au mouvement des planètes, ou bien des éléments de quelques nouvelles formations. Ces conjectures qu'on disait appuyées sur des observations directes ne se sont pas réalisées (1).

Les astronomes n'étaient pas mieux fondés dans leurs conjectures sur la résistance que l'éther devait opposer à la marche des planètes et des autres corps célestes, et sur les dérangements qui devaient en résulter. Les

(1) « J'ai dû saisir avec d'autant plus d'empressement cette occasion de combattre une erreur fort accréditée, dit M. Arago dans son intéressante Notice sur la dernière apparition de la comète de Halley, que je crains d'avoir un peu contribué à la répandre. » (*Ann.* 1836.)

calculs de M. de Pontécoulant et ceux de M. de Rosenberg, sur le dernier passage de la comète de Halley par le périhélie, établissent que les mouvements de cette comète sont absolument indépendants de la résistance que lui opposeraient les milieux éthérés qu'elle traverse dans son immense orbite.

Il résulte de ces dernières investigations de la science que la résistance de l'éther, qui a donné lieu à tant de systèmes monstrueux, n'a aucun fondement ; ou du moins que cette résistance, si elle existe (1), ne peut altérer en aucune façon l'admirable disposition des globes planétaires, dont la puissance matérielle est si éminemment supérieure à celle de ces *amas de vapeurs subtiles, en comparaison desquels les nuages les plus déliés, qui flottent dans les hautes régions de notre atmosphère, peuvent passer pour des corps denses et massifs* (2).

On a dit de Descartes, que les comètes étaient ses plus terribles ennemis. Ne pourrions-nous pas en dire autant de M. Laplace? La marche de quelques-uns de

(1) S'il était nécessaire de prendre un nouvel élément en considération, pour expliquer la diminution du grand axe de l'ellipse de la comète d'Encke à chacune de ses révolutions, nous le trouverions dans ces molécules qui circulent autour du soleil dans le plan de son équateur, en offrant toutes les apparences de la lumière zodiacale, sans opposer de résistance aux planètes, tant à cause de leur extrême rareté, que parce que leur mouvement est le même que celui de ces planètes.

(2) M. Herschell. *Traité d'astronomie*, p. 356, 357.

« La nébulosité dont sont formées les comètes est excessivement rare, puisqu'elle n'altère en aucune façon l'éclat des étoiles de 12e ou 11e grandeur, aussi bien visibles derrière cet écran que s'il n'existait pas, tandis qu'elles sont complètement effacées par une brume légère de quelques pieds d'épaisseur. » (M Mutel. *Traité d'astron.* p. 359.)

ces corps étranges ne se concilie pas mieux avec l'existence d'une atmosphère immense autour du soleil qu'avec le système des tourbillons.

Dans l'hypothèse de M. Laplace, *l'étendue de cette atmosphère est la même que celle d'une planète qui ferait sa révolution dans un temps égal à celui de la rotation du soleil* (1) ; c'est-à-dire que la limite de cette atmosphère se trouve aujourd'hui à 5,826,000 lieues du centre de cet astre. Or, pour ne parler ici que de la comète de 1680, on sait que cette célèbre comète, lors de son passage au périhélie, n'était plus éloignée de la surface du soleil que d'une quantité à peine égale à la sixième partie de son diamètre, c'est-à-dire qu'elle se trouvait alors à moins de 210,000 lieues de ce même centre, ou qu'elle en était près de 30 fois plus rapprochée que la limite de son atmosphère.

Comment un corps d'une densité insignifiante, et avec une orbite fortement inclinée, a-t-il pu pénétrer aussi profondément dans l'atmosphère du soleil, non seulement sans tomber dans cet astre, mais même sans éprouver le moindre dérangement dans son orbite, dont l'inclinaison, avant comme après le passage au périhélie, n'avait pas moins de 60° 56'? Comment cet amas de vapeurs subtiles a-t-il pu, à une aussi énorme profondeur, à 52,000 lieues de la surface du soleil, se dégager d'une atmosphère assez épaisse et assez compacte pour déposer, à sa limite supérieure, à 5,665,000 lieues au-dessus de sa base, des corps d'une masse et d'une densité comparables à celles de la terre ou de Mercure?

Newton a trouvé que cette comète, immédiatement

(1) *Expos. du syst. du monde*, p. 270.

après son passage au périhélie, occupait un espace immense, et que la rapidité de sa marche était alors de 80 lieues par seconde. Comment concevoir qu'une nébulosité sans masse appréciable, quoique d'un volume bien supérieur à celui de toutes les planètes, ait pu conserver ou acquérir, à cette profondeur, une aussi effrayante rapidité dans un milieu aussi résistant que le serait une couche atmosphérique de 5 à 6 millions de lieues d'épaisseur?

Mais pourrions-nous ne rien dire de la comète de 1843 qui est venue raser la surface du soleil, sa distance périhélie différant à peine du demi-diamètre solaire, et étant même précisément égale à ce rayon, d'après les observateurs de Genève? Cependant le mouvement de cette comète *scandaleuse* (1) était RÉTROGRADE; et, lors de son passage au périhélie, cette nébulosité d'un développement de 60 millions de lieues sur une largeur de 1,320 mille lieues, franchissait les régions solaires avec une vitesse de 104 lieues par seconde (2).

Reconnaissons que l'existence d'une atmosphère autour de la partie brillante du soleil, d'ailleurs en opposition directe avec les découvertes les plus récentes comme les plus positives de la science, reconnaissons, dis-je, que la supposition d'une atmosphère immense, qui, en se rétrécissant successivement autour du soleil déjà brillant et radieux, aurait donné naissance aux différentes planètes de notre système, et qui devrait ou pourrait engendrer encore des sphères semblables, est

(1) On sait que cette comète, au grand étonnement des amateurs, a eu le privilége d'être aperçue par le public avant d'avoir été signalée aux observatoires des astronomes.

(2) *Académ. des Sciences*. Séance du 3 avril 1843.

tout à fait inconciliable avec les phénomènes que nous présente la marche de certaines comètes.

Nous ne nierons pas que quelques comètes ne puissent être étrangères à notre monde planétaire. Mais, puisqu'un fort petit nombre d'entre elles a paru se mouvoir dans des hyperboles, et beaucoup plus dans des ellipses, il nous sera permis de considérer la plupart de ces masses vaporeuses comme appartenant à notre système.

Nous attribuerons leur formation à l'agglomération des molécules de l'atmosphère primitive, aux confins de la sphère d'activité de notre monde planétaire, avant que cette atmosphère eût participé au mouvement de rotation de la masse centrale. A cette distance, ces molécules atmosphériques, également sollicitées par des forces diverses et opposées, n'ont pu obéir à l'impulsion générale. Mais, après s'être maintenues, pendant un temps plus ou moins long, dans un état d'équilibre ou de fluctuation entre les divers systèmes qui les environnaient, elles ont été forcées de décrire des ellipses, des paraboles, et peut-être aussi des hyperboles, aussitôt que l'équilibre rompu dans quelque partie les eût assujetties à un pouvoir central prédominant. Alors, n'étant plus contre-balancées par les puissances voisines, elles ont pu se rapprocher du corps central de notre système par un mouvement fort lent et peu à peu accéléré, dirigé dans tous les sens et sous toutes les inclinaisons à l'écliptique.

Nécessairement les comètes n'ont pu pénétrer dans les régions que les planètes parcourent que longtemps après la formation de ces planètes. Cependant, dans notre hypothèse comme dans l'hypothèse de M. Laplace, leur formation a précédé la formation de toutes les planètes (1); et par conséquent la formation de ces astres *atmosphériques*, d'après notre théorie, est antérieure à la formation du soleil, et probablement antérieure à la formation de tous les soleils ou de toutes les étoiles (2).

Il en est de même sans doute des nébuleuses, de ces autres comètes à dimensions gigantesques disséminées dans les profondeurs de l'espace universel, et formées aux limites des systèmes généraux de la création, comme nos comètes se sont formées vers les confins de notre système, dans des régions voisines de la sphère d'activité des autres systèmes stellaires ou particuliers qui environnent notre monde planétaire. Nous entendons parler ici tout aussi bien des nébuleuses planétaires que de ces nébuleuses informes ou de ces amas plus ou moins diffus répandus dans l'immensité de l'espace.

Or, ces corps si anciens, ces astres ébauchés, sortis les premiers du chaos universel, sont encore, à des

(1) « Si quelques comètes, dit M. Laplace, ont pénétré dans les atmosphères du soleil et des planètes au temps de leur formation, elles ont dû, en décrivant des spirales, tomber sur ces corps. » (*Expos. du syst. du monde*, *p.* 415.)

M. Laplace ajoute que « ces comètes ont dû, par leur chute écarter les plans des orbes et des équateurs des planètes, du plan de l'équateur solaire. » Mais comment des masses vaporeuses dont la densité n'est pas même comparable à celle des nuages les plus déliés qui flottent dans les hautes régions de notre atmosphère, auraient-elles pu produire des effets aussi prodigieux ?

(2) Certains cosmogonistes ont fait valoir l'état encore informe de ces masses comparativement si petites pour soutenir que *les comètes doivent être beaucoup moins anciennes que les planètes*, et pour pouvoir émettre cette opinion singulière, que *la plupart d'entre elles n'ont pas* 12,000 *ans d'existence*. (M. Nérée Bourbée, *Tableau de l'état du globe à ses différents âges*.)

degrés différents, dans leur premier état de formation. Il faut donc qu'il y ait des différences essentielles parmi les molécules matérielles. L'état stationnaire de ces corps purement atmosphériques, et atmosphériques et lumineux, ne peut venir que d'une différence de nature ou de forme dans les éléments qui les constituent. Disons mieux, leur état provient de ce qu'ils ne sont composés que d'éléments semblables à tous égards dans leurs propriétés, ou que d'éléments semblables à ceux qui ont constitué les atmosphères des globes stellaires et planétaires.

On avait cru remarquer des changements notables dans la forme et dans la visibilité ou l'éclat de quelques-unes des nébuleuses; d'où on s'était empressé de conclure que ces changements marquaient les progrès de la condensation et d'une concentration active. On avoue aujourd'hui que le fait de ces changements est au moins fort douteux; et le nouveau scepticisme scientifique s'étend même jusque sur les prétendus changements observés dans les comètes.

Parce que le volume de nos comètes paraît plus considérable dans le voisinage du soleil, on attribuait cet accroissement de volume à la dilatation de toute leur masse volatilisée par l'action des rayons solaires. Les comètes en s'éloignant du foyer de la chaleur se refroidissaient, et diminuant progressivement de volume par suite de la condensation des gaz, elles devaient acquérir un noyau solide, et devenir ainsi des globes semblables à nos planètes. Telle était l'opinion généralement admise, lorsqu'on songea enfin à soumettre ces prétendus corps planétaires à des observations précises, et l'observation prouva que les comètes se dilatent d'une manière prodigieuse, et acquièrent des dimensions de plus en plus énormes à mesure qu'elles s'éloignent du soleil (1). Ce fait inexplicable (2) témoigne de toute son imposante autorité que les comètes sont des astres à part, restés dans leur premier état de formation (3), et que leur état stationnaire dérive de leur homogénéité ou de la parité de leurs molécules élémentaires. Or il est infiniment probable, et tout indique que cette con-

(1) « Il pouvait vraiment être permis de douter qu'une masse gazeuse se dilatât à mesure que, transportée plus loin du soleil ou dans des régions de plus en plus froides, elle aurait dû, d'après tout ce que nous savons des propriétés de la chaleur, se condenser considérablement. Grâce à la comète à courte période, nous pouvons aujourd'hui ranger l'observation d'Hévélius au nombre des vérités de la science les mieux établies. » (M. Arago. *Ann.* 1832.)

(2) « On n'a jusqu'ici donné aucune explication plausible d'un phénomène aussi remarquable, dont on ignore absolument la cause. » (M. Mutel, *Traité d'astron. p.* 360.)

M. Walz proposait d'attribuer le rétrécissement de la nébulosité des comètes à la pression d'un éther dont la densité irait en croissant vers le soleil. On a opposé à cette explication une *difficulté insurmontable.* (M. Arago. *Ann.* 1832.) On a répondu à M. Walz qu'il faudrait admettre que l'enveloppe extérieure des comètes n'est pas perméable à l'éther, *ce qu'on ne peut raisonnablement supposer.* (M. Mutel, *op. cit. p.* 361.)

(3) Quelques-uns de ces corps atmosphériques ont paru se coordonner à notre système. Mais sans cesse déviés dans leur course, ils sont entraînés dans des ellipses dont les éléments changent ou peuvent changer à chaque instant d'une manière prodigieuse ; témoin la comète de 1770 dont l'orbite elliptique, correspondant d'abord à une révolution de 50 années, fut réduite à une orbite de 5 ans et demi par l'attraction de Jupiter, puis changée de nouveau par cette même attraction en une ellipse qui répond à 20 années de révolution autour du soleil ; sans que son passage à travers les satellites de cette planète eût apporté le moindre changement dans leurs mouvements, autre preuve de l'extrême petitesse de la masse des comètes, ou de la volatilité de leurs éléments.

dition de nos comètes est aussi la condition des nébuleuses, comme elle est infailliblement la condition de ces zones atmosphériques qui réfléchissent dans nos espaces planétaires la lumière dite zodiacale.

Mais quel rôle jouent ces astres imparfaits dans l'économie de la nature? sont-ils de quelque utilité dans le mécanisme universel? Tenant de tous côtés à des systèmes séparés par des distances immenses, et semblables à des chaînons qui lient une sphère à une autre sphère, ces objets astronomiques n'ont-ils pour mission, que d'annoncer la grande unité de la création, et de nous offrir, dans ses degrés divers, le type de l'état primitif de notre ciel et de notre terre? Il est plus facile de poser de telles questions que d'y répondre. A cet égard nous ne pouvons attendre la manifestation de la pensée divine, que des progrès de la science humaine.

A mesure que nous pénétrons plus avant dans le sanctuaire de la nature, nous rencontrons plus de preuves de cette puissance infinie qui s'est jouée dans les ouvrages de la création (*Prov.* VIII, 23), de cette providence admirable qui a tout fait avec poids et mesure. (*Sap.* XI, 21.) Mais les causes premières de la gravitation et du mouvement imprimé à la matière, l'origine de la chaleur et de la lumière, et cette multitude de phénomènes désignés sous la dénomination mystérieuse de *lois de la nature* que nous n'avons pas même l'espoir de jamais faire entrer dans le domaine de nos investigations, nous avertissent assez de l'impuissance où nous sommes de pénétrer les secrets que la Toute puissance divine s'est réservés, *quis investigabit magnalia ejus?* (Eccl. XVIII, 3.)

De peur de nous égarer avec tant d'autres, nous

rentrons dans le champ de la révélation d'où nous n'aurions pas dû sortir, et nous revenons au récit de Moïse.

§. V.

COSMOGONIE : SYSTÈME UNIVERSEL.

Equateur universel. — Forme du ciel. — Nébuleuses résolubles. — Centre commun. — Nature des corps centraux. — Universalité absolue de l'attraction ou du firmament, d'où dérive toute l'organisation du système céleste. — Vue nouvelle sur la possibilité d'apparition et de disparition d'étoiles. — Mode de solidification des masses stellaires et planétaires. — La science reconnaît et proclame que les phénomènes décrits dans la Genèse sont ceux qui ont apparu dans la formation de chacune des masses qui peuplent les espaces célestes.

Dans ce récit, le ciel et la terre ont une même origine : Au commencement Dieu créa le ciel et la terre. En ce premier instant de la nature, la matière était vide et vaine, incomposée, divisée jusqu'à l'annihilation, et les ténèbres régnaient sur la face de l'abîme ; mais le principe répulsif se dégageait, l'esprit de Dieu se portait au-dessus de ces eaux invisibles, *et la lumière fut*. Alors prédomina l'influence du principe qui sert de lien, de support ou de *firmament* à tout l'univers matériel : son action se manifesta au milieu de ces mêmes eaux, et elle sépara les eaux d'avec les eaux pour constituer *le ciel ou tous les corps célestes*.

Nous venons de voir comment de la condensation effectuée au milieu de la masse encore fluide de notre monde planétaire, est résultée l'admirable disposition de toutes les parties qui le composent. Parce qu'il est tout à la fois et plus simple et plus digne de la Souveraine sagesse d'imaginer que tout est subordonné à une cause générale que d'en admettre plusieurs indépendantes l'une de l'autre, nous croyons que le grand Architecte de l'univers a fait dépendre d'une seule et même cause la formation et la distribution de tous les globes qui peuplent les espaces célestes. Nous le croyons surtout, parce que cette parité ou plutôt cette unité d'action est plus conforme à ce qui nous est révélé dans le livre des générations du ciel et de la terre; parce qu'alors nous voyons tous les faits émaner d'un fait unique, du fait de la condensation primitivement opérée au centre de la matière fluide de la création, au milieu des eaux de l'abîme universel, et un seul ressort animer la machine immense du monde qu'une seule parole de son Auteur a appelé à l'existence.

Mais tous les corps de notre système solaire sont disposés dans un même plan; les plans des orbes planétaires et de leurs équateurs sont fort peu inclinés au plan de l'équateur de la masse centrale du système. Pour que le système solaire fasse partie, avec des millions d'autres, d'un système de mécanisme plus éminent, par lequel ils seraient tous assujettis à une même loi et à un arrangement unique, il faut donc que la disposition de ces autres systèmes soit la même que celle de notre système solaire : il faut que ces millions d'autres soleils soient aussi à peu près dans le plan de l'équateur de la masse centrale de notre système planétaire, puisque dans cette supposition ce plan coïncide avec celui de la masse originelle. Un pareil état de choses est-il avoué par la science? Cette supposition concorde-t-elle avec les observations?

A cette question tous les astronomes répondent unanimement, que l'ordonnance du vaste système des étoiles est absolument semblable à l'ordonnance observée dans le système planétaire.

Si les étoiles étaient également disséminées dans le ciel, il n'y aurait rigoureusement que 13 étoiles de la première grandeur, 52 de la deuxième, et ainsi de suite en raison du carré de la distance. Il est remarquable que ce mode de calcul proposé par Képler, et basé sur les propriétés de la sphère, nous donne à peu près le nombre des étoiles des trois ou quatre premières grandeurs ; mais il est infiniment plus remarquable encore que le nombre des étoiles des classes suivantes s'accroisse dans une proportion toujours de plus en plus puissante, à mesure qu'on approche de la voie lactée où leur accumulation surpasse l'imagination.

Le fils du célèbre astronome anglais fait observer que ce phénomène s'accorde parfaitement avec cette opinion de sir W. Herschell, que « les étoiles, au lieu d'être indifféremment réparties dans l'espace, suivant toutes les directions, forment une couche dont l'épaisseur est petite, en comparaison de la longueur et de la largeur, couche dans l'intérieur de laquelle la terre (et par conséquent le soleil) se trouve située vers le milieu de l'épaisseur (1) ; » opinion reproduite en ces termes dans la théorie de M. Ampère : « Toutes les étoiles, en y comprenant la multitude innombrable de celles qu'on voit dans la voie lactée, ne forment qu'une nébuleuse parvenue à un point où toute la matière gazeuse s'est concentrée en noyaux solides :

(1) *Traité d'astronomie*, p. 442.

tous ces noyaux constituent un ensemble comparable pour la forme à une meule de moulin dont l'épaisseur, quoiqu'immense, serait encore très-petite relativement à son diamètre (1). »

Encore une citation : « Les étoiles de la voie lactée ne sont réellement pas plus rapprochées l'une de l'autre que celles des autres points du ciel ; mais, placées dans les dernières profondeurs de l'espace, et rangées sur une infinité de plans parallèles, les unes au-dessus des autres, elles nous paraissent plus amoncelées que dans les autres régions du ciel, où nous ne les voyons que de côté et comme sur un même plan. D'après cette explication, nous pouvons nous représenter tous les soleils du système universel, avec leurs planètes se mouvant autour d'eux, disposés, non en rond comme des globes, mais sur un même plan et par couches, les uns au-dessus des autres ; et entre ce système général et les armées d'étoiles de la voie lactée, notre soleil brillant comme une simple étoile : de cette manière, toutes les étoiles que nous verrons perpendiculairement sur notre tête, ou qui s'écarteront à une certaine distance du diamètre de ces couches, formeront la voie lactée, tandis que les autres, placées à côté, paraîtront disséminées sur toute la surface du ciel..... D'après cette supposition, *tous les systèmes solaires en général auraient avec la voie lactée le même rapport que les planètes ont avec le zodiaque* (2). »

Une pareille disposition dénote en effet, et déjà l'observation indique, ainsi que le réclame notre inter-

(1) *Théorie de la terre. Revue des Deux-Mondes.*

(2) *Considér. génér. sur la dispos. de l'univers*, par Bode. §. VII.

prétation, que ce vaste ensemble d'étoiles ou de soleils tourne autour d'un centre commun, comme les planètes avec leurs satellites tournent autour du soleil. « Jadis on appelait les étoiles *les fixes*. Elles ne méritent plus cette qualification. Toutes marchent, en effet, toutes ont un mouvement propre. Je n'entends point parler ici de ces mouvements de circulation d'une petite étoile autour d'une grande dont nous nous sommes si longtemps occupés ; mais d'un mouvement qui, depuis qu'on l'observe, *a toujours été dirigé dans le même sens* (1). » « On a reconnu que les constellations situées vers celle d'Hercule s'agrandissaient, qu'à l'opposite elles diminuaient, et que celles situées dans une direction intermédiaire, c'est-à-dire perpendiculairement, ne variaient pas. Ainsi, outre les mouvements qu'offrent les étoiles satellites autour des étoiles principales dans les étoiles doubles, toutes les étoiles ont un mouvement propre plus ou moins sensible que la suite des siècles développera (2). »

Il nous resterait maintenant à parler de ces nébuleuses *résolubles*, où l'astronome croit apercevoir des milliers de systèmes célestes, tous aussi vastes et aussi étendus que celui que nous contemplons sans pouvoir en sonder la profondeur (3). Mais ici les mesures nous manquent, et notre arithmétique est insuffisante pour énumérer les inconcevables distances qui nous séparent de ces autres cieux. Autant la distance du soleil aux étoiles

(1) M. Arago, *Ann.* 1834.

(2) M. Mutel, *Traité d'astronomie*, p. 408.

(3) « On s'est assuré qu'une nébuleuse dont le diamètre est d'environ 10 minutes, ne renferme pas moins de vingt mille étoiles. » (*Ann.* 1842, p. 423.)

et des étoiles entre elles est supérieure à la distance de la terre au soleil et de nos planètes l'une de l'autre, autant la distance réciproque de ces autres systèmes de mondes peut être supérieure à la distance où nous sommes de nos étoiles. La Sagesse incréée s'est complue dans la contemplation de ces incompréhensibles merveilles : elle n'a pas voulu laisser ignorer à l'homme, et elle a voulu lui dire elle-même, qu'elle était présente, *aderam*, quand l'Éternel préparait ces cieux, quand il assujettissait ces abîmes à la même loi et leur imprimait un mouvement giratoire, *quandò præparabat cœlos, aderam, quandò certâ lege et gyro vallabat abyssos.*

Et l'homme a osé élever ses pensées jusqu'à cette mystérieuse hiérarchie qui touche de si près à l'infini !

« La lune, dit-il, décrit un orbe presque circulaire » autour de la terre ; mais vue du soleil, elle paraît » décrire une suite d'épicycloïdes dont les centres sont » sur la circonférence de l'orbe terrestre. Pareillement, » la terre décrit une suite d'épicycloïdes dont les centres » sont sur la courbe que le soleil décrit autour du » centre de gravité du groupe d'étoiles dont il fait » partie. Enfin le soleil décrit lui-même une suite d'é- » picycloïdes dont les centres sont sur *la courbe décrite* » *par le centre de gravité de ce groupe autour de celui* » *de l'univers* (1). »

« Qui sait, dit-il encore, si, *dans ce centre général*, » ne brille point un soleil plus que matériel, et si ce » n'est point là qu'est le siége de la puissance divine ? » De ce point central, émaneraient toutes les lois qui » régissent l'immensité des mondes. C'est là que serait

(1) *Exposition du système du monde*, p. 397.

» placé le ressort puissant qui fait mouvoir toutes les » parties de ce prodigieux ensemble. C'est de là que » la main de l'Éternel, au commencement de toutes » choses, aurait formé tous les soleils avec leurs sphères, » lesquels, au premier signal, se sont lancés à travers » l'immensité de l'espace où, par un mouvement ré- » gulier, ils décrivent d'immenses orbes, et emploient » des milliers de millions d'années pour achever des » révolutions qu'ils recommencent sans cesse (1). »

Et cette induction qui avait déjà pour elle la première de toutes les autorités, cette induction aussi hardie que sublime peut désormais revendiquer en sa faveur le propre témoignage de la nature.

En effet, si « l'inspection attentive du système solaire » nous montre la nécessité d'une force centrale très- » puissante pour maintenir l'ensemble du système (2), » la nature des mouvements observés dans les étoiles » doubles nous révèle l'existence de cette force et son » universalité (3), » et « la forme sphérique (des né- » buleuses résolubles) indique clairement l'existence » d'un lien général, de la nature des forces attrac- » tives (4). »

Ainsi, et nécessairement, « chaque étoile fixe gravite vers un centre et se meut autour de lui ; et dans chaque système d'étoiles fixes réside un centre commun, et

(1) Bode, *op. cit.* §. XIII.

« La terre, comme tous les autres globes, ne tourne à proprement parler qu'autour de ce centre universel, qui seul est dans un repos vrai et absolu. » (Lambert, *op. cit.*)

(2) *Expos. du système du monde,* p. 392.

(3) M. Arago, *Ann.* 1834.

(4) M. Herschell fils, *Traité d'astron.* p. 472.

toutes les voies lactées prises ensemble ont encore leur centre commun de révolution (1), »

« Des mondes centre unique où finit la distance,
» Source de la nature, âme de l'existence (2). »

« Mais de quelle nature sont ces corps centraux? Quelles sont les qualités qui les rendent dignes du poste honorable que le Créateur leur a confié? Le corps central d'un système est-il opaque ou lumineux de sa propre nature? On ne voit pas à quoi cette lumière servirait. Il semble donc que les choses doivent être arrangées de façon que les corps opaques tournent autour des centres lumineux, et les corps lumineux autour des centres opaques (3). »

Ces grandes vues de Lambert, qui agrandissent si étonnamment le champ de la création, sont en bonne voie de confirmation. Car déjà le savant astronome de Kœnigsberg, M. Bessel, a pu déduire de ses propres observations et des observations faites par différents astronomes depuis l'année 1755, que les mouvements propres de Sirius et de Procyon sont d'une nature telle qu'ils doivent être produits par leurs révolutions autour de corps centraux, attractifs, mais non lumineux, situés à des distances peu considérables (4). Déduction de la plus haute importance et qui entraîne avec elle cette conséquence nécessaire, que tous les corps centraux des systèmes particuliers comme des systèmes généraux sont des corps opaques éclairés par la lumière de leurs

(1) Lambert, *op. cit.*
(2) *Lettres sur l'astronomie* : Ode sur la pesanteur universelle.
(3) Lambert, *op. cit.*
(4) *Académie des Sciences*. Séance du 9 septembre 1844.

étoiles. Et nécessairement il en est de même du point central de la création, du centre commun de tous les systèmes, « de ce centre universel autour duquel tout » tourne, » autour duquel tourne

« Cet univers si vaste à notre faible vue,
» Et qui n'est qu'un atome, un point dans l'étendue. »

« C'est de ce centre des centres, c'est de ce *centre de la création* que partent tous les mouvements; et là se trouve la grande roue dans laquelle s'engrènent toutes les autres. De là, en un mot, sont dictées les lois par lesquelles l'univers est gouverné et maintenu, ou plutôt toutes ces lois se réduisent à une loi très-simple (1). »

« Ainsi, concluait-on déjà en 1834, les étoiles sont régies par la même force qui, dans notre système solaire, préside à tous les mouvements des planètes et des satellites, ainsi, cette célèbre attraction newtonienne dont l'*universalité* n'était jusqu'ici établie que jusqu'aux limites de l'espace embrassé par la planète la plus éloignée du soleil, c'est-à-dire par Uranus, devient *universelle* dans toute l'acception grammaticale de ce terme (2). »

Ces conséquences qu'on déduisait alors de la nature des mouvements observés dans les étoiles doubles, viennent d'être complètement justifiées dans leur universalité absolue, par la mémorable inspiration de M. Leverrier et par la découverte de M. Bessel. L'une, en rapprochant l'empire du soleil de ces autres suppôts de la création qui, de leur côté, étendent leur domination jusqu'aux confins de cet empire, l'autre, en

(1) Lambert, *op. cit.*
(2) M. Arago, *Ann.* 1834.

unissant toutes les sphères célestes par de nouveaux liens, et l'une et l'autre, en promettant à la théorie de nouvelles et merveilleuses manifestations dont l'œil de l'homme ne sera jamais le témoin (1), assurent une extension indéfinie à « la vertu primitive et unique qui fait et forme tout de la matière. »

« Lorsque Képler avait le pressentiment du système du monde que Newton démontra ensuite à l'aide d'une géométrie supérieure, son principal raisonnement était celui-ci : « Puisque Dieu est une intelligence unique, » le caractère des lois qu'il a données au monde doit » être l'unité et l'universalité. » Cette idée chrétienne est aujourd'hui la base métaphysique de toutes nos sciences (2); » et la révélation nous apprend que de l'ordination d'une loi *unique*, *universelle*, que de l'ordination *d'une force centrale* est dérivée toute l'organisation du système céleste, ou que le firmament est le ciment de cette grande combinaison, le lien qui unit toutes les parties de ce grand tout.

Nous nous emparons encore de la belle découverte de M. Bessel, pour nous élever à des considérations d'un ordre entièrement nouveau sur ces quelques disparitions d'étoiles, qu'on admet assez généralement comme constatées d'après la comparaison de l'état actuel du ciel avec celui donné par les anciens catalogues souvent si défectueux, disparitions qui s'expliquent tout naturellement par l'interposition de ces astres centraux, inconnus à notre astronomie. Alors aussi s'expliqueraient ces ap-

(1) La théorie des inégalités séculaires et l'observation attentive des mouvements des étoiles, révèleront aux astronomes l'existence d'autres planètes et d'autres globes centraux à jamais invisibles.

(2) *Lettres sur la Suisse*, 1837

paritions d'étoiles nouvelles dont pourtant les annales scientifiques n'ont encore fait aucune mention, puisque la fameuse étoile de 1572 n'est elle-même qu'une de ces étoiles appelées en astronomie étoiles *temporaires*.

Ainsi tombent, pour ne jamais se relever, toutes ces suppositions monstrueuses de catastrophes gigantesques, d'incendies dans le ciel, de bouleversements et de destructions de mondes et de systèmes de mondes, suivis ou accompagnés d'enfantements stellaires, de naissances spontanées, conceptions fantastiques qui n'auraient jamais dû figurer que dans le livre des *Métamorphoses*.

Jusqu'ici nous n'avons envisagé l'œuvre du deuxième jour que sous un seul point de vue : nous ne nous sommes occupé que du mécanisme du ciel, que de l'organisation du système céleste. Nous avons vu qu'il est reconnu par la science et constaté par la révélation, que dans l'origine des choses un fluide élémentaire, une nébulosité d'une diffusion absolue, un abîme de matière vide et vaine, invisible, impalpable, remplissait l'immensité de l'espace ; et nous avons dit que ce fluide, cette nébulosité ou cet abîme unique, soumis à l'action d'une force centrale, fut divisé et subdivisé en une infinité d'agglomérations distinctes et séparées. C'est ainsi que nous avons expliqué, à l'aide de la théorie de M. Laplace, comment des zones de vapeurs se détachèrent de la masse primitive et déjà plus condensée de notre système solaire, et se transformèrent en masses sphéroïdiques de vapeurs, pour composer autant de planètes à l'état de vapeurs ; et comment ensuite des zones semblables se détachèrent de ces nouvelles masses centrales, pour reproduire le plus souvent les mêmes phénomènes, en donnant naissance à des planètes secondaires ou à des satellites pareillement à l'état fluide ou à l'état de vapeurs.

Dans la théorie scientifique, les masses ainsi séparées de la masse originelle sont encore à leur état primitif de fluidité : la matière dont elles se composent ne s'est pas encore concentrée en noyaux solides ; ce sont déjà des masses sphéroïdiques, mais des masses sphéroïdiques encore à l'état de vapeurs. Et dans l'exposition de la révélation, les eaux divisées par l'action d'une force centrale n'ont encore que la dénomination qui a servi à désigner la fluidité de la matière constitutive de tous les corps de l'univers, parce que cette matière est encore à l'état de matière fluide, *fiat firmamentum in medio aquarum, et dividat aquas ab aquis.* Ce n'est qu'après que la force centrale a prédominé dans toutes les parties distinctes de la matière ; ce n'est qu'après que ces masses divisées par un premier effet de cette condensation ont acquis le degré de compression qui convient à la solidité des corps ; en un mot, ce n'est qu'après la confection entière de cette grande opération de la nature, *et factum est ita,* que l'ouvrage du deuxième jour reçoit le nom générique de ciel du firmament, *vocavitque Deus firmamentum cœlum.*

Chez les savants du siècle comme chez l'historien de la création, c'est le même principe qui a présidé à l'organisation du ciel ou du système céleste, et à la formation des corps qui le composent. La gravitation universelle n'est pas seulement le principe de cette harmonie admirable établie entre tous les corps de l'univers ; elle est encore le principe qui attache, resserre et consolide la matière de tous ces corps. Mais comment s'est opérée la consolidation de ces masses fluides? ou, pour parler comme les savants, comment ces masses de vapeurs sont-elles devenues des masses solides? Comment la matière gazeuse s'est-elle concentrée en noyaux solides? Quel est en particulier le procédé suivi par la nature dans la consolidation de notre planète?

Les savants sont loin d'être d'accord sur ces questions capitales.

Dans les principes de M. Laplace, la condensation a produit dans les planètes en vapeurs, comme dans tous les autres globes célestes, une liquéfaction ignée, un noyau central brillant et lumineux; et dans cette première transformation, *la planète*, pour nous servir de ses expressions, *ressemblait parfaitement au soleil à l'état de nébuleuse* (1); ce qui veut dire que la planète était alors composée d'un *noyau brillant* que la condensation de son atmosphère *transformait en étoile.*

Ainsi, d'après M. Laplace, à l'état de vapeurs a succédé, pour tous les globes de l'univers, un état de liquéfaction incandescente, et la solidification des planètes en ignition a commencé par la surface; ce qui signifie encore que le globe que nous habitons est, aussi bien que toutes les autres planètes et leurs satellites, une étoile éteinte, un soleil encroûté, comme le voulaient Descartes, Leibnitz, Buffon, et comme le veulent encore aujourd'hui la plupart des géologues de l'école dite plutonienne, qui enseignent que le sol sur lequel nous marchons n'est que la croûte refroidie de ce soleil des anciens temps.

(1) *Expos. du syst. du monde*, p. 413.

Telle serait, selon ces géogénistes, la conséquence du fait de l'existence primitive de la terre à l'état de vapeurs ; et nous pouvons dire que cette hypothèse fut celle qui servit de base aux calculs de M. Laplace, lorsqu'il attribua l'accroissement de la température des lieux profonds du globe à une chaleur centrale.

Un célèbre géomètre qui a fait de l'étude de la chaleur et de ses phénomènes l'objet spécial de ses travaux, avait déjà opposé, aux partisans de la chaleur centrale, des difficultés absolument insurmontables ; difficultés que les plus zélés fauteurs de cette opinion *déclarée inadmissible*, ont laissées jusqu'ici sans réponse. En présentant, en 1837, à l'Académie des Sciences le résumé des principaux résultats de son grand travail, le physicien-géomètre a encore émis des idées bien différentes sur la formation et la constitution du globe terrestre. On voit que nous voulons parler de M. Poisson, que la mort vient d'enlever « à la reconnaissance des géomètres et des astronomes. »

L'illustre auteur de la théorie mathématique de la chaleur, raisonnant dans l'hypothèse de M. Laplace sur l'origine des corps planétaires, considère la terre et toutes les autres planètes dans leur première formation à l'état de vapeurs. Mais, au lieu de faire naître, au centre de chacune de ces masses fluides, un noyau incandescent que la condensation transforme d'abord en soleil ou en étoile, il s'appuie des expériences toutes récentes sur la solidification des gaz, pour établir que la déperdition de toute la chaleur d'origine précédait ou accompagnait la solidification des masses ; que les quantités de chaleur dégagées étaient *transportées à la surface,* et que *la solidification commençait par les couches centrales* (1).

Dans la théorie de M. Poisson, comme dans la théorie de M. Laplace, la terre était donc primitivement une masse aériforme, d'un très-grand volume par rapport à celui qu'elle a maintenant, et formée des différentes matières solides et liquides dont elles se compose aujourd'hui, et qui se trouvaient alors à l'état de vapeurs. Mais, dans la nouvelle théorie, on expose que cet état primitif de la terre était celui d'un fluide aériforme dont la densité ne peut dépasser un *maximum* relatif à son degré de chaleur, et qui se liquéfie ou se solidifie, dès que l'on augmente la pression qu'il éprouve, sans changer sa température. On expose que les molécules de la terre, indépendamment des attractions et répulsions qui n'ont lieu qu'entre les molécules voisines, et qui produisent la force élastique des fluides aériformes, égale et contraire à la pression qu'ils supportent, étaient aussi soumises à leur attraction mutuelle, en raison inverse du carré des distances ; et que de cette force il est résulté, sur toutes les couches de la masse fluide, une pression croissante de la surface au centre. « C'est » cette pression croissante, dit M. Poisson, et non pas » une température extérieure beaucoup moindre que » celle du fluide, qui a réduit successivement toutes » ses couches à l'état solide, en commençant par les » couches centrales, et continuant de proche en proche, » jusqu'à ce qu'il ne soit plus resté que les matières qui

(1) *Théorie math. de la chaleur*, p. 427 et suivantes. *Mém. sur la tempér. du globe*, etc.

» forment aujourd'hui la mer et notre atmosphère (1). »

Chez M. Laplace, de la condensation de la matière élémentaire il résulte un astre lumineux, une véritable étoile, et si, aujourd'hui, la terre n'est plus qu'un soleil encroûté, la suite des siècles verra pareille métamorphose s'opérer à la surface du soleil, de cette dernière étoile de notre monde planétaire. Chez M. Poisson, cette même condensation détermine la solidification de la masse centrale, et la terre passe immédiatement de l'état de vapeurs à l'état de globe terraqué. Mais alors, le soleil est lui-même un globe solide et opaque. Nécessairement les changements survenus dans les masses planétaires à l'état de vapeurs se sont reproduits avec les mêmes circonstances dans la masse solaire, et dans toutes les autres masses stellaires aussi primitivement à l'état de vapeurs (2). Si la terre est un globe solidifié, si une pression croissante de la surface au centre a réduit successivement toutes ses couches à l'état solide, en commençant par les couches centrales, le globe solaire et tous les autres globes stellaires ne doivent être et ne peuvent être que des globes solides et opaques, que des globes solidifiés comme le globe terrestre et comme tous les globes planétaires.

Ce point de vue embrasse le champ tout entier de la création. Lorsque nous nous occuperons spécialement de la théorie de notre globe et des autres globes de l'univers, nous examinerons en quoi et comment les résultats offerts concordent avec ceux obtenus par les

(1) *Mém. sur la tempér. du globe*, etc., p. 12.
Voyez aussi la *Théor. mathém. de la chaleur*, chap. 12.

(2) *Natura enim simplex est, semper sibi consona.*

expériences et les observations directes de nos physiciens et de nos astronomes. En attendant, nous devons faire observer et nous déclarons tout d'abord, que nous n'avons nullement besoin d'adopter la totalité des principes et des conséquences présentés par M. Poisson. Que toute matière gazeuse, soumise à une condensation quelconque, dégage une grande quantité de calorique, et que, comme dans le briquet pneumatique, ce calorique puisse devenir lumineux, c'est ce que nous avons besoin d'admettre, et c'est ce que nous admettons sans restriction aucune. Mais que la terre, comme les autres globes de l'univers, ait perdu toute sa chaleur d'origine, ou bien qu'elle conserve encore une quantité plus ou moins grande de cette chaleur développée par la solidification de tout ou seulement de partie de sa masse, c'est ce que, absolument parlant, il nous importe peu de savoir ; et c'est ce que d'ailleurs nous n'avons pas à examiner présentement. La formation des corps célestes a-t-elle été le résultat d'une gravitation qui prédominait au centre de chacune de ces masses originairement fluides, à mesure que le principe primitif, si bien nommé esprit de Dieu, se portait à la surface? Voilà la question qui nous intéresse essentiellement, et la seule que nous ayons à proposer ici.

Or la science, qui a déjà constaté le fait merveilleux de la production de la lumière avant toutes choses, et le fait non moins inattendu de la séparation des masses stellaires et planétaires à l'état de vapeurs, en conséquence de la mise en action d'une force centrale dans la masse originelle, la science enseigne encore, les partisans de la chaleur centrale aussi bien que tous leurs adversaires, que cette même force agissait *au milieu* des eaux élémentaires de chacune de ces agglomérations, ou que la formation des corps célestes a été le produit d'une gravitation qui prédominait au centre de ces masses fluides, à mesure que le calorique, ou le principe de la lumière, se répandait à la surface. C'est-à-dire que la science reconnaît et proclame que les phénomènes décrits dans la Genèse, sont ceux qui ont apparu dans l'organisation du monde physique, et dans la formation de chacune des masses qui peuplent les espaces célestes.

Nous disons donc que la nécessité d'une force centrale pour la formation et la conservation de chacun des globes du monde physique, est tout aussi bien démontrée que celle que réclament et chacun de ces systèmes de corps et l'ensemble de tous ces systèmes. Les travaux des Huygens, des Newton, des Clairaut, et de tous les géomètres qui les ont suivis, ne laissent aucun doute sur le résultat de cette force, ou sur l'accroissement de densité des couches de ces sphéroïdes de la circonférence au centre. Et, chose bien remarquable, M. Laplace lui-même reconnaît que « la précession des équinoxes et la nutation de l'axe terrestre indiquent une diminution dans la densité des couches du sphéroïde depuis le centre jusqu'à la surface, » et que « les principes de l'hydrostatique exigent que si la terre a été primitivement fluide, les parties les plus voisines du centre soient en même temps les plus denses. »

Il dit encore : « En vertu de la pesanteur, les couches
» terrestres les plus denses se sont rapprochées du
» centre de la terre, dont la moyenne densité surpasse
» ainsi celle des eaux qui la recouvrent ; ce qui suffit

» pour assurer la stabilité de l'équilibre des mers, et » pour mettre *un frein à la fureur des flots* (1); » mais ce qui doit suffire aussi pour mettre au néant l'hypothèse qui fait de la terre un soleil encroûté, encore à l'état de fluidité incandescente dans la presque totalité de sa masse. Car cette densité moyenne de la terre *surpasse* plus de cinq fois *celle des eaux qui la recouvrent*; et cette même densité, déjà si supérieure à la puissance matérielle des masses les plus solides de sa surface, est à peine le quart de la densité de ses couches centrales. C'est ce qu'on aurait pu rappeler ici, au lieu de s'attaquer gratuitement à l'expression toute biblique et pleine de justesse du premier de nos poëtes.

(1) *Exposition du syst. du monde*, p. 392.

SECTION TROISIÈME.

PREMIÈRE SOLUTION COSMOGONIQUE.

Conditions requises pour l'initiation à la science des générations du ciel et de la terre. — Première partie du problème cosmogonique résolue.

Il est bien à regretter que les analogies qui existent entre les acquis de la science et les données de la révélation n'aient pas été aperçues par des hommes tels que M. Laplace et M. Poisson. Convaincus alors que tout ce qui, dans les conceptions scientifiques, s'éloigne ou s'écarte de la Genèse, s'éloigne et s'écarte en même temps de la nature, l'un aurait réformé ses idées sur la nature du soleil et de sa lumière; et l'autre, pour expliquer l'élévation de température des lieux profonds du globe terrestre, ne nous aurait pas donné son hypothèse sur une variation alternative et périodique de cette température (1). Mais, comme la plupart des savants de nos jours qui ont essayé d'établir la théorie de la formation de notre globe, M. Laplace et M. Poisson n'ont peut-être jamais eu l'idée de consulter le *Livre des générations du ciel et de la terre.* C'est ce qui est cause que nous serons quelquefois obligé de leur

(1) Ce n'est que dans le chapitre suivant que nous pourrons examiner cette seconde partie de la théorie de M. Poisson.

dire, ainsi qu'à beaucoup d'autres : ici vous êtes tombés dans l'erreur, parce que vous n'avez pas voulu entendre la parole de Dieu, *erratis nescientes Scripturas.*

Moïse expose sa Cosmogonie en peu de mots et dans des termes très-généraux, parce qu'il n'a pas eu pour mission de faire de nous des savants ou des philosophes ; mais toutes les choses qu'il énumère ne sauraient être dans leur généralité que d'un accord parfait avec les vérités de la nature. Moïse se borne à poser les faits : il ne nous dit jamais *le comment des choses.* Ce comment des choses est abandonné à la dispute des hommes : *Mundum tradidit disputationi eorum.* (Eccl. III, 11.) C'est aux savants du siècle qu'est laissée et qu'est réservée sans doute la gloire de découvrir les causes physiques des faits révélés. L'historien inspiré ne nous dit pas comment de l'ordination d'une force centrale est dérivée toute l'harmonie des sphères célestes. Il ne nous dit pas non plus le comment de la condensation centrale dans chacune de ces sphères. Il se contente de nous représenter l'organisation du ciel comme le produit de cette autre force universelle émanée de la Toute-puissance divine : *Fiat firmamentum in medio aquarum, et factum est ita firmamentum cœlum.*

Les savants sont venus dans leur temps exposer leurs théories. Mais, pour connaître la vérité, au milieu de ce conflit d'opinions contradictoires et de systèmes divergents, il faut comparer ces théories scientifiques avec les faits révélés.

Dans le tableau cosmogonique de la Genèse, un abîme ténébreux de matière impalpable et divisée jusqu'à l'annihilation tenait, au commencement, la place du ciel et de la terre. Mais l'esprit de Dieu, le principe de cette diffusion absolue, se portait au-dessus de ces eaux invisibles, pour établir le siége de la lumière au-dessus de toutes les choses matérielles. C'est alors que le principe de la solidité des corps et de l'harmonie établie entre tous, se manifeste au milieu des eaux élémentaires; et que les agglomérations de la matière, soumises collectivement et séparément à l'influence de cet autre principe universel qui prédominait au centre de chacune de ces agglomérations, tandis que le principe lumineux se portait à la surface, travaillent de concert, sous l'action continue de ces deux grandes forces de la nature, à la procréation de toutes les merveilles des cieux.

Tel est l'ordre premier des décrets éternels; et cette première série de faits révélés, qui doit nous servir de point de départ dans la recherche de la vérité, n'attend plus que la sanction promise par les nouvelles manifestations de la science sur la nature et le mode d'action de la lumière, sur la structure des nébuleuses et sur la constitution physique du soleil.

En présence de ces faits doublement révélés, il ne nous est donc ni permis ni possible de nous arrêter à un système qui nous oblige à placer le foyer de la lumière au centre du soleil, et qui fait luire le soleil au centre de la nébulosité de notre monde planétaire avant la formation de la terre et des autres planètes. Le grand nom de M. Laplace ne fera pas non plus que nous croyions que la terre aussi, dans ses commencements, était un astre brillant, un véritable soleil; parce qu'au-dessus de l'autorité de l'homme nous reconnaissons l'autorité de Dieu, et que cette autorité infaillible nous a encore révélé que l'organisation *actuelle* de la terre est antérieure à l'organisation du soleil ; que la terre était constituée, faite ARIDE, et sa surface appropriée aux besoins d'une végétation naissante, dès le troisième jour de la création, et que le soleil n'a été fait son luminaire, dans le firmament du ciel, qu'à la quatrième époque de cette création.

C'est cet autre ordre des décrets de la Sagesse créatrice que nous allons examiner dans les deux chapitres suivants.

CHAPITRE TROISIÈME.

Troisième jour de la Genèse.

SECTION PREMIÈRE.

EXPOSITION ET CORRESPONDANCE.

Agglomération unique sous le ciel. — Mer primitive, dernier produit de la condensation de la matière originelle. — Surgissement de la surface solidifiée du globe terrestre au-dessus de l'enveloppe liquide. — Double opération décrite par Moïse. — Théorèmes scientifiques correspondants. — Considérations à présenter sur l'ordre des créations organiques.

Après avoir inscrit dans son tableau cosmogonique le texte entier des lois primitivement imposées à la matière du ciel et de la terre, Moïse met en regard les résultats de l'action de ces deux grandes forces de la nature dans la contemplation des merveilles que présente l'ordonnance de la création. Dans cette seconde partie du plan genésiaque, la terre paraît la première, à la troisième époque, avant la manifestation des globes célestes. Le troisième jour, les eaux détachées de l'abîme originel pour être en firmament au-dessous, constituent une masse unique, une conglomération unique ; et c'est du sein de cette conglomération unique sous le ciel, que surgit le globe déjà consolidé de la terre.

Les deux premiers jours, la lumière venait remplacer les ténèbres sur la face de l'abîme de la création, tandis que le firmament agissait au centre de ce même abîme qu'il divisait en abîmes distincts et séparés. Mais voici qu'il nous est révélé que, sous le ciel, il n'y eut qu'un seul abîme ; que les eaux en firmament au-dessous constituèrent une seule et unique conglomération, une congrégation unique, UNE SYNAGOGUE UNIQUE ; et que le globe terrestre, appelé ici l'ARIDE, fut le produit du firmament fait au milieu de cet abîme unique sous le ciel :

« *Dixit verò Deus : Congregentur aquæ, quæ sub* » *cælo sunt, in locum unum (in congregationem unam,* » *in synagogam unam)* (1); *et appareat arida. Et fac-* » *tum est ita.* (Gen. I, 9.)

» Alors Dieu dit : que les eaux sous le ciel n'oc- » cupent qu'un seul lieu, que les eaux ne forment » SOUS LE CIEL (2) qu'une seule congrégation, qu'une » synagogue unique ; et que l'aride apparaisse. Et il » fut fait ainsi. »

Dieu ne dit pas, que l'aride, que le solide soit fait,

(1) Version des Septante : (ἰες συναγωγὴν μίαν).

(2) Le sens que présente l'Hébreu n'est pas restreint et limité comme celui offert par la Vulgate. Dans l'original il n'y a point de proposition incidente ; l'expression *sub cœlo* n'est point accompagnée des mots *quæ sunt*.

mais seulement que l'aride paraisse ; parce que le commandement qui a pour objet la formation de l'aride ou de la masse solide date du deuxième jour, ou, ce qui est la même chose, parce que la formation d'un noyau central dans les eaux séparées des eaux constitutives du ciel est aussi le produit essentiel de l'opération du deuxième jour, le résultat direct du firmament fait au milieu des eaux ; parce que, si les cieux et toute l'armée des cieux, comme parlent les Livres Saints, ont été affermis et consolidés au milieu des eaux par la parole du Seigneur, la terre aussi a été affermie et consolidée au milieu des eaux par cette même parole du Seigneur, *et terra de aquâ et per aquam consistens Dei verbo.*

Dès le deuxième jour, la matière qui constitue la terre fut distincte de la matière qui constitue le ciel, ou, comme le porte le texte sacré, les eaux en firmament au-dessous, *subter in firmamentum*, furent séparées des eaux en firmament au-dessus, *ab his quæ desuper in firmamentum.*

Dans le récit de l'œuvre du troisième jour, il n'est plus question que des eaux en firmament au-dessous ; et c'est du milieu de ces eaux séparées des eaux en firmament au-dessus, c'est du milieu de ces eaux sous le ciel que le noyau solide, le ferme, apparaît. Mais remarquons qu'il est spécifié que ces éléments séparés des éléments du ciel furent confinés dans un seul lieu, pour ne composer qu'une seule et unique agglomération, une synagogue unique, *in locum unum, in synagogam unam.* Moïse, dont la mission spéciale était de nous révéler les origines du globe que nous habitons, ne nous parle que de l'agglomération de ces éléments souscélestes. Mais, en notant que les éléments qui ne sont pas les éléments du ciel furent conglobés en synagogue unique, pour n'occuper qu'un seul lieu sous le ciel, pour ne constituer qu'un seul système sous-céleste, il nous donne à entendre qu'il n'en a pas été ainsi pour les éléments constitutifs du ciel, pour les éléments qui composent le firmament du dessus, *altitudinis firmamentum,* le firmament qu'il appellera bientôt le firmament du ciel, *firmamentum cœli.* Cette épithète ou cette dénomination de conglomération unique appliquée au firmament du dessous, aux eaux constituées EN FIRMAMENT SOUS LE CIEL, par opposition au firmament du dessus, aux eaux constituées EN FIRMAMENT D'EN HAUT, EN FIRMAMENT DU CIEL, cette qualification distinctive n'a plus aucun sens, du moins dans sa signification relative, si elle ne sert à marquer une différence essentielle dans le mode d'agglomération ; si elle n'indique qu'à l'opposite des choses terrestres ou des éléments sous le ciel (1), les choses célestes ou les éléments du firmament du ciel ont constitué une infinité d'agglomérations distinctes dans l'immensité de l'espace.

En un mot, Moïse ne nous dit rien de l'agglomération de ces éléments des cieux. Il lui suffit de spécifier que sous le ciel, sous tous les cieux, *subter omnes cœlos,* il n'y eut qu'un seul abîme conglobé en une masse terraquée ; que les eaux séparées le deuxième jour en firmament au-dessous constituèrent un seul système, une synagogue unique ; parce qu'alors nous comprenons que les abîmes préparés pour les cieux, ont composé

(1) Dans le siècle de Voltaire on n'aurait pas oublié de nous demander si la terre est sous le ciel. Aujourd'hui le bon sens public ferait justice d'une pareille objection.

autant de systèmes distincts qu'il y a de globes célestes disséminés dans tout le reste de l'espace : *Ex aquis enim his facti sunt cœli : tam enim cœli quàm sublunaria facta sunt ex eâdem aquarum abysso*. De même, dans son récit, Dieu ne dit pas, que l'aride, que le solide soit fait, mais seulement que l'aride paraisse ; parce que la formation d'un noyau central, dans chacune des conglomérations sorties le deuxième jour de l'abîme de la création, est le produit essentiel du firmament fait au milieu des eaux ; parce que le commandement qui a pour objet la formation de l'aride ou de la masse solide, dans chacun des globes de l'univers à l'état de vapeurs, date de ce deuxième jour, de cette deuxième époque de la nature : *Posui verba mea in ore tuo ut plantes cœlos et fundes terram : Ego vocabo eos, et stabunt simul.*

Alors la terre fondée sur cette même parole « par laquelle Dieu porte le monde, » *fiat firmamentum in medio aquarum*, la terre faite consistante, *consistens*, faite et formée de la propre substance des eaux de la création par la parole de Dieu, *terra de aquâ et per aquam consistens Dei verbo*, la terre, sans autre appui que l'efficace de cette parole, demeura suspendue sous le ciel, SUB COELO, ou sur le vide, sur le néant, SUPER NIHILUM : *Et appendit terram super nihilum*. (Job, XXVI, 7.)

L'ordre a été donné au firmament d'agir au milieu des eaux de l'abîme de la création ; et l'effet opérant de ce commandement du souverain Ordonnateur des mondes est devenu, pour chacune des conglomérations sorties de l'abîme originel, la pierre angulaire sur laquelle s'appuient ses fondements solidifiés, *lapidem angularem super quo bases illius solidatæ sunt.*

Dans ce temps de la préparation des cieux, *quandò*

præparabat cœlos, dans ce même jour de son éternité, le Seigneur a préparé la terre, *præparavit terram in æterno tempore*. Et ces cieux et cette terre, il les préparait en assujettissant les abîmes à une loi indélébile et à un mouvement giratoire, *certâ lege et gyro vallabat abyssos*. Car il a fait firmament le globe de la terre, en même temps qu'il préparait sa demeure, *sedes* (1), le jour même, à l'instant même, *extunc*, de cette préparation des cieux, LUI qui est de toute éternité : *Etenim firmavit orbem terræ, parata sedes tua extunc : à seculo tu es*. (Ps. XCII, 1, 2.)

Alors aussi le firmament de l'orbe sous-céleste eut son nom patronymique : « *Et vocavit Deus aridam* » *terram* » (Gen. I, 10); et l'ARIDE ou la consolidation faite au milieu de cette conglomération unique sous le ciel fut distinguée du firmament des orbes célestes, du firmament fait au milieu de chacune des conglomérations préparées pour les cieux. C'est ce firmament des orbes célestes, c'est ce firmament du dessus, *altitudinis firmamentum*, que Moïse appellera le quatrième jour le firmament du ciel, *firmamentum cœli*. Mais, dès le troisième jour, le firmament du dessous ou le dessous du ciel est conglobé en une masse terraquée, en une masse aqueuse intérieurement solidifiée, déjà solidifiée dans son centre, dans son milieu ; et, dès le troisième jour, ce milieu fait firmament se soulève : il apparaît à découvert, *et appareat arida* ; et ce milieu solide est appelé la terre : *Et vocavit Deus aridam terram*.

Mais voici qu'en même temps il nous est révélé que

(1) Cœlum mihi *sedes* est, terra autem scabellum pedum meorum. (*Act.* VII, 49).

les éléments qui englobent l'aride ou le noyau solidifié de la terre sont les éléments qui composent aujourd'hui toutes les mers du globe, au milieu desquels s'était effectuée cette solidification du globe terrestre. Voici qu'il nous est révélé que ces eaux extérieures du troisième jour sont les eaux de toutes les mers et de tous les fleuves, qui passent, à leur tour, de l'état de vapeurs à l'état d'agrégation, de condensation, en se déposant à la surface du globe terrestre solidifié le deuxième jour, à la surface du globe terrestre FAIT FIRMAMENT AU MILIEU DES EAUX :

« *Et vocavit Deus aridam terram, congregationesque* » *aquarum appellavit maria* : Et Dieu donna à l'élé» ment aride le nom de terre ; puis il donna le nom » de mer aux amas des eaux, aux congrégations des » eaux. » Ainsi se termine la relation historique de la première partie de l'œuvre du troisième jour, avec la formule sacramentelle ordinaire : « Et Dieu vit que cela était » bon : *Et vidit Deus quòd esset bonum.* » (Gen. I, 10.)

Le *fiat* de la Toute-puissance divine n'est pas intervenu dans ce récit, parce que les opérations dont il s'agit ne sont que les résultats ou comme les accessoires de la grande opération du deuxième jour. La terre, comme tous les autres globes de l'univers, soumise ce deuxième jour à l'action du firmament, voit les effets de cette force universelle se manifester enfin à sa surface. C'est ce que Moïse, qui n'avait rien spécifié, nominativement rien distingué dans cette opération du deuxième jour, devait constater et s'empresse de constater ici, avant de proclamer l'investiture d'un autre ordre de choses, supérieur à l'ordre physique. Car, dans la Cosmogonie sacrée, ce n'est pas seulement la constitution de la terre qui précède la constitution du soleil. Dans cette Cosmogonie, la création des premiers végétaux à la surface du globe terrestre est encore antérieure à l'organisation de l'astre régulateur du jour et de la nuit, de la lumière et des ténèbres :

« Et Dieu dit : Que la terre produise de l'herbe et » des arbres qui portent leur semence pour se repro- » duire sur la terre. » Tel est, d'après la Genèse le commandement que Dieu fit à la terre dès le troisième jour ; et tel est, d'après la Genèse encore, le commandement que la terre exécuta dès le troisième jour de la création, c'est-à-dire avant l'organisation du GRAND LUMINAIRE (1).

L'appréciation de cette antériorité d'action trouvera sa place dans l'examen de l'œuvre du quatrième jour. Ici nous ne devons nous occuper que de ce qui est relatif à la constitution physique du globe terrestre. Or, sur ce premier point, seul accessible aux investigations de la science, sur le double phénomène de la condensation des eaux à la surface de la terre et du surgissement de cette surface au-dessus de son enveloppe liquide, il n'y a plus et il ne peut plus y avoir qu'une voix parmi les savants. Toutes les théories modernes amènent à cette conclusion, qu'à cette époque les eaux de toutes les mers et de tous les fleuves étaient

(1) « *Et ait : Germinet terra herbam virentem et facientem semen,* » *et lignum pomiferum faciens fructum, juxta genus suum, cujus* » *semen in semetipso sit super terram. Et factum est ita.*

» *Et protulit terra herbam virentem, et facientem semen juxta* » *genus suum, lignumque faciens fructum, et habens unumquodque* » *sementem secundùm speciem suam. Et vidit Deus quòd esset bonum.*

» *Et factum est vespere et mane dies tertius.* »

(Genes. I, 11, 12, 13.)

tenues en dissolution dans l'atmosphère, qui devait occuper une grande étendue autour de la terre ; que les eaux sont le dernier produit de la condensation de la matière originelle ; que ce ne fut qu'à la dernière époque, ou après l'entière solidification de la surface du globe terrestre, que les eaux, jusque-là retenues à l'état de vapeurs, purent enfin se condenser et se déposer à cette surface.

Mais les interprètes ou traducteurs de la Genèse sont arrivés à cette même conclusion longtemps avant les physiciens et les géologues. Saint Augustin infère de l'exposé historique, qu'au commencement de cette troisième époque, les eaux étaient fort raréfiées et semblables aux vapeurs répandues dans l'atmosphère, *rarior aqua velut nebula terras tegebat* ; mais que ces eaux s'étant condensées en s'agglomérant, *congregatione spissata*, se déposèrent à la surface de la terre qu'elles recouvrirent entièrement, *terram longè latèque subsidens*. Aussi le savant interprète entend-il l'expression *congregentur*, de la formation des eaux, de l'opération qui a fait prendre à ces derniers éléments de notre globe la forme sous laquelle l'eau existe maintenant : *Hæc congregatio appellanda est ipsa formatio, ut talis esset aquæ facies qualem nunc esse cernimus* (1).

Que les eaux se condensent, que les eaux prennent un état composé, un état de consistance : Aquila et Symmaque, tous deux si célèbres par leur traduction de la Bible faite mot pour mot sur l'Hébreu, traduisent dans ce sens l'expression originale que la Vulgate a rendue

(1) St-August. *De Genes. ad litter.* lib. imp. c. 10 ; lib. 1, c. 12. *Contra Manich.*, lib. 1. c. 12.

par celle-ci : *Congregentur*. A ce sujet nous pourrions faire observer que M. Hersan, et après lui M. Rollin, en traduisant un autre passage des Livres Saints où la même expression est reproduite, ont remarqué qu'au lieu de *congregatæ* le texte original porte *coagulatæ*, la phrase hébraïque offrant ainsi l'idée du passage d'un mode d'existence matériel antérieur à un mode nouveau (1). Mais nous ne voulons faire intervenir ici que le texte nu dans toute la simplicité de son exposition économique.

Les eaux du troisième jour s'agglomèrent dans un seul lieu, pour ne constituer qu'une seule conglomération ; et c'est du sein de cette conglomération unique sous le ciel que surgit ensuite le globe déjà consolidé de la terre : *Et appareat arida, et vocavit Deus aridam terram*. Puis, voici que l'historien de la création ajoute qu'à l'apparition de la terre, les eaux furent distribuées dans les divers bassins des mers ; ce qu'il exprime en disant que Dieu donna aux amas des eaux, aux congrégations des eaux, le nom de mers, *congregationesque aquarum appellavit maria*.

Considérons tout d'abord, en n'envisageant plus le récit historique que sous son point de vue spécial, par rapport à la terre et à sa constitution physique, considérons que ce précis synoptique fait état de deux opérations distinctes et successives ; de la condensation ou de l'aggrégation des eaux élémentaires à la surface du globe terrestre fait firmament au milieu de ces mêmes eaux ; et de l'évulsion de ce firmament inférieur appelé ici élément aride, ou de l'émersion de l'élément central

(1) M. Rollin, *De l'éloquence de l'Ecriture sainte*, §. 9.

consolidé dès le deuxième jour. Que les eaux du firmament sous le ciel s'agglomèrent dans un seul lieu, qu'elles ne constituent qu'une seule conglomération, *in locum unum, in congregationem unam*; c'est la première opération. Et que l'élément aride paraisse, *et appareat arida*; c'est la seconde opération. La première opération, ou la condensation des eaux élémentaires à la surface de la masse solidifiée du noyau central, détermine leur nouvelle modalité ou leur liquéfaction. Et la seconde opération, ou l'évulsion de la masse solidifiée au-dessus de la masse liquéfiée, détermine la division de cette CONGRÉGATION UNIQUE des eaux en CONGRÉGATIONS MULTIPLES; dernière opération qui constitue l'état physique du globe terrestre, d'où résultent les dénominations distinctives de mers et de continents : *Et vocavit Deus aridam terram, congregationesque aquarum appellavit maria.*

Un auteur connu dans le monde savant et religieux par des ouvrages qui ont acquis de la célébrité, disait en 1842 : « Il me paraît difficile de ne pas conclure de la partie du récit de la Genèse qui commence le troisième jour de la création, qu'il y avait mélange des eaux et des parties de la terre, de telle sorte que cela formait un tout qui ne devait pas offrir de solidité; car, suivant le texte, Dieu ordonna à toutes les eaux de se rassembler en un seul lieu, et par conséquent en une seule masse distincte, et à la terre de paraître; métamorphose qui me semble devoir s'interpréter naturellement par la division d'une masse limoneuse en deux parties distinctes, dont l'une purement liquide, et l'autre dès ce moment solide (1). »

(1) Soirées de Montlhéry, p. 52, 53. 2e éd.

On voit qu'il n'a manqué à M. Desdouits, pour atteindre d'une manière rationnelle, et par conséquent pour atteindre à l'intelligence véritable du texte sacré, que de considérer avec les anciens interprètes qu'il s'agit seulement, dans la première opération du troisième jour, de la formation des eaux, *ipsa formatio*, de l'opération qui a fait prendre à ces derniers éléments du globe terrestre, solidifié dès le deuxième jour, la forme sous laquelle l'eau existe maintenant, *ut talis esset aquæ facies qualem nunc esse cernimus*; et que pareillement il n'est question dans l'opération qui suit immédiatement, que de l'évulsion de la masse solidifiée au-dessus de ces eaux déposées enfin à sa surface; opération sur laquelle le Sage de l'Écriture appelle l'attention des sages de la terre, lorsqu'il leur demande : « Connais-» sez-vous Celui qui a soulevé les continents (toutes les » bornes de la terre)? Savez-vous quel est son nom » et quel est le nom de son fils (1)? »

Il est très-remarquable que Moïse emploie les mêmes expressions, soit qu'il décrive les opérations des principes générateurs que la Sagesse créatrice fait servir à l'exécution de ses desseins, soit qu'il nous représente l'organisation du monde physique comme le résultat de l'action de ces deux grandes forces de la nature. Si la lumière est le produit de l'opération d'un principe universel qui agit au-dessus des choses matérielles, à la surface des eaux, *super faciem aquarum*, la consistance du ciel, ou la base fondamentale de tous les mondes et de tous les systèmes de mondes, est le produit

(1) Quis suscitavit omnes terminos terræ? Quod nomen est ejus et quod nomen filii ejus? Si nosti. (*Prov.* XXX, 4.)

de l'opération d'un autre principe universel qui agit au centre des choses matérielles, au milieu des eaux, *in medio aquarum*. En conséquence, c'est du milieu des eaux, c'est du milieu d'une congrégation de ces eaux de la création que le globe terrestre apparaît. Et les eaux qui vont constituer toutes les mers de ce monde à part, *sub cœlo,* sont encore le produit, mais le dernier produit de la condensation des eaux de la création.

Le troisième jour, les eaux du dessous, c'est-à-dire les eaux séparées des abîmes préparés pour les cieux, ces eaux sous célestes, placées le deuxième jour sous l'influence du FAISANT-TENIR-FERME, continuent d'obéir à l'action de cette force centrale qui agit en dernier lieu à la surface ; et ces eaux du troisième jour se condensent en s'agglomérant, *congregatione spissata,* au tour ou à la surface du globe terrestre fait firmament dès le deuxième jour, ou en même temps que les globes célestes, *etenim firmavit orbem terræ, parata sedes tua ex-tunc*. Mais, parce que l'agglomération de ces eaux principes est la cause efficiente de leur liquéfaction, parce que cette agglomération est l'opération même qui détermine leur transmutation en une masse aqueuse qui enveloppe l'aride ou la masse solide, *terram longè latèque subsidens,* Moïse ne distingue que par son universalité, il ne distingue que par sa qualification de SEULE ET UNIQUE cette conglomération primitive, des conglomérations qui constituent les mers A L'APPARITION DE LA TERRE.

Tout est plein de choses et d'idées dans ce langage serré et concis. Dans toute son exposition, dont la concision est le caractère propre, l'historien de la création peint toujours en peu de mots, et souvent avec les mêmes traits, une suite immense d'aperçus généraux et particuliers. Avant l'apparition de la terre, les eaux du troisième jour ordonnées pour composer une conglomération UNIQUE SOUS LE CIEL, ne sont pas distinguées autrement des conglomérations préparées pour les cieux; ces eaux du troisième jour ne sont pas autrement distinguées des eaux soumises le deuxième jour à l'action du firmament pour la génération de tous les cieux, *ex quâ abysso, sive aquâ densatâ atque solidatâ facti sunt cœli omnes, sive firmamentum die secundo*. Mais, à ce nouvel ordre du Créateur : Que le ferme apparaisse, *appareat arida,* nous comprenons que les derniers produits de cette conglomération unique sous le ciel sont de la même nature que les conglomérations qui vont constituer les mers.

Puisqu'il est avéré que le primitif *maim* de la langue hébraïque répond aux termes nouveaux et scientifiques de fluides, de gaz, de principes élémentaires, puisqu'il est avéré que cette expression, employée encore dans le sens de tige, de race, de principe, de semence des choses, comprend sous son acception toute espèce de substances à l'état fluide comme à l'état gazeux, il est difficile de concevoir que l'auteur de ce récit si économiquement caractéristique, qui n'avait à sa disposition que ce terme générique d'une signification si étendue, eût pu s'exprimer autrement qu'il ne l'a fait.

Nous avons vu que tous les anciens ont remarqué que le mot *scamaim*, dont Moïse s'est servi pour désigner les cieux, dérive de ce primitif *maim* dont il se sert pour désigner la matière originelle ; et nous avons fait observer alors que les erreurs d'interprétation de Cajétan sur le *spiritus Dei*, non plus que celles de

M. Marcel de Serres sur le *firmamentum*, ne les avaient pas empêchés de reconnaître, avec tous les anciens, que le *scamaim* de la Genèse devait s'entendre de la matière fluide de la Création, de la matière constitutive de tous les corps célestes.

M. Marcel de Serres donc, qui reconnaît que « le » mot *scamaim*, employé dans le premier verset de la » Genèse, doit s'entendre de la matière qui a formé » les différents corps célestes et planétaires et que cette » matière peut être l'eau gazeuse, » M. Marcel de Serres reconnaît en outre, et il constate que, d'après le Rabbin Joseph, d'après la grammaire de Buxtorf, et d'après le dictionnaire de Pagnin où sont rapportées les leçons des Hébraïsans les plus estimés, l'étymologie de ce mot dérive des termes *scam* et *maim*, *ibi aquæ*, et que ce primitif *maim*, parmi les différents sens qu'on lui attribue, a particulièrement celui d'indiquer des amas de vapeurs ou de fluidités. Il reconnaît encore que Moïse lui-même a attaché plusieurs sens à cette expression *maim* ; qu'ainsi, suivant qu'il la fait précéder ou qu'il l'accompagne de l'un ou de l'autre signe modificatif de sa prononciation, elle devient, ou le nom des mers *iamim*, ou le nom appellatif des cieux *scamaim*. « Ces deux mots si différents, conclut M. Marcel de » Serres, sont donc fondés sur le primitif *maim*, et » suivant la physique de Moïse les mers et les cieux » auraient une commune origine (1). »

Suivant la physique de Moïse les mers et les cieux auraient une commune origine : les mers *iamim*, ou les eaux constituées le troisième jour, auraient la même

(1) *Op. cit.* p 40, 41, 42.

origine que les cieux *scamaim*, ou que les différents corps célestes et planétaires. Mais, suivant la physique de Moïse, les principes élémentaires, les semences des choses, les eaux gazeuses de l'abîme universel du premier jour, les eaux principes, *maim*, faites consistantes le deuxième jour, sont séparées, ce deuxième jour, en firmament au-dessus et en firmament au-dessous; et le troisième jour la terre sort toute constituée de ces eaux en firmament au-dessous, elle *apparaît* du milieu de ces eaux, *iamim*, qui dès-lors constituent les mers.

Par conséquent, suivant la physique de Moïse, la terre née de ces eaux en firmament au-dessous, les mers nées de ces mêmes eaux, et les cieux produit des eaux en firmament au-dessus, ou *les différents corps célestes et planétaires* nés de cette EAU GAZEUSE de la Création, auraient une commune origine. En d'autres termes, le ciel et la terre et les mers elles-mêmes, ou tout ce que comprennent le ciel et la terre, tous les corps solides et liquides en un mot, auraient une commune origine.

Mais, suivant la physique du dix-neuvième siècle, « le ciel et la terre ont une origine commune, » et « l'eau elle-même dut être le résultat de l'affinité des » éléments créés dans un état que l'on peut supposer » gazeux (1). » Dans les conclusions de la physique du dix-neuvième siècle, conclusions que viennent confirmer les découvertes de nos astronomes, « la matière dont » les mondes sont composés était d'abord à l'état ga- » zeux, » et « c'est aux dépens d'une immense masse » gazeuse qu'ont été formés tous les corps solides et

(1) M. Forichon, *Examens des questions scientifiques, etc.* p. 52.

» liquides de notre système planétaire et de la terre en » particulier (1). » Et dans les conclusions de la physique de Moïse, conclusions confirmées ou rappelées à la foi des nouveaux fidèles par le chef du Collége apostolique, la terre est faite firmament, faite consistante, *et terra de aquâ et per aquam consistens*, au milieu d'une conglomération unique sous le ciel, conglomération à part et toute distincte des conglomérations préparées pour les cieux; et le *medium* ou le noyau solide de cette conglomération unique sous le ciel, mis en manifestation le troisième jour, est appelé le solide ou l'aride, par opposition à cette dénomination caractéristique, *iamim*, conservée aux derniers produits de ce firmament sous-céleste, dénomination dérivée du primitif *maim* aussi bien que la dénomination attribuée aux produits du firmament du ciel, aux conglomérations préparées pour les cieux, dont la manifestation ne date que du quatrième jour.

Par cette synonymie antithétique, Moïse suppléant ainsi à la pénurie de sa langue, nous donne à entendre que le ciel et la terre et tout ce que comprennent le ciel et la terre sont faits de la même matière, d'une matière originairement fluide ou à l'état libre. Il nous donne à entendre que les éléments agglomérés sous le ciel le troisième jour sont encore les éléments créés le premier jour et séparés des éléments du ciel le deuxième jour, mais seulement les éléments qui enveloppaient encore le noyau central, le globe déjà consolidé de la terre; et que la condensation de ces derniers éléments à sa surface a eu pour produit immédiat une conglo-

(1) M. Ampère, *Théorie de la terre*.

mération aqueuse, *iamim,* ou une mer universelle, une mer unique que l'évulsion terrestre ou l'émersion de la masse intérieure a divisée ensuite en plusieurs conglomérations ou en plusieurs mers. Car alors, mais alors seulement, nous comprenons le sens de ces paroles placées au milieu du récit historique : « Que le solide, » que l'aride apparaisse, *et appariat arida :* » Nous comprenons que ce second commandement a pour objet de faire surgir, au-dessus de cette mer unique ou universelle, la masse solidifiée de l'intérieur ; dernière opération qui constitue l'état physique du globe ou sa grande division en terres et en eaux.

Nous n'ignorons pas que certains commentateurs n'ont voulu voir, dans la double opération décrite par Moïse, qu'un seul et même événement qui aurait mis nos continents à découvert par la retraite des eaux. Mais rien dans la géographie physique ni dans le récit historique ne favorise cette opinion. Si les eaux qui enveloppaient le globe dans l'origine, comme le disent ces commentateurs, s'étaient rassemblées ou *retirées dans un seul lieu,* comme l'expliquent encore ces mêmes commentateurs, il n'y aurait sur toute la surface de la terre qu'un seul bassin pour toutes les eaux ; il n'y aurait qu'une seule et même nappe d'eau, il n'y aurait qu'une mer unique. Et pourtant nous voyons la surface de la terre partagée inégalement en terres et en eaux ; nous voyons ces eaux former plusieurs océans ou plusieurs mers extérieures, et chacune de ces mers extérieures former, sur chaque continent, un certain nombre de mers intérieures ou méditerranées. Ajoutons qu'il est avéré, en géologie, que ces mers intérieures étaient beaucoup plus multipliées autrefois qu'aujourd'hui ; que dans l'origine, les mers moins profondes qu'elles ne le sont maintenant, occupaient un très-grand nombre de centres ou bassins plus ou moins resserrés, et souvent sans communication aucune entre eux. Or l'interprétation de ces commentateurs ne saurait être en contradiction manifeste avec l'observation, sans être en même temps directement opposée à la lettre du texte sacré ; et c'est ce qui arrive en effet.

Dans le récit genésiaque, les eaux s'agglomèrent ou se rassemblent EN UN SEUL LIEU, pour ne former qu'UNE SEULE ET MÊME CONGLOMÉRATION, *in locum unum, in congregationem unam* ; et dans ce même récit, ces eaux sont confinées dans DIVERS LIEUX, elles forment PLUSIEURS AMAS, PLUSIEURS CONGLOMÉRATIONS OU PLUSIEURS MERS : « *Congregationesque aquarum appellavit maria*, et il donna le nom de MERS aux amas des eaux, AUX CONGLOMÉRATIONS DES EAUX. » Evidemment ces amas des eaux en des lieux différents, ou selon l'expression originale, CES CONGRÉGATIONS DES EAUX, qui deviennent autant de mers, ne sont pas le résultat du rassemblement des eaux dans un seul lieu, ou de leur agglomération en une eule masse, EN UNE SEULE CONGRÉGATION. Ce qu'il pouvait y avoir d'obscur dans le 9e verset est clairement expliqué par ce qui précède et par ce qui suit ; par ce qui précède, puisque nous sommes avertis que ces eaux qui s'agglomèrent SOUS LE CIEL, font partie des eaux élémentaires tirées de l'abîme universel du premier jour, et condensées et consolidées dans leur milieu dès le second jour ; et par ce qui suit, puisque ces eaux agglomérées sous le ciel ne doivent occuper qu'un seul et même lieu, ne doivent composer qu'une seule et même masse, une seule et même congrégation ; et que les eaux dont il est question dans le verset suivant, sont divisées et partagées en plusieurs masses, en plusieurs congrégations, pour former autant de mers dans des lieux différents. Il faut donc qu'il y ait eu une opération intermédiaire entre cette agglomération des eaux élémentaires en une seule congrégation aqueuse ou en une mer universelle, et la distribution des eaux de cette congrégation unique en plusieurs congrégations ou plusieurs mers. Cette opération intermédiaire est l'évulsion terrestre, ou le surgissement de la surface solidifiée du globe au-dessus de cette enveloppe liquide, au-dessus de cette mer primitive.

Cette vérité capitale ressort en toute évidence de chacune des expressions des deux versets de la Genèse que nous examinons ici. « Que l'élément aride paraisse: » l'ARIDE, par opposition à ce liquide universel, l'élément aride, par opposition à l'élément aqueux; PARAISSE: l'élément aride n'était donc pas visible auparavant, il était donc caché, couvert, enseveli, l'eau le recouvrait donc entièrement; et c'est du sein des eaux qu'il APPARAIT, *appareat;* car telle est l'expression simple, mais sublime de l'original. Et Dieu donne à ce nouvel élément qui apparaît à découvert le nom de terre, et il appelle les amas des eaux mers. LES AMAS DES EAUX, *congregationes aquarum* : il n'y avait qu'un seul amas, qu'une seule nappe d'eau, *congregationem unam,* avant l'apparition de la terre; mais la terre, en apparaissant, en se montrant au-dessus de l'immensité de ces eaux, les a divisées, et d'une mer universelle elle en a fait plusieurs mers, *congregationesque aquarum appellavit maria.* Ce nom de mers n'est donné aux eaux qu'après qu'elles eurent été divisées par le surgissement de la masse intérieure consolidée dès le deuxième jour; et la terre, qui n'apparaît qu'après la formation des eaux, reçoit son nom la première, parce que, avant son apparition, l'universalité des eaux n'était susceptible d'aucune dénomination particulière, parce qu'aucune autre dénomination que celle d'amas unique, d'agglomération unique ne convenait à leur universalité.

Or, cette seconde partie de l'exposition historique n'est pareillement que le sommaire anticipé d'un autre chapitre des découvertes de la science humaine.

La science enseigne que les terrains qui composent la croûte superficielle du globe, terrains que les géologues ont distingués et classés chronologiquement en terrains intermédiaires ou de transition, et en terrains secondaires et tertiaires, sont tous stratifiés ou composés de couches successives superposées les unes aux autres, et d'une formation plus générale et plus uniforme à mesure que ces assises ou dépôts sont plus anciens. L'histoire de la création et les faits géologiques sont donc dans le plus parfait accord pour témoigner que, dans l'origine, le globe terrestre était tout entier enseveli sous les eaux d'une mer UNIQUE, d'une mer universelle. « Ainsi, on ne peut le nier, les masses qui » forment aujourd'hui nos plus hautes montagnes ont » été primitivement dans un état liquide; longtemps » elles ont été recouvertes par des eaux qui n'alimen- » taient point de corps vivants (1). » C'est la conséquence que tire l'illustre Cuvier de cette série de faits et d'observations qui ont fait prendre à la géologie, mais à la géologie débarrassée de ses *questions douteuses*,

(1) *Discours sur les révolutions de la surface du globe*, p. 23.

de ses hypothèses hasardées et souvent contradictoires, un rang distingué parmi les sciences les plus avancées.

Un second trait géologique non moins incontestable est que les montagnes, qui, selon la belle expression du même naturaliste, forment le squelette et comme la grosse charpente de la terre, sont sorties du sein des eaux par voie de soulèvements. De ce principe géologique, découlent les conséquences les plus fécondes pour l'explication de tous les phénomènes que présentent les diverses couches dont se compose l'écorce du globe. Dans cette nouvelle théorie, l'apparition des continents ou la formation des divers bassins des mers n'est plus une énigme : on comprend comment fut exécuté cet ordre de l'Éternel : « QUE L'ARIDE APPARAISSE. »

Alors se trouve résolue cette grande difficulté opposée aux Docteurs de l'Église primitive par l'auteur inconnu que saint Augustin appelle *l'ennemi de la loi et des prophètes*, qui reprenait ce que dit ici Moïse comme une chose absurde et impossible, parce que si la terre, objectait cet auteur, eût été toute couverte d'eaux, les eaux n'auraient pu trouver aucun lieu où elles se retirassent, pour que la terre parût à découvert, *nam, si universum aquâ oppletum erat, undè vel quò potuit congregari* (1)?

Mais, il ne faut pas craindre de le dire hautement, ces prémisses géologiques, qui ont étonné le monde savant, avaient été déduites du récit biblique longtemps avant que l'observation les eût mises au nombre des vérités physiquement démontrées. Les anciens interprètes, en ne consultant que le texte historique de la

(1) St-August. *Contra Adv. leg. et proph.* l. 1, c. 13.

Genèse, sont arrivés au même résultat que les géologues de nos jours. Saint Ambroise, saint Basile-le-Grand, Bonfrérius, Cornélius à Lapide cités par dom Calmet, et dom Calmet lui-même entendent « que la terre, » ayant dans le commencement une rondeur exacte (une » forme régulière), se trouva couverte d'eau sur toute » sa superficie ; mais que Dieu par sa puissance l'éleva » en certains endroits, et produisit les montagnes, et » l'affaissa en d'autres, et creusa ces abîmes où les eaux » s'écoulèrent (1). »

Et ces vérités physiques révélées à notre siècle par la science de nos naturalistes, le poète sacré les avait chantées dans cette ode sublime qui est appelée *le Psaume de la création* : « La terre affermie sur ses fondements, » était recouverte des eaux qui l'enveloppaient comme » un vêtement. Mais vos menaces les font fuir ; et à la » voix de votre tonnerre, les montagnes s'élèvent, *ascendunt montes*, et les campagnes descendent, *et descendunt campi*, ou, suivant une autre version, les » montagnes surgissent, *montes assurgunt*, et les vallées » s'affaissent, *et valles se deprimunt* (2). »

Toutefois, si les géologues, venus si longtemps après, s'accordent à nous représenter le phénomène des soulèvements comme la grande et la principale cause des changements survenus à la surface du globe, ces mêmes géologues sont loin de s'entendre, lorsqu'il s'agit

(1) *Comm. littér. sur la Genèse,* chap. 1er.

(2) Qui fundasti terram super stabilitatem suam : non inclinabitur in seculum seculi. Abyssus, sicut vestimentum, amictus ejus, super montes stabunt aquæ. Ab increpatione tuà fugient : à voce tonitrui tui formidabunt ; ascendunt montes et descendunt campi in locum quem fundasti eis. (*Ps.* CIII, 6-9.)

de faire l'application de ce principe universel aux divers phénomènes que nous observons. Les uns, avec M. Elie de Beaumont, enseignent que les anciens soulèvements ont produit de moindres effets que les soulèvements postérieurs ; que les montagnes les plus modernes sont aussi les plus élevées. Les autres au contraire nous disent, avec M. Henri Reboul, que les surgissements du sol ont été de siècle en siècle moins sensibles et moins prononcés ; que les premiers soulèvements ont produit les plus hautes chaînes de montagnes (1). Les uns veulent qu'à chacune de ces grandes saillies, produites par des évulsions terrestres, aient correspondu de profondes excavations et des engouffrements d'une partie du liquide surnageant ; et les autres, que ces soulèvements aient été suivis d'affaissements intermédiaires, d'où ces fréquences de dépressions et de protubérances que l'on appelle chaînes de montagnes, bassins des mers et continents.

Nous n'avons pas à nous occuper de ces immenses débats. Ce n'est pas à nous qu'il appartient, mais ce n'est pas à nous non plus qu'il importe de déterminer l'ordre chronologique de l'apparition des continents. Il nous suffit de savoir que la science des hommes reconnaît que la première apparition du sol terrestre s'est opérée, par voie de soulèvement, au sein d'une mer universelle.

(1) « Les sommités composées de terrains primaires ou de ces secondaires anciens qu'on a appelés intermédiaires, ont atteint jusqu'à 4,000 toises dans la haute Asie. Les roches de sédiment secondaires, moyennes ou supérieures, n'ont pas été soulevées au-dessus de 2,000, ni les tertiaires au-dessus de 1,000. Les soulèvements bien rares du sol quaternaire ne l'ont exhaussé nulle part à 100 toises. » (*Géolog. de la période quaternaire*, p. 44 et 45.)

C'est ce fait capital, c'est ce fait *révélé* qui doit servir de point de départ aux recherches sur l'ancienneté absolue et relative des grandes formations de la croûte du globe.

Sans autrement nous enquérir comment les savants ont envisagé ce fait dans leur étude des dépôts géologiques, nous allons examiner, sous le point de vue genésiaque, les opinions émises sur la formation de notre planète, pour en déduire une théorie en harmonie avec les enseignements de la révélation ; en même temps que nous présenterons quelques considérations sur l'ordre des créations organiques dont la première manifestation date de ce troisième jour de la Genèse.

SECTION DEUXIÈME.

THÉORIE DE LA TERRE

OU

EXAMEN, SOUS LE POINT DE VUE GENÉSIAQUE, DES OPINIONS ÉMISES SUR LA FORMATION DE NOTRE PLANÈTE ET SUR SA CHALEUR D'ORIGINE, POUR EN DÉDUIRE UNE THÉORIE EN HARMONIE AVEC LES ENSEIGNEMENTS DE LA RÉVÉLATION.

Durée de l'intervalle compris entre les deux événements mémorables de l'histoire de la terre, son immersion originelle et le déluge universel. — Supputations erronées des Plutoniens. — L'hypothèse de M. Poisson sur la variation alternative de la température du globe ne peut concourir à l'explication des phénomènes géologiques. — La chaleur propre du globe est le résultat de sa procession de la masse moléculaire de la création. — Preuves ou théories correspondantes. — Vaines prédictions des géologues. — L'apparition des végétaux et la succession des animaux de la mer, de l'air et de la terre répondent à l'ordre dans lequel le livre divin les fait paraître au jour. — Efforts impuissants des cosmogonistes à effluxions solaires et à création double, en présence des révélations de la Genèse.

Les géologues qui ont essayé de compter les années de la terre, étaient partis de l'hypothèse d'une complète incandescence, d'une fusion ignée de sa masse entière. A l'exemple de Buffon, ils avaient voulu tout déduire du principe d'une incandescence originelle, ou du décroissement successif de la température à la surface du globe. Mais bientôt obligés, à défaut de données suffisantes, de négliger cet élément de leur calcul, ils n'ont plus considéré que la puissance des terrains élaborés par les eaux, et la nature des débris organiques qu'ils renferment. Bientôt ils ont compris qu'ils ne pouvaient que supputer les temps employés pour la formation de chacune des couches de la surface du globe, d'après le temps écoulé depuis le commencement de la période actuelle, si nettement caractérisé par le déluge universel dont la géologie a fixé la date avec toute la précision désirable.

A l'aide de ces deux faits doublement révélés, le fait de l'immersion originelle du globe terrestre, et le fait du déluge universel dont la date est authentiquement constatée par la révélation divine et par la science humaine, les géologues ont pu employer avec succès une foule de chronomètres naturels, et déterminer ainsi, d'une manière plus ou moins approximative, la durée de l'intervalle compris entre ces deux événements mémorables de l'histoire de la terre.

M. Nérée Boubée suppose avec Buffon que la première époque a été celle d'une incandescence totale; et que cette première époque, à laquelle correspond la formation des terrains primitifs, a pris fin lorsque l'eau a pu se condenser et demeurer liquide à la surface du globe. Non moins audacieux que l'éloquent naturaliste, il fixe cet événement à l'an 60,000 de la création. Mais à partir de cette époque décisive, le géologue *plutonien* a recours exclusivement aux considérations géologiques, pour exprimer numériquement la marche progressive des terrains de sédiment qui composent l'enveloppe superficielle que nous connaissons. A l'aide de calculs chronométriques, désormais fondés et uniquement fondés sur le progrès horizontal des terrains stratifiés, et sur la comparaison des fossiles propres à chacun d'eux, il trouve que la deuxième époque, caractérisée par l'apparition des premiers êtres organisés, d'abord des végétaux, puis ensuite des animaux marins, ou par la formation des terrains intermédiaires et secondaires, a eu une durée de 200,000 ans ; que la durée de la troisième époque, pendant laquelle les grands quadrupèdes et les autres animaux peuplèrent la terre, et à laquelle appartient la formation des terrains tertiaires, a été de 300,000 ans ; et qu'enfin la quatrième époque, qui est celle de l'apparition de l'homme et des terrains diluviens et post-diluviens, date de 8,000 ans qu'il a réduits ensuite à 6 ou 7,000 ans (1).

Sans doute tous les géologues ne sont pas aussi explicites dans leurs évaluations. Puis, la plupart d'entre eux estiment qu'il n'est pas rationnel de juger l'action créatrice de la cause première dans l'origine du monde d'après l'action lente et limitée des causes secondes qui agissent aujourd'hui, et qu'ainsi on doit plutôt restreindre les résultats de ces appréciations géognostiques, en faisant entrer en considération l'action puissante des agents qu'employait la nature dans les premiers temps de la création. « Si l'on considère, d'une part, que la nature a possédé, dans ces époques reculées, une énergie bien supérieure à ce que nous voyons ac-

(1) *Tableau de l'état du globe à ses différents âges* ; et *Géologie élém.* 1re édition.

« Il est bien vrai que l'homme n'a que 6 ou 7 mille ans d'ancien-» neté sur le globe ; les recherches historiques modernes sont *main-» tenant* d'accord sur ce point. » (*Géol. élém.* 3e édition.)

tuellement, et si, d'autre part, l'on suit attentivement la tendance manifeste de la géognosie la plus progressive à réduire le nombre des formations chronologiquement distinctes, en admettant beaucoup de dépôts *parallèles*, on concevra que, pour expliquer les faits géologiques, on n'a pas besoin d'accumuler tant de milliers de siècles. Les vrais amis de la géologie s'abstiendront le plus possible de ces hypothèses, dont les gigantesques dimensions inspirent toujours de la défiance, et quelquefois du mépris aux têtes sages et modérées (1). »

Cependant l'illustre auteur de la théorie mathématique de la chaleur voulut savoir quelle portée avait, dans ces recherches, l'élément invoqué par certains géologues, et pourtant toujours négligé par ceux-là mêmes qui prétendaient en faire la base fondamentale de la géologie moderne.

Ces supputations des *Plutoniens*, ces déductions chronométriques les plus exclusives et les plus exagérées, M. Poisson vient les soumettre à l'épreuve d'un calcul rigoureux ; et il se trouve que, dans cette supposition d'une incandescence originelle ou d'une chaleur centrale, ce serait par myriades de millions de siècles, par centaines de myriades de millions de siècles qu'il faudrait compter l'âge de chacun des terrains géologiques même les plus superficiels ; et que, pour exprimer l'âge des premiers terrains, il nous faudrait autant de chiffres qu'il y a de grains de sable sur le bord de la mer.

Après avoir exposé que la chaleur centrale de la terre augmenterait la température de la surface, à l'époque actuelle, de 0°, 02658 ou d'un quarantième de

(1) M. Poullet, *Des fossiles, et de leur signification*, p. 71, 72.

degré, le célèbre géomètre établit qu'il devrait s'écouler plus de mille millions de siècles pour que cette valeur fût réduite à moitié (1).

Dans le mémoire précédemment cité, il reproduit les mêmes démonstrations, et il en expose le résultat en ces termes : « Si l'accroissement (de température) ob-
» servé dans le sens de la profondeur, provenait réelle-
» ment de la chaleur d'origine (c'est-à-dire, comme
» l'entend M. Poisson, de la chaleur centrale), il s'en
» suivrait qu'à l'époque actuelle, cette chaleur initiale
» augmenterait la température de la surface même,
» d'une petite fraction de degré ; mais, pour que cette
» petite augmentation se réduisît à moitié, par exemple,
» il faudrait qu'il s'écoulât plus de mille millions de
» siècles ; et, si l'on voulait remonter à une époque
» où elle pouvait être assez considérable pour influer
» sur les phénomènes géologiques, on devrait rétro-
» grader d'un nombre de siècles qui effraie l'imagi-
» nation la plus hardie, quelle que soit d'ailleurs l'i-
» dée que l'on puisse avoir de l'ancienneté de notre
» planète (2). »

De ces déductions mathématiques il résulte en toute évidence, que l'hypothèse de la chaleur centrale est en opposition formelle avec tous les principes fondamentaux de la géognosie ; que dans cette hypothèse, aucune régle chronométrique ne peut être tirée de l'observation des terrains ni des fossiles ; qu'enfin tout l'édifice de la géognosie, cette science si positive, s'écroule avec cette

(1) *Théor. math. de la chaleur ;* chap. XII : *Mouv. de la chaleur dans l'intér. et à la surf. de la terre*. p. 408 et suiv.

(2) *Mémoire sur la température de la partie solide du globe*, p. 15 et 16.

hypothèse, puisqu'on a constaté une différence de dix degrés entre la température du milieu de l'époque si récente des terrains tertiaires et celle de l'époque actuelle, et que par conséquent l'âge des terrains que recouvre notre *diluvium* répondrait à des millions de millions de siècles.

M. Poisson, comme géomètre, ne s'arrête pas à ces conséquences inévitables ; il accorde même, si l'on veut, qu'aucune de ces conséquences ne soit une objection contre cette opinion des géologues ; il ne lui oppose que des difficultés directes, que des difficultés intrinsèques. Il lui oppose que la température extérieure serait excessive à moins de 60,000 mètres de profondeur, et qu'au centre, où cette température surpasserait deux cent mille degrés, et dans la plus grande partie de sa masse, les matières dont la terre est formée se trouveraient à l'état de gaz incandescents, tellement condensés, néanmoins, que leur densité moyenne surpasserait cinq fois celle de l'eau. Il lui oppose que pour contenir ces matières à ce degré de compression et de chaleur, il faudrait une force dont on ne saurait se faire aucune idée ; que la couche solidifiée du globe ne pourrait résister à l'effort des couches fluides intérieures pour se réduire en vapeurs ; que ces couches intérieures, par leur tendance à se dilater, dont on connaît toute la puissance, auraient brisé l'enveloppe solide extérieure, à mesure qu'elle se serait formée (1).

L'impossibilité de concevoir la formation d'une enveloppe solide à un globe constitué comme l'entendent les géologues, avait déjà frappé le premier de nos

(1) *Théor. math. de la chal.*, c. XII ; et *Mém. sur les temp. du globe.*

physiciens. « Ceux qui admettent la liquidité du noyau » intérieur de la terre, disait M. Ampère, paraissent » ne pas avoir songé à l'action qu'exercerait la lune » sur cette énorme masse liquide, action d'où résul- » teraient des marées analogues à celles de nos mers, » mais bien autrement terribles, tant par leur étendue » que par la densité du liquide. Il est difficile de con- » cevoir comment l'enveloppe de la terre pourrait » résister, étant incessamment battue par une espèce de » levier hydraulique de 1400 lieues de longueur (1). »

En renonçant donc à la chaleur centrale pour rendre raison de l'élévation de température qu'on observe à mesure que l'on pénètre plus profondément dans l'intérieur de la terre, M. Poisson propose une autre explication de ce phénomène. Cette explication, il la fonde sur la supposition de l'inégalité de température des régions de l'espace que la terre traverse, en s'y mouvant avec le soleil et tout le système planétaire, et sur les variations correspondantes de chaleur qui en résulteraient pour la terre. Dans cette explication, l'accroissement de température de la terre à partir de sa surface serait sensiblement uniforme jusqu'à une profondeur d'environ 7,000 mètres ; mais à cette profondeur cette

(1) *Théorie de la terre*, par M. Ampère. *Revue des Deux-Mondes.*

M. Poisson oppose encore aux vues des *Plutoniens* que, même dans cette supposition d'une incandescence originelle ou d'une fluidité ignée, la solidification du globe aurait encore commencé par le centre ; que, dans cette supposition *inadmissible*, les parties extérieures ou les plus voisines de la surface, en se refroidissant les premières, auraient dû descendre à l'intérieur, et être remplacées par des parties internes qui seraient venues se refroidir à la surperficie, pour redescendre ensuite à leur tour. (*Théor. math. de la chal.*, chap. 12. — *Mém. sur les temp. du globe*, p. 11 et 12.)

température du globe atteignant son *maximum*, et diminuant au delà, l'influence de l'inégalité de température de l'espace disparaîtrait entièrement vers 60,000 mètres de distance à la surface. Puis, la température de la surface du globe, il y a 5,000 siècles, aurait surpassé celle qui a lieu aujourd'hui d'environ 200°, et 500 siècles avant l'époque où nous vivons, cette température de la surface n'aurait excédé que d'à peu près 5° celle de l'époque actuelle.

« Dans cette théorie, fait observer ici M. Poisson, » la température moyenne de la superficie varie avec » une extrême lenteur, mais incomparablement moindre » que la partie de la température qui serait due à la » chaleur d'origine, si elle était encore sensible à l'é- » poque actuelle. De plus, cette variation est alterna- » tive, et peut ainsi concourir à l'explication des révo- » lutions que la couche extérieure du globe a subies ; » au lieu que la partie de la température qui pourrait » être due à l'autre cause, diminue continuellement et » sans alternative (1). »

Nous ne voyons pas en quoi cette variation alternative pourrait concourir à l'explication des révolutions de la surface du globe. Toutes les études des terrains et des fossiles nous montrent les températures terrestres en décroissance avec la succession des temps. Il est hors de doute qu'à l'époque des terrains de transition et des premiers terrains secondaires, la température de la superficie terrestre a été absolument uniforme et indépendante des latitudes ; et que depuis cette époque, la plus ancienne dont nous puissions vérifier la date, la

(1) *Mémoires sur les températures du globe*, p. 15.

température moyenne n'a pas cessé de s'abaisser, jusqu'au moment où *la terre fut donnée aux enfants des hommes*. (Ps. CXIII.) Mais nous voyons que, si dans cette théorie la température moyenne de la superficie varie avec une lenteur *incomparablement moindre* que dans l'hypothèse de la chaleur centrale, ce décroissement de la température est encore infiniment plus lent que le décroissement constaté par l'observation des phénomènes géologiques.

Nous pouvons dire, sans craindre de nous tromper, qu'en assignant une durée encore aussi prodigieuse et aussi exorbitante à l'accroissement ou au décroissement d'une température acquise, M. Poisson n'a fait que sacrifier à l'exigence du principe qu'il invoque. Le mouvement propre du soleil, auquel il a recours, s'opère avec une lenteur telle, que, dans les opérations même les plus délicates, et dans les calculs qui embrassent les plus longues périodes, il n'est pas distingué et ne saurait être distingué d'une fixité mathématique. Un mouvement qui doit se soutenir pendant des siècles pour être appréciable, exige sans doute des milliers de siècles pour que son influence puisse altérer les températures terrestres. Il a donc fallu attribuer, à l'action de l'accroissement ou du décroissement de ces températures, une durée qui fût en rapport avec la longueur de la mystérieuse révolution qu'on a imaginée.

Mais avons-nous besoin de recourir à cette influence plus que problématique, pour rendre raison de l'élévation de température qu'on observe au-dessous de la surface du globe? avons-nous besoin de recourir à cette translation de la terre dans d'autres régions de l'espace, et à cette inégalité de chaleur de ces régions que rien ne justifie et que rien ne peut autoriser? *Nous est-il permis d'ignorer* que la formation définitive ou la constitution physique de la terre a précédé celle du soleil? Nous savons qu'immédiatement après sa formation, la terre opérait encore sa révolution dans les régions supérieures de l'atmosphère primitive de la masse génératrice de tout le système solaire ou planétaire. Les mêmes circonstances qui ont fait que cette atmosphère primitive n'a pu opposer qu'une résistance insensible aux corps qui la traversaient, n'ont-elles pas dû agir sur la température des couches extérieures de notre globe? Les effets résultant immédiatement et nécessairement d'un fait aussi positivement révélé que celui de la formation de la terre avant l'organisation du *grand luminaire,* sont bien plus satisfaisants et beaucoup plus compréhensibles que ceux qu'on veut attribuer à une incertaine inégalité de chaleur des régions de l'espace parcourues par la terre, dans un mouvement tout à fait insaisissable.

Ceux qui regardent la Genèse comme le livre dicté par l'esprit de Dieu, comprendront toute la portée de cette déduction si légitime d'ailleurs. A ceux qui ne reconnaissent d'autre autorité que l'autorité de la science de l'homme, nous proposerons une considération qui ne sortira pas du cercle étroit qu'ils se sont tracé.

Nous dirons à ces derniers : la science des hommes nous apprend que la terre a été créée à l'état de matière *vide et vaine,* à l'état de molécules élémentaires, ou, pour parler un langage purement scientifique : « Toutes » les théories modernes, fondées sur les données les » plus positives que nous fournissent l'astronomie, la

» physique et la géologie, admettent que la terre était » primitivement à l'état gazeux, à l'état de vapeurs ; » c'est-à-dire « dans l'état d'un fluide aériforme dont la » densité ne peut dépasser un maximum relatif à son » degré de chaleur, et qui se liquéfie ou se solidifie » dès que l'on augmente la pression qu'il éprouve » sans changer sa température. » Nous leur dirons : « La température de la terre dépendait alors du lieu » qu'elle occupait dans l'espace ; mais, indépendam- » ment des attractions et répulsions qui n'ont lieu » qu'entre les molécules voisines, et qui produisent la » force élastique des fluides aériformes, égale et con- » traire à la pression qu'ils supportent, les molécules » de la terre étaient aussi soumises à leur attraction » mutuelle, en raison inverse du carré des distances ; » et de cette force il est résulté, sur toutes les couches » de la masse fluide, une pression nulle à la surface, » et croissante de la surface au centre. » « C'est cette » pression croissante, leur dirons-nous encore avec les » savants, et non pas une température extérieure beau- » coup moindre que celle du fluide, qui a fait que *les* » *couches les plus voisines du centre se sont d'abord* » *solidifiées, à raison de l'excessive pression qu'elles* » *éprouvaient* (1). » Mais ici, nous leur ferons observer que cette pression, qui allait décroissante du centre à la circonférence, *où elle était nulle*, n'a pu déterminer la solidification entière des dernières couches de l'enveloppe du globe. Nous leur ferons observer que les molécules de ces dernières couches, soumises à une

(1) *Mém. sur la temp. du globe*, p. 12. — *Théor. math. de la chal.* p. 429.

pression infiniment moins puissante, n'ont pu être élaborées par cette compression, comme les molécules des couches centrales. Pour celles-là, la déperdition ou l'expulsion du calorique n'a pu se faire avec la même rapidité ; et leur superposition n'a dû constituer que des couches concentriques dans un état de mollesse ou d'intumescence analogue à la quantité de calorique qu'elles retenaient. On conçoit, en effet, que, la pression diminuant progressivement d'intensité du centre à la circonférence, laquelle n'avait à supporter que le poids des molécules de la mer et de l'atmosphère, les effets de cette énorme compression produite primitivement par le poids de la masse totale du globe, ont dû diminuer dans la même progression.

Cependant la science ajoute que « *les couches suivantes* » *se sont solidifiées ensuite à une température et sous une* » *pression moindres ; et ainsi de suite, de proche en* » *proche, jusqu'à la superficie* (1). » Et comme ici nous ne voulons rien dire que ce qu'elle dit elle-même, nous répéterons avec elle que, « en se solidifiant ainsi du » centre à la surface, et si l'on veut, en continuant à » se refroidir après être devenue entièrement solide, » la terre a pu perdre, depuis longtemps, toute sa » chaleur d'origine (2). » *La terre a pu perdre, depuis longtemps, toute sa chaleur d'origine !* Mais qui pourra nous apprendre si elle a déjà perdu toute sa chaleur d'origine? Comment saurons-nous si elle ne continue pas encore à se refroidir POUR LA PREMIÈRE FOIS? Or, si personne n'a reçu la mission scientifique de sonder les

(1) *Théor. math. de la chal.* p. 429.
(2) *Ibid.*

profonds recoins de l'univers ou de la création, quelle nécessité d'aller faire réchauffer notre globe dans des régions inconnues de l'espace, pour le voir refroidir ensuite? Pourquoi vouloir assigner une autre cause de la différence de température des lieux profonds et de la surface de la terre, lorsque nous connaissons la véritable cause, lorsque la science humaine concourt si merveilleusement avec la science divine pour nous donner l'explication de ce phénomène? Il ne s'agit plus ici d'une chaleur d'ignition, d'une incandescence originelle, d'une chaleur centrale; ainsi nous n'avons pas besoin d'accumuler des centaines de myriades de millions de siècles, pour supputer les temps qui ont précédé l'époque actuelle. Et puisque d'un autre côté nous n'avons jamais eu besoin de recourir à l'influence périodique d'une incalculable révolution dans l'immensité de l'espace, et que rien ne nous oblige à donner telle ou telle durée à l'action de la température originelle de notre globe, nous laisserons aux géologues, seuls juges compétents dans la matière, le soin de constater, par l'observation des phénomènes géologiques, l'étendue des progrès du décroissement de la température terrestre.

Quant au degré de température de cette couche extérieure du globe, et à la limite de l'accroissement de cette température dans le sens de la profondeur, rien ne s'oppose à ce qu'on adopte les bases proposées par M. Poisson; c'est-à-dire qu'on peut admettre avec le physicien géomètre, qu'à une profondeur d'environ 7,000 mètres la température du globe atteint son *maximum*, et surpasse d'environ 107 degrés celle de la superficie, et qu'au delà de cette limite elle diminue, pour disparaître entièrement vers 60,000 mètres de distance à la surface. On pourrait même, sans inconvénient, donner une plus grande extension aux effets de cette cause primordiale; et même on pourrait, avec M. de Boucheporn, attribuer à cette cause l'existence d'une couche visqueuse ou fluide entre le noyau *solidifié par écrasement*, et la pellicule extérieure solidifiée *par le refroidissement* (1). Mais il y a certaines limites qu'il n'est pas permis de dépasser. Il est démontré que, depuis 2,000 ans, le jour sidéral n'a pas varié de 1/100e de seconde, ou que la diminution de la température de la *masse totale* du globe a été moindre de 1/200e de degré; c'est-à-dire qu'il est démontré qu'en 2,000 ans la terre n'a pas éprouvé la plus légère diminution dans ses dimensions. Ce résultat qui, dans l'hypothèse d'une fluidité centrale, détruit tous les fondements de la chronologie des géologues, est une nouvelle confirmation de la théorie que nous opposons aux *Plutoniens*, puisque dans nos principes le volume du globe est à très-peu près invariable, et indépendant du décroissement de la température de sa croûte extérieure, de son écorce superficielle.

Évidemment, les deux méthodes que nous venons d'exposer, ces deux méthodes qui s'appuient sur le même principe, et qu'en réalité nous déduisons également de l'économie de la narration sacrée, rendent raison de l'accroissement de température des lieux profonds du globe, tout aussi bien que l'immersion accidentelle de la terre dans des régions de l'espace d'une

(1) *Théorie nouvelle des révolutions du globe.* Communication faite à l'Académie des Sciences. Séance du 15 juillet 1844.

température plus élevée que celle des régions qu'elle occupe aujourd'hui.

Dans cet exorde si propre à concilier les théories de la terre les plus opposées, il n'est plus question, pour expliquer certains phénomènes géologiques, de faire de la terre un noyau de comète, une déjection incandescente du soleil, une étoile éteinte, un soleil encroûté. Le phénomène de la chaleur propre du globe terrestre est la conséquence et comme le résultat nécessaire de sa procession de la masse moléculaire de la création, que l'esprit de Dieu ou le principe calorifique tenait à l'état de gaz ou de vapeurs au milieu des ténèbres universelles.

On comprend combien cette théorie que nous présentons avec toute la confiance que doit nous inspirer sa conformité entière avec le plan de création tracé dans la Genèse, peut répandre de clarté et de lumière sur l'interminable querelle des *Neptuniens* et des *Plutoniens*. On comprend que la grande question de l'origine aqueuse ou de l'origine ignée du globe terrestre, qui a divisé si longtemps les géologues en deux camps rivaux et opposés, et qui les divise encore, doit être envisagée sous un point de vue tout différent.

Peut-être est-ce dans la réunion de ces deux systèmes, entre lesquels les savants se sont partagés, que réside le secret de tant de difficultés que l'on regarde généralement comme insolubles. Toujours est-il que, dans cet ordre de choses, le défaut de transition brusque et tranchée entre le terrain primitif et le terrain intermédiaire et même le terrain secondaire, le passage absolument insensible de l'un à l'autre, la parité souvent si parfaite de leur contexture minéralogique, leur enchaînement si intime, ne sont plus aussi mystérieux et aussi incompréhensibles. M. Brongniart, en appelant l'attention de l'Académie, dans sa dernière séance de juillet 1838, sur le mémoire de M. Collegno, qui décrit une transition de ce genre entre Bellano et Varenna, fait observer que c'est dans le passage du terrain primitif au terrain secondaire jurassique, entre deux roches dont les extrêmes n'ont pas la moindre analogie, le gneiss et le calcaire compacte, que se montre cette remarquable transition. « Ce fait, dit le consciencieux rapporteur, qui se lie avec ce que M. Fournet a vu et publié sur le même sujet, pourra contribuer à l'établissement d'une théorie qui sera d'autant plus certaine qu'elle s'appuiera sur un plus grand nombre d'observations. »

En faisant de notre planète, tantôt un laboratoire chimique et tantôt une machine hydraulique, les géologues se sont appliqués à tout déduire d'un feu souterrain, ou ils se sont amusés à tenir en suspension, dans une mer universelle, tous les éléments des substances actuellement observables ; mais leurs conceptions n'ont jamais embrassé l'universalité des phénomènes, parce que ni les uns ni les antres n'ont su remonter jusqu'à leur première cause. La solidification des gaz et la volatilisation des solides est aujourd'hui la base fondamentale de la chimie et de la physique. Ce même principe doit incontestablement servir de base à toute théorie synthétique sur la formation de la terre, et sur les changements arrivés à sa surface. Alors tous les phénomènes géologiques et cosmogoniques dériveront d'un seul et même fait, du fait de la gazéité de la matière de la création ; et le procédé que la nature a suivi dans la composition progressive des globes de l'univers nous sera entièrement dévoilé. Mais c'est aux physiciens qu'il appartient de déterminer les effets de cette cause primitive, unique, générale, qui a présidé à l'organisation des corps célestes.

Déjà M. Ampère, d'accord sur ce point avec M. Poisson et avec MM. Davy, Gay-Lussac, Becquerel, etc., a démontré que la fluidité de la masse intérieure du globe est inadmissible, et que tous les foyers de chaleur dont l'existence nous est révélée par les phénomènes géologiques ont nécessairement leur siége à une très-faible profondeur.

Dans l'impuissance où ils se trouvent de repousser les objections du célèbre physicien, les géologues plutoniens répondent : « qu'on pourrait admettre qu'il » existe au centre des matières qui nous sont incon- » nues, et qui resteraient infusibles à la plus grande » chaleur (1). »

Et les géologues qui font cette réponse désespérée, sont ceux-là mêmes qui enseignent que, « au moment » de la création, la terre était un globe fluide et » incandescent, une déjection incandescente et fluide » du soleil (2); » et ces mêmes géologues qui renient ainsi leurs propres principes, proclament en ce même lieu « qu'il n'est aucune pierre, aucun métal, si ré- » fractaire, qui puisse rester solide à la profondeur de » 20 ou 25 lieues, et qui ne doive y être dans un état » complet d'incandescence et de fluidité (3). »

(1) *Géologie élémentaire*, par M. Nérée Boubée, p. 13, 1re édition.

(2) *Tableau de l'état du globe à ses différents âges*, par M. N. Boubée.

(3) *Géolog. élém.* par le même, p. 13, 1re édition.
Les corps les plus réfractaires seraient à l'état de gaz à une profon-

Plus tard, s'étant aperçus qu'à ce compte la température du centre de la terre serait de plus de 200,000 degrés, ils ont imaginé, pour échapper à cette conséquence absurde, de mettre des limites à cet accroissement de température en raison de la profondeur : « On conçoit, » disent-ils aujourd'hui, que cette progression ait un » terme, car la température centrale de la terre ne » peut pas être plus grande maintenant que lors de la » formation du globe ou que lors de la fusion générale » de toutes les matières qui le composent (1). » Mais alors les difficultés que leur oppose M. Ampère, avec tous les physiciens et les géomètres, restent dans toute leur force ; aussi jugent-ils à propos aujourd'hui de passer sous silence ces malencontreuses objections. Puis, il faut bien le dire, on ne conçoit nullement que cette progression ait un terme ; on ne conçoit pas que cette progression puisse avoir d'autre terme, à cause de la pression toujours croissante de la circonférence au centre, que la solidification de la masse centrale par l'expulsion du calorique ; à moins qu'on ne veuille recourir à la volatilisation de cette masse centrale, dont la puissance matérielle sous un volume égal est si supérieure à celle de son enveloppe solide (2). Comme

deur beaucoup moindre ; car il n'est aucun de ces corps qui ne se volatilise à une chaleur de 400 degrés, et, d'après les géologues les plus modérés, la chaleur augmenterait d'un degré par 30 mètres de profondeur

Au reste, il faut bien que cette chaleur ne vienne pas d'un foyer commun, puisque l'expérience prouve tous les jours que son accroissement peut être deux et même trois fois plus grand dans une contrée que dans une autre.

(1) *Géolog. élém.* par M. Nérée Boubée, p. 12, 3e édition.

(2) La densité moyenne du sphéroïde terrestre est de 5,44, celle de l'eau étant 1. D'où il résulte que la densité des couches centrales doit

cette dernière supposition est par trop insoutenable, et que d'ailleurs elle ne répond à aucune des difficultés que soulève l'hypothèse d'une incandescence originelle, il faut de toute nécessité que les géologues plutoniens s'attaquent tout à la fois aux formules algébriques des géomètres, et aux impossibilités matérielles des physiciens.

En attendant, nous ferons observer à ces derniers, aux physiciens aussi bien qu'aux géomètres, que, si l'hypothèse d'une incandescence originelle ou d'une fluidité centrale, comme l'entendent les Plutoniens, c'est-à-dire d'une fluidité solaire ou stellaire, va directement contre le récit de la Genèse, la théorie d'une chaleur originelle est le complément indispensable d'une Cosmogonie qui assigne au ciel et à la terre, ou à tous les globes de l'univers, une même nature et une origine commune ; de même qu'elle est la seule qui puisse satisfaire à toutes les conditions du problème que présente la géologie.

Dans la théorie de M. Ampère, si remarquable, à certains égards, par sa coïncidence avec la théorie mosaïque, tous les phénomènes géologiques s'expliquent avec la plus grande facilité ; et comme nous n'avons en vue dans cet essai que le triomphe de la vérité, nous ne pouvons mieux faire que de transcrire le passage suivant, extrait des mémoires et des leçons du grand physicien.

« L'hypothèse d'un noyau non oxydé, déjà présenté

dépasser de beaucoup la densité du platine écroui, qui est 22 fois plus grande que celle de l'eau ; augmentation de densité démontrée d'ailleurs par l'accroissement de la pesanteur, par les calculs hydrostatiques et par les observations astronomiques.

par Davy (1) comme la seule admissible, explique très-bien les volcans, sans qu'on ait besoin de supposer que la terre ait en elle une chaleur énorme qui serait due à l'état de fusion de toute sa partie intérieure. En effet, cette masse non oxydée est une source chimique intarissable de chaleur qui se manifestera toutes les fois qu'un corps viendra former avec elle quelque combinaison ; de sorte qu'un volcan en activité semblerait

(1) Cette idée du célèbre Davy a été adoptée par nos plus habiles physiciens qui attribuent les phénomènes de la chaleur des lieux profonds du globe et tous les phénomènes volcaniques, soit à l'action des métaux qui possèdent à un haut degré la propriété de décomposer l'eau, tels que le potassium, le sodium, le calcium, le silicium, le magnesium, etc., soit aux actions électriques résultant du contact immédiat des différents métaux.

La cause productrice des volcans, suivant M. Gay-Lussac, est une affinité très-énergique et non encore satisfaite entre les substances que le contact a mises à même d'agir les unes sur les autres ; d'où résulte une chaleur suffisante pour fondre les laves, et pour donner aux fluides élastiques dégagés dans ce travail de la nature, une force capable de les élever et de les verser à la surface de la terre. (*Réflexions sur les volcans. Annales de chimie*, t. 22.

M. Becquerel a émis en plus d'une occasion l'opinion qu'il doit se produire dans le sein de la terre, au contact de l'eau avec les masses minérales, des phénomènes analogues à ceux qui se manifestent entre le platine et le peroxyde de manganèse, placés aux deux extrémités du fil d'un galvanomètre, et plongés l'un et l'autre dans l'eau. M. Becquerel pense donc que les masses minérales qui composent l'écorce du globe, doivent se charger d'une quantité considérable d'électricité, et déterminer, dans certaines circonstances, de puissantes commotions, comme il arrive aux deux métaux, dans le fait qu'il a observé le premier.

Déjà on a appliqué les effets électro-chimiques à l'explication de la chaleur qui s'observe dans l'écorce de la terre, et de plusieurs phénomènes géologiques ; on a expliqué ainsi le bouleversement arrivé le 2 février 1838 dans le vallon de Sassari, où le terrain fut rehaussé et déchiré en tous sens.

Dans les *Instructions de l'Académie pour l'expédition scientifique*

n'être autre chose qu'une fissure permanente, une correspondance continuelle du noyau non oxydé avec les liquides qui surmontent sa couche oxydée (1). Toutes les fois qu'a lieu cette pénétration des liquides jusqu'au noyau non oxydé, il se produit des élévations de terrain, et c'est un effet qu'on pouvait prévoir, puisqu'on sait que le métal en s'oxydant doit augmenter de volume (2).

en Scandinavie, on expose que les phénomènes électriques ont pris aujourd'hui une telle importance, en raison de leur relation avec un grand nombre de phénomènes naturels, qu'il faut les prendre en considération lorsqu'on étudie ces derniers.

Il y a tout lieu de croire, portent ces instructions, qu'il existe des courants électriques parcourant les veinules métalliques conductrices de l'électricité, qui établissent la communication entre la partie non oxydée du globe et les liquides venus de la surface par des interstices, comme les déjections volcaniques en sont une preuve évidente, et d'où résulte une réaction chimique énergique, pendant laquelle la partie non oxydée prend l'électricité positive, et la partie oxydée l'électricité négative. De là une foule de décompositions, de compositions nouvelles, etc.

(1) « On peut faire, avec une petite masse de potassium, une expérience qui représente en miniature les bouleversements qui ont dû avoir lieu sur le globe terrestre, quand une substance jusqu'alors gazeuse est tombée à l'état liquide sur ce globe, dont la surface était de nature à agir chimiquement sur elle. Pour cela, il suffit de projeter en l'air de l'eau, de manière à ce qu'elle retombe en gouttes imperceptibles sur ce globe de potassium. A mesure qu'elle y arrive, chaque molécule d'eau est décomposée ; son hydrogène, à cause de l'élévation de température qui se produit, brûle avec une petite flamme semblable à celle d'un volcan ; il se fait au point de contact une petite cavité, qui est le cratère, et l'oxyde de potassium se relève sur les bords en formant un monticule, dont le cratère occupe le centre. » (*Revue des Deux-Mondes*, 1er *juillet* 1833. *Théorie de la Terre, d'après M. Ampère, p.* 102).

(2) « Il reste un grand monument des bouleversements qu'a produits sur le globe la décomposition des corps oxygénés par les métaux dans l'énorme quantité d'azote qui forme la plus grande partie de

« La chaleur résultant de l'action chimique doit avoir son maximum d'intensité au point où se fait la combinaison, c'est-à-dire à la surface de contact de la partie oxydée avec le noyau métallique, et de là elle doit se propager non-seulement vers l'extérieur du globe, mais aussi vers son intérieur. On voit, d'après cela, que la marche de la chaleur dans l'intérieur du globe est une marche centripète : à mesure que l'oxydation de la croûte va plus avant, la région des actions chimiques, source de la chaleur, s'approche du centre, et la chaleur dégagée se propage, en s'affaiblissant, du dehors vers le dedans, de sorte que si les métaux étaient moins bons conducteurs, on pourrait supposer que ce centre est très-froid.

» Ce que nous venons de dire paraît, au premier abord, être en opposition avec les faits observés. On a reconnu, en effet, qu'à partir de la surface et jusqu'à une certaine profondeur, la température va toujours en augmentant, et on s'est pressé d'en conclure que l'augmentation continue à aller jusqu'au centre, ou au moins jusqu'au noyau liquide. Les observations sont bonnes, mais la conclusion est attaquable. Remarquons

notre atmosphère Il est peu naturel de supposer que cet azote n'ait pas été primitivement combiné ; probablement il l'était avec l'oxygène sous la forme d'acide nitreux ou nitrique. Pour cela, il lui aurait fallu, comme on le sait, huit à dix fois plus d'oxygène qu'il n'en reste dans l'atmosphère. Où sera passé cet oxygène? Suivant toute apparence, il aura servi à l'oxydation de substances autrefois métalliques et aujourd'hui converties en silice, en alumine, en chaux, en oxydes de fer, de manganèse, etc. Quant à l'oxygène qui existe dans l'atmosphère, ce n'est qu'un reste de celui qui ne s'est pas combiné avec des corps combustibles ; joint à celui qui a été expulsé des combinaisons dans lesquelles il entrait par du chlore ou d'autres corps analogues » (*Ibid.*, p. 103.)

d'abord que cette augmentation de température, à partir de la surface jusqu'à une certaine profondeur, ne fournit pas matière à une objection ; dans notre hypothèse même, elle est nécessaire, puisque le *maximum* d'intensité de la chaleur doit être au point de contact du noyau métallique avec la couche oxydée (1). Ajoutons que l'homme s'enfonce au plus à une lieue en terre, de sorte qu'il ne peut observer ce qui se passe que sur 1/1400 du diamètre du globe. Conclure de ce qui s'observe dans cette petite fraction du diamètre ce qui a lieu dans toute son étendue est d'une extrême légèreté, et c'est au contraire en physique une règle imprescriptible, qu'on ne doit considérer une loi comme générale, que lorsqu'elle a été observée directement dans la plus grande partie de l'échelle (2). »

Les savants n'ont pas toujours procédé avec la réserve que leur commandait cette règle imprescriptible ; et dans plus d'une occasion ils ont porté la hardiesse de leurs conceptions aussi loin que les poètes et les mythologistes. L'hypothèse d'une fluidité ignée ou d'une incandescence originelle une fois admise, les astronomes, les physiciens et les géologues du siècle dernier se sont

(1) « La source de chaleur se trouve au contact de la couche non oxydée et de la croûte oxydée, et elle est due en grande partie à l'action chimique qui a lieu en cette région. Ajoutons qu'il existe, pour sa production, une cause secondaire dans les courants électriques qui résultent du contact de ces deux couches hétérogènes. Un autre effet des courants produit par cet immense couple galvanique se manifeste à la surface de la terre, dans la direction de l'aiguille aimantée. Les courants se produisent aussi au contact des couches des différents oxydes, mais moins énergiquement, en raison de la moindre conductibilité des oxydes. Leurs effets tendent à se manifester également à la surface de la terre. » (*Ibid.* p. 107).

(2) *Théorie de la Terre*, p. 105 et 106.

accordés pour nous menacer d'une ruine générale, quand la chaleur centrale viendra à nous abandonner. La chaleur du soleil, disent-ils, ne forme qu'une très-petite partie de celle dont nous ressentons l'heureuse influence. La terre qui se refroidit tous les jours est destinée à voir successivement s'engourdir toutes ses générations animées, et à n'être dans les siècles futurs qu'une masse glacée et dépourvue de vie.

« On trouve par un calcul fort simple, écrivait à Voltaire l'illustre et infortuné Bailly, qu'il faut que la terre ait en hiver un fond de chaleur environ 150 fois plus considérable que celle qu'elle reçoit dans le même temps du soleil, (M. de Mairan trouve 500 fois par un calcul qui me paraît exact) et 25 fois plus grande que celle des rayons d'été... On a été longtemps sans doute à faire croire aux hommes que la lune, qui les éclaire, n'est pas lumineuse par elle-même ; comment leur persuader, en hiver, lorsque le froid les pénètre, qu'ils éprouvent une chaleur 25 fois plus grande que celle du soleil en été ; et en été, lorsque cet astre les brûle, qu'ils périraient de froid, s'ils n'étaient échauffés que par ses rayons (1). » Buffon, dans ses Époques de la nature, n'a pas été plus modeste dans son évaluation : il estime que la vie de la nature sensible s'éteindra dans 93,000 ans, époque à laquelle notre globe sera plus froid que la glace. Si quelques-uns de nos géologues plutoniens n'osent plus exprimer numériquement leurs pensées sur l'intensité et la durée de la chaleur terrestre, ils ne persistent pas moins à nous menacer d'une congélation générale à une époque plus ou moins reculée. « L'at-

(1) 9e lettre à M. de Voltaire sur l'origine des sciences, p. 293 et 303.

mosphère, disent-ils, ne cessant de diminuer par la condensation des matières qui la composent, finira par disparaître successivement, à mesure que la chaleur centrale diminuera, que la croûte terrestre s'augmentera par-dessus et par-dessous, et que le globe s'approchera d'une inertie et d'une extinction plus complète. Alors il n'y aura plus de vie sur le globe, ou du moins, n'y ayant plus ni air ni chaleur, et les eaux ne formant qu'une masse de glace, aucun des êtres qui vivent aujourd'hui ne pourra y exister (1). »

Mais nous savons aujourd'hui de science certaine que l'abaissement de la température a tout à fait cessé; que la chaleur primitive du globe, quelle qu'elle soit, ne contribue plus depuis longtemps à la température de sa surface, puisque la température des pôles et celle de l'espace où la terre se meut sont ramenés, ou à fort peu près, à l'équilibre. M. Laplace avait annoncé que la chaleur intérieure de la terre n'ajoute pas maintenant un cinquième de degré à la température moyenne de sa surface; mais des expériences décisives, dues à M. Fourier, nous ont appris que l'effet thermométrique de cette chaleur sur la température de la surface n'est pas même de la trentième partie d'un degré. C'est ce qui a fait dire à M. Arago, que « l'ingénieux roman des » géologues s'est dissipé comme un fantôme devant la » sévérité des calculs mathématiques, et que l'affreuse » congélation du globe, dont Buffon fixait l'époque » au moment où la chaleur intérieure se sera totalement » dissipée, est un pur rêve (2). »

(1) *Géolog. élém.* p. 71. — *La Géolog. liée à l'astronom.* par M. de Nigris, p. 50, 1845.

(2) *Ann.* 1834, p. 191, 192.

Ce dernier résultat des découvertes scientifiques vient pleinement confirmer cette grande vérité, que, depuis que le Créateur *a donné la terre aux enfants des hommes*, tout dans le ciel comme sur la terre a pris un état fixe et immuable ; résultat non moins fécond que celui obtenu par nos géomètres, qui ont démontré que l'équilibre général des diverses parties dont se compose notre système solaire DOIT se maintenir éternellement dans son état actuel : *Non inclinabitur in seculum seculi.* (Ps. CIII, 5.)

Il est démontré aujourd'hui que notre monde présente toutes les conditions de durée et de stabilité, et que l'attraction ne peut aucunement altérer cette immutabilité, comme le croyait Newton ; et nous avons vu que la résistance de l'éther, non plus que la prétendue émission de la substance du soleil, ne peuvent détruire l'arrangement des planètes, comme M. Laplace et beaucoup d'autres astronomes et la plupart des physiciens le supposaient. La stabilité des pôles de la terre est reconnue avec la même exactitude. L'océan lui-même est désormais soumis à la même loi : « Son niveau moyen est constant ; il n'y a point d'abaissement universel ; il n'y a point d'empiétement général (1) : » *Usque huc venies, et non procedes ampliùs* (Job, XXXVIII, 11.)

C'est ainsi que « la terre, jusque du plus bas de ses fondements, se joint aux chœurs des globes célestes qui roulent dans l'immensité de l'espace, pour proclamer la gloire et chanter les louanges du Dieu qui les créa, du Dieu qui les conserve (2). »

Cependant cette harmonie sublime qu'on croyait

(1) Cuvier, *Disc. sur les révol. du globe*, p. 39.

(2) Buckland, *op. cit.* t. I. p. 525.

éternelle n'a pas été connue des âges qui ont précédé la naissance du genre humain. Ces lacs profondément creusés, ces immenses escarpements autour de toutes les mers du globe, tout nous indique que les couches géologiques, formées dans une position horizontale, ont été fracturées, en partie soulevées et en partie affaissées, et que ces déchirements du sol se sont continués longtemps encore après l'apparition de la nature vivante. Mais les savants ont interrogé ces antiques archives de la terre ; et, dans ce nouveau champ, où l'ignorance n'avait trouvé que désordre et confusion, se manifestent encore des preuves irréfragables de desseins arrêtés et d'une volonté unique et toute puissante. Les montagnes d'où sortent tant de fleuves qui vont fertilisant la terre et les bassins des mers sont les résultats de ces changements de niveau. D'un autre côté, il est avéré que les terrains se sont formés, et que les plantes et les animaux se sont propagés précisément dans l'ordre indiqué par la Genèse. L'apparition des végétaux, et la succession des animaux de la mer, de l'air et de la terre répondent à l'ordre dans lequel le livre divin les fait paraître au jour. Sur ce point, tous les savants sont d'accord pour rendre hommage à l'historien des temps de la création :

« Il résulte des ingénieuses recherches de M. Adolphe Brongniart, qu'à ces époques reculées, l'atmosphère contenait beaucoup plus d'acide carbonique qu'elle n'en contient aujourd'hui. Elle était impropre à la respiration des animaux, mais très-favorable à la végétation ; aussi la terre se couvrit-elle de plantes qui trouvaient dans l'air, bien plus riche en carbone, une nourriture plus abondante que de nos jours. L'absorption et la destruction continuelle de l'acide carbonique par les végétaux rendaient l'air de plus en plus semblable en composition à ce qu'il est maintenant. Cependant l'atmosphère n'était pas encore propre à entretenir la vie des animaux qui respirent l'air directement, et ce fut dans l'eau qu'apparurent d'abord les premiers êtres appartenant à ce règne.

» La première population des mers fut uniquement composée d'invertébrés; puis vinrent les poissons, et plus tard les reptiles marins, et même, d'après le récit de Moïse, des oiseaux (1) qui devaient surtout être des oiseaux aquatiques, puisqu'à cette époque, le rapport

(1) « La création des oiseaux est aussi placée par l'auteur sacré, dans le 5e jour, après celle des animaux de la mer. Jusqu'à ces derniers temps on ne connaissait aucun fait *irrécusable* qui pût constater l'existence des oiseaux proprement dits pendant la seconde époque géologique. Mais, tout récemment, dans les premiers mois de 1836, de nombreuses espèces d'oiseaux viennent d'être reconnues et caractérisées dans les grès rouges des Etats-Unis. » (*Géolog. élém. p.* 61, 3e *édition.*)

Tous les jours de nouvelles découvertes viennent apprendre aux savants que les oiseaux sont effectivement les plus anciens habitants des terres desséchées. « Ces animaux se montrent fossiles jusques dans les terrains secondaires inférieurs ; ils sont représentés dans le grès bigarré par de simples empreintes de leurs pieds, dans les terrains jurassiques par quelques échassiers, dans le gypse de Montmartre, par neuf espèces, tant rapaces que gallinacées ou palmipèdes, etc. (Voy. le *Diction. Géolog.* au mot *Oiseaux,* et le *Mémoire* de M. de Blainville, lu à l'Académie des sciences, le 11 décembre 1837.)

« Tous les doutes sur l'existence de véritables oiseaux, aux premières époques géologiques, viennent d'être levés par la découverte faite d'un squelette entier empâté dans le schiste du canton de Glaris. Il ne peut plus être question seulement d'oiseaux aquatiques, d'oiseaux nageurs. Le squelette trouvé par M. Escher, de Zurich, et décrit par M. Von Meyer provient d'un individu de l'ordre des passereaux, et de la taille d'une alouette. » (*Echo du Monde savant*, du 17 février 1841).

des parties découvertes aux parties submergées du globe était bien moindre qu'à présent.

» Après l'époque des poissons, après celle des reptiles et des oiseaux, vinrent les mammifères ; et enfin, l'atmosphère étant suffisamment épurée, la terre étant capable d'entretenir une plus noble génération, apparut l'homme, *le chef-d'œuvre de la création.*

» Or cet ordre d'apparition des êtres organisés est précisément l'ordre de l'œuvre des six jours, tel que nous le donne la Genèse ; et depuis l'apparition de l'homme, la seule catastrophe qu'ait éprouvée le globe est celle qui correspond au déluge (1). »

« Il est très-remarquable, et cela ne peut manquer de conduire à de profondes méditations, que l'apparition des oiseaux et des quadrupèdes, suivant l'ordre des créations que nous retrace la Genèse, n'a eu lieu qu'après celle des végétaux et des animaux aquatiques, des poissons et des reptiles, c'est-à-dire précisément dans l'ordre où leurs dépouilles se présentent au milieu des terrains. » « Nous ne pouvons trop remarquer cet ordre admirable parfaitement d'accord avec les plus saines notions qui forment la base de la géologie positive. Quel hommage ne devons-nous pas à l'historien inspiré ! » « Cette succession des faits indiqués d'abord par Moïse et reconnue aujourd'hui dans les couches du globe est tellement concordante, que le premier chapitre du livre saint pourrait, en quelque sorte, être considéré maintenant comme le sommaire ou la table des matières d'un cours de géologie le plus élevé (2). »

(1) M. Ampère, *op. cit.* p. 104, 105.

(2) M. Beudant, *Voyag. minéral. et géolog. en Hongrie.* — M. Demerson, *Hist. natur. du globe terrestre.* — M. N. Boubée, *op. cit.*

« D'après Moïse, comme d'après les faits géologiques, la vie aurait commencé sur la terre par les végétaux, et premièrement par les plantes herbacées. Du moins ce grand écrivain met constamment le mot *herbam* avant *lignum*, quoique les arbres frappent bien plus les regards que les herbes proprement dites. Il a donc admis, comme un point de fait, cette vérité, qui n'a été démontrée qu'après dix-huit siècles d'observation, que les êtres vivants s'étaient succédé les uns aux autres, en raison inverse de la complication de leur organisation. Ainsi non-seulement, d'après la Genèse, la création des êtres organisés a commencé par les plantes herbacées auxquelles les arbres auraient succédé, mais ce ne serait qu'à la cinquième époque qu'auraient paru les poissons, les reptiles et les oiseaux, et seulement à la sixième que les mammifères terrestres et l'homme enfin auraient été créés. Cette succession, en raison inverse de la complication de l'organisation est un fait des plus remarquables. On s'étonne de le voir consigné dans un livre aussi ancien que la Genèse; car on ne s'en est douté que depuis un demi-siècle au plus (1). »

« Ici se présente une considération dont il serait difficile de ne pas être frappé : puisqu'un livre, écrit à une époque où les sciences naturelles étaient si peu éclairées, renferme cependant, en quelques lignes, le sommaire des conséquences les plus remarquables auxquelles il ne pouvait être possible d'arriver qu'après les immenses progrès amenés dans la science par le XVIIIe et le XIXe siècle; puisque ces conclusions se trouvent en rapport avec des faits qui n'étaient ni connus

(1) M. M. de Serres, *op. cit.* p. 69, 70.

ni même soupçonnés à cette époque, et qui ne l'avaient jamais été jusqu'à nos jours, et que les philosophes de tous les temps ont toujours considérés contradictoirement et sous des points de vue toujours erronés ; puisqu'enfin ce livre, si supérieur à son siècle sous le rapport de la science, lui est également supérieur sous le rapport de la morale et de la philosophie naturelle, on est obligé d'admettre qu'il y a dans ce livre quelque chose de supérieur à l'homme, quelque chose qu'il ne voit pas, qu'il ne conçoit pas, mais qui le presse irrésistiblement !!... (1). »

Cependant ces savants ne paraissent pas avoir compris, que l'auteur de ce livre ne peut que nous parler encore le langage de la vérité d'une manière tout aussi rigoureusement exacte, lorsqu'il nous représente la terre déjà sortie du sein des eaux et appropriée aux besoins d'une végétation naissante, avant que le soleil, qui ne vient qu'à la quatrième époque, *eût marqué la succession du jour et de la nuit*. Car, dans leurs systèmes divers, l'existence organique du soleil est antérieure à celle du globe qu'il éclaire : la terre est le produit, soit d'une éruption ignée du soleil, soit de la condensation de son atmosphère. Désireux néanmoins de donner à cette monstrueuse disparate l'autorité d'une théorie en harmonie avec le plan genésiaque, les auteurs de ces systèmes se sont mis à forger à la terre, avec des matières métalliques, une atmosphère impénétrable aux rayons solaires. La terre ainsi abritée, *les astres*, pour reproduire ici les propres expressions de l'un de ces cosmogonistes, *ne purent être aperçus de la surface, et*

(1) *Géolog. élém.* Concord. des faits géolog. avec la Genèse.

y faire pénétrer leur influence lumineuse, que lorsque ces matières volatilisables, telles que le mercure, le plomb, le zinc, etc., se furent enfin condensées et répandues sur le sol, après la formation des terrains primitifs et de transition, au quatrième jour (1); c'est-à-dire à une époque où, d'après la Genèse, comme d'après la géologie, la terre depuis longtemps sortie du sein des eaux se couvrait de végétaux.

Au contraire, chez les cosmogonistes à *création double* (2), la terre avait, dès l'origine, *une lumière aussi vive qu'étincelante de clarté,* mais une lumière propre, à elle appartenant. Voici ce qui le prouve ou comment on le prouve :

« Dans le principe des choses, tous les matériaux qui » composent aujourd'hui la masse solide du globe ne » formaient qu'un vaste bain liquide, où bouillonnaient » de toutes parts les matières les plus denses et les plus » fixes. Comment une pareille conflagration aurait-elle » pu avoir lieu sans produire une lumière aussi vive » qu'étincelante de clarté ? »

On assure même que « cette lumière devait être des » plus resplendissantes, à peu près comme celle que » nous produisons en portant à l'état d'ignition des » fragments de chaux dans certains mélanges gazeux

(1) M. Nérée Boubée, *Géol. élém.*, p. 60, 61, 3e édition.

(2) Les partisans de ce système renouvelé de Whiston se divisent tout d'abord. Les uns, comme M. Marcel de Serres, estiment que les formations géologiques font partie de la seconde création, de la création actuelle. Les autres, avec le docteur Buckland, rejètent toutes les formations géologiques au delà du premier jour genésiaque, dans une ou plusieurs créations antérieures à la création décrite dans nos Livres Saints Nous nous occuperons tout spécialement de ces derniers dans la section suivante.

» dont l'œil ne peut supporter l'éclat ni la vivacité ; » et encore, que « c'est sur les données fournies par la » Genèse, que nous avons eu les premières idées sur » l'origine de cette terre, qui, comme certains des » astres qui nous éclairent, est maintenant un soleil » éteint et tout à fait encroûté (1). »

Nous ne nous arrêterons pas à demander à ces continuateurs de Whiston, quels sont ces certains astres qui nous éclairent, et comment ils nous éclairent s'ils ne sont plus que des soleils éteints et tout à fait encroûtés, ni quelles sont ces données fournies par la Genèse sur cette origine de notre terre à l'état de soleil. Nous ne leur demanderons même pas si la terre était encore un vaste bain liquide et bouillonnant, ou si elle n'avait déjà plus sa lumière propre, si elle était déjà un soleil éteint à la troisième époque genésiaque, alors que sa surface se couvrait de végétaux. La réponse à l'une ou à l'autre de ces questions serait par trop embarrassante. Nous ne nous arrêterons pas non plus à faire voir que l'explication non moins désespérée des cosmogonistes à effluxions solaires est en opposition flagrante avec les premières notions de l'hydrostatique, de la gazéostatique et de la physiologie végétale ; que les matières métalliques ont plus de pesanteur que l'eau, et que ces substances ont besoin d'un degré de chaleur beaucoup plus élevé pour se maintenir à l'état de gaz ou de vapeur ; que la lumière est indispensable à la végétation, et que toutes les plantes ont besoin d'être sous son influence pour croître et se reproduire.

Il nous tarde d'exposer le récit biblique, dans l'éco-

(1) M. M. de Serres, *op. cit.* p. 109, 327.

nomie duquel nous trouverons toutes les données nécessaires pour la résolution d'une difficulté contre laquelle ont échoué les efforts de tant d'interprètes, et qui a servi si longtemps de point de mire aux sarcasmes de tous ceux qui se disaient les sages de la terre.

Cependant, avant d'examiner cette grande merveille de la Genèse, qu'on appelle communément la création du soleil, de la lune et des étoiles, nous ne pouvons nous dispenser de présenter une esquisse rapide des résultats des découvertes de la géologie moderne; résultats de la plus haute importance pour la solution d'une autre difficulté qu'on oppose aujourd'hui au plan symétrique des créations genésiaques, difficulté que suscite le fait désormais incontestable de l'apparition successive des êtres organisés, ou d'une continuelle succession d'extinctions et de remplacements parmi les végétaux et les animaux. L'observation des couches fossilifères constate qu'en général les végétaux du troisième jour ou de la troisième époque de la Genèse, ne sont pas les mêmes que ceux qui ornent la surface de la terre à l'époque actuelle. Il en est de même de la plupart de nos animaux dont on ne retrouve pas les analogues dans les terrains anciens. Généralement chaque formation géologique est caractérisée par des êtres distincts et particuliers, aussi différents de ceux qui les ont précédés que de ceux qui les ont suivis. Il faut donc, avant tout, que nous examinions comment cette succession de créations longtemps et souvent répétées se concilie avec l'ordre harmonique des créations énumérées dans la Genèse, ordre de choses qui commence dès le troisième jour.

SECTION TROISIÈME.

APPENDICES AU TROISIÈME JOUR.

PREMIER APPENDICE.

CRÉATIONS SUCCESSIVES.

Intervention du Créateur réclamée par la science. — Révélations de la géologie sur la naissance des êtres organisés et sur la permanence des espèces créées. — Époque de la cessation de l'action créatrice. — Question des créations successives envisagée sous un point de vue nouveau. — Loi de continuité. — Ordre d'origine et ordre de prédominance des grandes divisions de la nature organique et du monde inorganique. — Création complémentaire en Éden. — L'homme mis en possession du globe terrestre et constitué gérant responsable du Créateur. — Réfutation de l'hypothèse qui rejette les formations géologiques au delà du premier jour génésiaque.

L'apparition des végétaux et des animaux a été la pierre d'achoppement de tous les philosophes. Les recherches de l'esprit humain sont impuissantes à pénétrer ce mystère dont le Créateur s'est réservé le secret. Sur ce point la philosophie la plus orgueilleuse ne rougit plus de faire l'aveu de son ignorance : « La loi des

» créations organiques nous est inconnue. Nous savons
» seulement qu'il y a une loi, et que des conditions
» d'existence et de durée ont été assignées par la Pro-
» vidence divine à chacune des espèces végétales et
» animales, selon l'ordre de leur apparition (1). »

Depuis longtemps déjà il n'était plus question de ces formations spontanées d'animalcules connus ou inconnus ; les étonnantes observations de Muller, et les principes de la physiologie mieux connus, avaient fait abandonner ces suppositions hasardées, si chéries des anciens. Les études de nos naturalistes et les immenses découvertes du professeur Ehrenberg, de Berlin, sur les infusoires vivants et fossiles, ont mis cette branche de l'histoire naturelle au niveau de la science des animaux supérieurs, et permis de classer ces infiniments petits comme on classe tous les autres habitants du globe ; leur organisation, à certains égards, étant chez eux aussi complexe que chez les autres animaux, qui « tous ont tenu d'abord à un corps de la même forme qu'eux, mais développé avant eux, en un mot à un *parent*. Tant que le petit n'a point de vie propre, mais participe à celle de son parent, il s'appelle un *germe*. Le lieu où le germe est attaché, la cause occasionnelle qui le détache et lui donne une vie isolée, varient, mais cette adhérence primitive à un être semblable est une règle *sans exception* (2). »

Cependant, en 1837, l'annonce merveilleuse d'une création d'insectes microscopiques par une opération chimico-électrique fut dénoncée à l'assemblée de l'As-

(1) M. H. Reboul, *Géologie de la période quaternaire*, p. 170, 171.
(2) Cuvier, *Règne animal*, t. 1er, p. 14.

sociation britannique. Les savants étrangers ayant refusé de légitimer ce nouveau mode de création, M. Cross (c'est le nom du créateur), interjeta appel auprès des savants français. Il remit donc un animalcule de sa fabrication à M. Roberton, pour être présenté à l'Académie des Sciences. Cette mite, soumise par M. Turpin à l'action d'un microscope armé du grossissement d'environ 280 fois le diamètre, fit voir un animalcule du genre *acarus*, et précisément une femelle qui portait un gros œuf oviculaire ; en sorte que M. Cross, qui croyait n'avoir créé qu'un seul animal, se trouvait être le créateur de toute une génération d'animaux.

Aussi personne n'a songé à réclamer contre cette décision du rapporteur, que le naturaliste anglais n'a pas plus fait naître son acarus femelle avec un caillou et de la potasse, qu'Aristée n'a produit des abeilles avec le sang d'un bœuf, quoiqu'en ait dit Virgile (1).

La sévérité de cette sentence académique n'a pu surprendre que celui qu'elle atteignait ; car « la vie exerçant sur les éléments qui font à chaque instant partie du corps vivant et sur ceux qu'elle y attire, une action contraire à ce que produiraient sans elle les affinités chimiques ordinaires, il répugne qu'elle puisse être elle-même produite par ces affinités (2). »

« La vie ne naît que de la vie, et il n'en existe » d'autre que celle qui a été transmise de corps vivants » en corps vivants par une succession non interrom- » pue (3). »

(1) *Académ. des Scienc.* Séance du 13 novembre 1837.

(2) *Règne animal*, loc. cit.

(3) *Anatomie comparée*, t. I, p. 7.

« La chimie ne peut que désorganiser, décomposer » et séparer tout ce que la physiologie a organisé, » composé et rapproché à l'aide d'un divin principe » ou du souffle de vie que la chimie ne découvrira » jamais (1). »

Telle est la profession de foi philosophique de notre époque, qui proclame encore que « la physiologie a » des dogmes et des barrières immenses, infranchis- » sables pour l'humanité, devant lesquelles la chimie, » toute savante et puissante qu'elle est, s'arrêtera un » jour, peut-être bientôt, en s'inclinant avec humi- » lité (2). » Et telle était déjà la profession de foi des collaborateurs de Lavoisier, du père de la véritable chimie, qui appelaient l'esprit vivifiant des corps organisés, émané du souffle divin, « une archée, une âme, » une nature, un Dieu, un être présent partout, un » esprit plus pur que la pensée (3). »

Autrefois les matérialistes, pour échapper à la nécessité d'une création, avaient recours à une succession éternelle et infinie des êtres vivants. La géologie, en constatant que *la vie n'a pas toujours existé sur le globe, et qu'il est facile à l'observateur de reconnaître le point où elle a commencé à déposer ses produits* (4), a détruit pour jamais cette opinion, qui avait été soutenue avec talent par les philosophes du dernier siècle, et par les sages de l'antiquité.

C'est encore à la géologie que nous devons la plus

(1) *Organograph. et Physiolog. végétales*. Comptes rendus de l'Acad. des Scienc. Séance du 27 juillet 1846.

(2) *Ibid*. Séance du 20 avril 1846.

(3) M. Lorinet, *Essais de l'Acid. phosph.*

(4) Cuvier, *Disc. sur les révol. du globe*, p. 18.

complète réfutation de tous ces systèmes à métamorphoses, selon lesquels les espèces végétales et les races animales, d'abord fort simples et uniformes vont toujours en se compliquant et en se perfectionnant de plus en plus. Cuvier, dont l'immortel ouvrage sur les ossements fossiles a porté le dernier coup à ces séduisantes hypothèses, demande à ces faiseurs de systèmes pourquoi les entrailles de la terre n'ont point conservé les monuments d'une généalogie si curieuse, pourquoi on ne trouve aucune trace de ces modifications graduelles, aucune forme intermédiaire entre les espèces détruites et les espèces d'aujourd'hui (1).

« C'est un fait paléontologique d'une haute importance, écrivait, en 1845, M. Agassiz, à MM. Murchison et de Verneuil, que cette diversité des familles, des genres et des espèces des temps les plus anciens du développement de la vie organique à la surface du globe ; et s'il fallait de nouvelles preuves pour démontrer que les fossiles de chaque formation géologique sont les représentants d'autant de créations indépendantes, et que la diversité des espèces des époques postérieures n'est pas le résultat de la différenciation d'un petit nombre de types antérieurs, les poissons que vous venez de soumettre à ma détermination en seraient une démonstration complète (2). »

(1) Cuvier, *Disc. sur les révol. du globe*, p. 118.

(2) *Géologie de la Russie d'Europe et des montagnes de l'Oural.* (Lettres sur les Poissons fossiles du système dévonien de la Russie.) 2e vol. in-4°. p. 407, 408.

Ce caractère de constance et de fixité, qui distingue tous les ouvrages du Créateur, est pareillement empreint dans les espèces placées aux derniers degrés de l'échelle zoologique Les cardium, les mytilus,

« Nous avons acquis cette connaissance certaine,
» disent encore les géologues, que leurs apparitions
» ou créations (des êtres organisés) ont été successives.
» Nous savons aussi que plusieurs espèces, après avoir
» longtemps habité la terre ont cessé d'exister; ce qui,
» ajoutent-ils, rend assez vraisemblable cette induc-
» tion, que de nouvelles espèces peuvent et doivent
» survenir (1). »

Cette induction est des plus légitimes; elle a pour elle toutes les régles de la logique; elle est incontestable. Aussi, est-ce dans un tout autre ordre de choses que nous avons acquis, de notre côté, cette connaissance certaine, que de nouvelles espèces ne peuvent et ne doivent plus survenir. Le Créateur a daigné lui-même nous apprendre qu'il a accompli toutes ses œuvres dans l'espace des six jours genésiaques; et que, le septième jour, il a cessé de créer et de produire (Gen. II; Exod. XX, etc.); et que la cessation de son action créatrice ou que le jour de son repos, dont notre septième jour est un commémoratif perpétuel, durera aussi longtemps que le signe qui sert à représenter cet accomplissement de toutes ses œuvres, aussi longtemps que le pacte qu'il a fait avec les enfants des hommes (2).

les buccins, les vénus que M. de Verneuil a recueillis dans les tumulus des rives du Bosphore Cimmérien, sont d'une ressemblance parfaite avec les espèces de mollusques qui habitent encore aujourd'hui ces mêmes côtes. « Et cependant deux mille ans se sont écoulés depuis » l'époque où ces tumulus ont été élevés, et, malgré ce long espace de » temps, point de modifications dans les espèces, point de change- » ment même dans leur distribution. » (*Mém. géolog. sur la Crimée*, par M. de Verneuil, in-4, p. 10.)

(1) M. H. Reboul, *loc. cit.*

(2) Custodiant filii Israël sabbatum, et celebrent illud in genera-

Mais ici, en face de la Genèse et de l'harmonie symétrique de ses créations, se présente la question des apparitions ou créations successives que réclament instamment les monuments géologiques, la question de ces formations concomitantes de nouveaux animaux et de nouvelles plantes aux diverses époques géologiques.

Voyons donc quelle est la doctrine présentement enseignée en géologie.

Pour expliquer certains phénomènes, on n'a plus recours à ces irruptions itératives de la mer, à ces alternatives de destructions et de créations nouvelles qui coûtaient si peu aux premiers géologues. A cet égard il y a insurrection générale de la science la plus moderne contre la *vieille* science des *géologistes*, pour reproduire les expressions du jour.

On reconnaît et on convient aujourd'hui que la vie sur le globe n'a point été renouvelée; que seulement d'autres espèces, des familles nouvelles étaient successivement répandues sur sa surface à mesure que les races anciennes disparaissaient ; qu'à mesure que les conditions d'existence changeaient, des espèces nouvelles venaient remplacer celles qui n'avaient plus de rôles à remplir.

En même temps on enseigne qu'une merveilleuse harmonie, qui révèle de toutes parts un plan unique suivi constamment, uniformément, se manifeste, dès l'origine, dans toutes les parties de la création; que les poissons les plus anciens, ceux des roches silusiennes, possèdent une organisation aussi parfaite que celle de

tionibus suis. Pactum est sempiternum inter me et filios Israël, signumque perpetuum ; sex enim diebus fecit Dominus cœlum et terram, et in septimo ab opere cessavit. (*Exod.* XXXI. 16, 17).

plusieurs espèces actuellement vivantes dans la Méditerranée ; que dès les premiers temps, les formes organiques les plus élevées et les plus complètes ont été réalisées dans les différentes classes, et que si pendant la longue durée des périodes géologiques il y a eu changement dans les espèces, il n'y a pas eu perfectionnement dans l'ensemble ; que même sur plusieurs points on observe une sorte de développement rétrograde qui s'avance des formes complexes aux formes simples ; que certaines espèces offrent dans leur organisation une perfection de mécanisme, un fini de combinaison beaucoup plus admirable que chez aucune des espèces qui les représentent dans les âges postérieurs.

« On est forcé d'abandonner cette ancienne idée que » les premiers êtres n'étaient que des ébauches imparfaites de la nature. S'il y a eu progrès dans la » création en ce sens que les différentes classes d'animaux vertébrés n'ont paru que successivement, il » est important de bien établir que les produits de la » création, quel que soit le rang qui leur est assigné, » ont présenté à toutes les époques cette admirable » perfection qui appartient à tout ce qui sort des mains » du Créateur. »

C'est ainsi que la mission de porter le dernier coup à la théorie d'un développement progressif, tel que l'entendaient les anciens géologues, a été plus spécialement confiée à MM. Murchison, de Verneuil et Keyserling, qui ont encore été appelés à constater que « l'extinction et le renouvellement des espèces ne sont » pas dus à des changements de courants ou à d'autres » causes plus ou moins locales ou temporaires, mais

» qu'ils dépendent de lois plus générales qui gouvernent » le règne animal tout entier (1). »

Dans ce revirement de la science M. Agassiz devait faire entendre sa puissante voix. Aussi vient-il de signaler à l'attention du monde savant, que « l'existence de la famille des Clypéastroïdes si répandus dans nos mers actuelles offre un fait analogue à celui que présente la famille des Ammonites à la dernière époque de son existence dans les terrains crétacés, où l'on voit apparaître une foule de genres bizarrement enroulés à la suite des espèces si régulières et si parfaitement symétriques des terrains les plus anciens ; » que « les Echinodermes étoilés commencent leur développement dans les terrains les plus anciens par une foule de genres et d'espèces qui, à bien des égards, paraissent de beaucoup supérieurs à leurs représentants actuels ; » que « l'étude des végétaux fossiles a déjà mis en évidence des faits analogues ; » que « il suffit pour s'en convaincre, de rappeler les Fougères, les Lycopodiacées et les Equisétacées des terrains houillers, et de les comparer aux représentants actuels de ces familles (2). »

Dans ce nouvel état de choses, il nous semble que rien ne s'oppose, ou plutôt il nous semble que tout concourt à concilier les doctrines de la saine géologie avec les révélations de la Genèse.

D'abord, il n'est dit nulle part dans l'Écriture que chaque ordre de formations ait atteint son complément ou ses dernières limites avant la première manifestation

(1) *Coup d'œil général sur la faune du terrain paléozoïque de la Russie.* (Résumé de la géologie de la Russie d'Europe et des montagnes de l'Oural.)

(2) *Académie des Sciences,* séance du 10 août 1846.

d'un autre ordre de créatures. Rien ne nous empêche d'admettre que, dans chaque ordre, le nombre des espèces s'est multiplié successivement et à des intervalles plus ou moins longs. En donnant à la terre la vertu productrice, Dieu n'a-t-il pu vouloir que l'action de cette vertu eût un développement graduel? N'est-ce pas ce même plan que la puissance créatrice a suivi dans la production des grandes merveilles de l'univers? La lumière se manifeste dès le premier jour, et le deuxième jour le firmament se fait au milieu des eaux; mais ce n'est que le quatrième jour, et après l'organisation complète du globe terrestre, que cette lumière doit faire l'ornement du firmament du ciel. La Toute puissance divine, qui a voulu se manifester par des développements graduels dans la formation des mondes, a bien pu vouloir conserver une gradation analogue dans la formation des choses de notre monde; et rien dans le récit historique ne nous empêche d'admettre que la vie sur notre globe ait suivi une progression semblable; que chaque ordre de créations organiques ait eu ses développements successifs et répétés. La loi du développement graduel qui se retrouve dans tous les ordres des phénomènes de la nature n'est-elle pas la loi universelle de la création? N'est-ce pas de cette loi universelle de continuité que nous parle la Sagesse incréée, cette ordonnatrice et directrice des œuvres divines, lorsqu'elle nous dit que si elle embrasse dans ses vastes conceptions le commencement et la fin des êtres, elle ne les dispose qu'avec tempérament; qu'elle a réglé toutes les choses de la création avec mesure, avec nombre et avec poids (1). Il faut, mais il suffit à

(1) Attingit ergò à fine usque ad finem fortiter et disponit omnia

la vérité du récit genésiaque, qu'après la première apparition des végétaux, la vie ait commencé à se développer au sein des eaux, puis ensuite dans les airs, et en dernier lieu à la surface du sol terrestre. Or, nous avons vu qu'il n'y a qu'une voix parmi les savants pour proclamer que tel a été l'ordre observé dans la création des êtres organisés.

Ensuite, nous voyons que dans la récapitulation de l'historien sacré, toutes les merveilles que renferment le ciel et la terre sont appelées les générations du ciel et de la terre, et que les six jours eux-mêmes ne sont plus considérés que comme un seul et même jour ; pour nous donner à entendre que l'exécution des desseins de Dieu sur toutes les parties de l'univers et sur chacune de ses parties fut le résultat d'une action incessante, *à fine usque ad finem,* d'une action continuée sur chacune de ces parties jusqu'au jour du repos du Créateur ou de la cessation de la puissance créatrice : *Istæ sunt generationes cœli et terræ quandò creatæ sunt, in* DIE *quo fecit Dominus Deus cœlum et terram.*

Ainsi, dans ces temps de création, sous le règne des lois organisatrices, l'ordre avançait vers son complément par voie de générations *évolutives* ou de renouvellement des espèces, comme il se conserve dans l'état présent par voie de propagations individuelles. Et déjà les savants ont pu se convaincre qu'alors la durée des espèces était variable comme celle des individus, puisque certains fossiles se trouvent limités à certaines couches, tandis que d'autres espèces traversent toute la série des terrains sans aucune interruption.

suaviter. (*Sap.* VIII, 14.) — Creavit omnia simul. Sed omnia in mensurâ et numero, et pondere disposuisti.

Les enseignements de la Genèse sur ces évolutions du monde organique n'ont point échappé à la sagacité des interprètes.

Sur ce premier commandement : « Que la terre pro» duise des végétaux, *germinet terra,* » ils font remarquer que Moïse parle « comme si Dieu avait donné à la terre la vertu de produire les plantes. » Sur ce second commandement : « que la terre produise des animaux, *producat terra*, » leurs réflexions ont encore plus de portée. « Il semble, disent-ils, que Moïse attribue ici à la terre une vertu de produire les animaux, semblable à peu près à celle que les animaux eux-mêmes ont de produire leurs semblables. C'est dans ce même sens que les anciens nommaient la terre la mère de toutes choses. Mais Moïse en dit assez pour rectifier ces idées (des anciens), et pour faire comprendre que toute cette vertu de la terre est un pur effet de la toute puissance de Dieu : Moïse fait agir et parler ici le Créateur comme maître absolu de la nature, qui donne aux animaux ET A LA TERRE toute leur fécondité et leur vertu (1). »

En effet, Moïse en appelle toujours à l'intervention du Créateur comme au souverain ordonnateur de tous les produits de cette fécondité de la terre : c'est Dieu qui parle et c'est Dieu qui opère à chaque ordination nouvelle. Mais, dans ces intronisations des formes organiques, Moïse n'a pu vouloir déterminer que l'ordre d'origine et de nature et l'ordre de prééminence, sans pouvoir rien spécifier relativement au développement graduel des individus ou des espèces compris dans chacun de ces systèmes distincts, dans chacune de ces

(1) D. Calmet, *Comment. littér. sur la Genèse.*

classifications typiques. Ses instructions sont complètes, mais laconiques et sans explication, parce que c'est à la foi qu'elles s'adressent.

Puis, il était impossible que l'historien de la création entrât dans des détails et dans des développements scientifiques qui l'auraient rendu à jamais inintelligible. Pour ne parler ici que de l'ordination du règne végétal, voici les réflexions que fait à ce sujet un savant géologue dont nous avons été obligé de combattre la doctrine cosmogonique, et que par cela même nous citons de préférence, ne voulant faire acception de personnes et voulant au contraire rendre à chacun selon ses œuvres.

« Il a suffi au dessein de l'écrivain sacré d'avoir dit qu'à la troisième époque les plantes avaient été créées, pour qu'il crût n'avoir pas à revenir sur la succession qui paraît avoir eu lieu dans l'apparition des végétaux comme dans celle des animaux. S'il avait adopté une marche contraire à celle qu'il a suivie, aurait-il donné sa sanction aux idées de MM. Lindley et W. Stutton ou à celles de M. Adolphe Brongniart ; car, pour rendre compte de cette succession, il aurait été forcé d'indiquer les diverses classes auxquelles les anciens végétaux avaient appartenu. Ainsi, par exemple, d'après les botanistes anglais que nous venons de citer, les genres *sigillaria* et *stigmaria* que l'on découvre à la fois parmi les terrains de transition et houillers, auraient été des végétaux analogues aux Apocynées, aux Euphorbiacées et aux Cactées, et devraient par conséquent être rangés dans les dicotylédons. D'après le botaniste français, ces deux genres seraient non des dicotylédons, mais plutôt des cryptogames semi-vasculaires ou des æthéogames, classe beaucoup moins avancée en organisation que les dicotylédons proprement dits.

« Ce rapprochement est plus que suffisant pour prouver que la révélation dont la Genèse n'est qu'une émanation, ne devait point descendre dans de pareils détails; car si elle l'avait fait, elle se serait nécessairement mise en opposition ou avec la science telle que la conçoivent les savants anglais, ou avec celle qui ne paraît pas moins réelle aux savants français. Il en aurait été de même si Moïse avait voulu faire cadrer les époques successives des diverses créations dont il nous a donné la première idée, avec celles des diverses formations géologiques ; car à quel point aurait-il pris la science? Serait-ce à ce qu'elle est dans les temps actuels ? mais alors il aurait été bien au-dessous de ce que sera cette même science dans deux ou trois siècles. Ainsi, ou l'auteur de la Genèse aurait été inexact ou il aurait risqué de ne pas être compris. C'est donc avec toute raison que Moïse s'est maintenu dans les bornes qu'il s'est prescrites (1). »

Mais, tout en se maintenant dans ces bornes nécessaires, ou parce qu'il s'est maintenu dans ces bornes nécessaires, Moïse nous avertit dans sa récapitulation qu'il s'est agi, dans l'œuvre des six jours, d'une opération incessante et continue de la puissance créatrice sur chacune des diverses parties de la création, sur chacune de ces six GÉNÉRATIONS du ciel et de la terre.

Moïse nous avertit que le ciel et la terre et tout ce que comprennent le ciel et la terre ne furent achevés que le septième jour, que l'œuvre de Dieu ne fut ac-

(1) M. Marcel de Serres, *op. cit.* p. 77, 78.

complie que le septième jour : *Igitur perfecti sunt cœli et terra et omnis ornatus eorum, complevitque Deus die septimo opus suum quod fecerat ;* que ce fut seulement en ce septième jour que Dieu mit fin à TOUTES ses opérations : *Et requievit die septimo ab* UNIVERSO *opere quod patrarat ;* que ce ne fut que le septième jour que Dieu cessa d'opérer sur chacun de ses ouvrages des six jours, sur chacune des générations du ciel et de la terre : *Et benedixit diei septimo et sanctificavit illum, quia in ipso cessaverat ab* OMNI *opere suo quod creavit Deus ut faceret. Istæ sunt generationes cœli et terræ.* (Gen. II, 1, 2, 3, 4.)

C'est pourquoi, dans son récit, Dieu ne donne sa sanction définitive, solennelle, à toutes ses œuvres, à tous ses ouvrages des six jours, qu'en ce sixième et dernier jour de la création : « Et Dieu vit toutes les choses qu'il avait faites, et elles étaient TRÈS-BONNES, *viditque Deus cuncta quæ fecerat, et erant valdè bona* (Gen. I, 31), ET VOICI TRÈS-BONNES, *et ecce bona valdè* (1). »

Quel est le sens de ces paroles ? qu'est-ce que l'Esprit-Saint nous donne à entendre par ces expressions, se demande saint Augustin ? *meritò quæri potest.* Pourquoi Dieu revoit-il tous ses ouvrages le sixième jour ? *viditque Deus cuncta quæ fecerat.* Partout ailleurs Dieu dit que son ouvrage est bon, *et vidit Deus quòd esset bonum.* Pourquoi est-il dit ici que tous ses ouvrages sont TRÈS-BONS ? *et erant valdè bona.* Pourquoi ici, et ici seulement cette sanction solennelle, définitive, ET VOICI QU'ILS SONT TRÈS-BONS, *et eccè bona valdè ?* N'est-ce pas, répond le saint docteur, parce que les ouvrages de la création n'ont atteint leur perfection que le sixième

(1) Ex vers. Sept.

jour? n'est-ce pas parce que les œuvres du sixième jour, et les œuvres des cinq jours précédents n'ont été achevés que ce sixième jour de la création? *an fortè quia sexto die perficiuntur omnia*? Car, fait observer le judicieux interprète, ces paroles s'appliquent à TOUS les ouvrages de la création, et non pas seulement à l'ouvrage du sixième jour, *propterea de* OMNIBUS *dicendum fuit : Vidit Deus omnia quæ fecit, et ecce bona valdè, non singillatim de iis quæ ipso die facta sunt* (1).

Or, cette sanction solennelle fut donnée immédiatement après la création de l'homme, « ce dernier et ce plus parfait ouvrage du Créateur (2), » à l'ouverture du septième jour, du jour du domaine de l'homme, de ce jour que l'Homme-Dieu a appelé son jour, *diem meum*, et qui ne doit prendre fin qu'après que la bonne nouvelle de son règne de miséricorde aura été annoncée à tous les peuples de la terre.

Alors le règne de l'intelligence, de l'amour et de l'adoration, le règne de la perfectibilité humaine succéda à l'empire de la nature instinctive, au développement de la vie animale qui venait d'atteindre son point culminant, comme l'attestent ces catacombes d'animaux aux proportions colossales, amoncelées à la surface des derniers terrains tertiaires; de même que l'immensité des terrains houillers, ces débris d'une végétation luxuriante et gigantesque, témoigne que la nature végétative avait exercé sa suprématie à une époque antérieure.

Nous disons donc que la question des créations successives ainsi envisagée sous son véritable point de vue,

(1) *De Gen. ad litter.* lib. 3, c. 24.

(2) Cuvier, *Disc. sur les Révol. du globe.*

sous le point de vue que nous offre l'économie du texte sacré, ne présente plus rien de mystérieux ou de difficile pour la conciliation des doctrines de la saine géologie avec les révélations de la Genèse. Car il ne s'agit plus de créations défaites et refaites, de créations recommencées, il ne s'agit plus de destructions successives d'œuvres dont le Créateur s'était applaudi après les avoir faites, comme on nous l'a si inconsidérément objecté. Et, puisqu'il ne peut plus s'agir d'une simultanéité d'évolutions de toutes les espèces que comprend chacune de ces générations de la terre, nous pouvons dire qu'en même temps qu'il a eu égard à l'ordre d'origine et de nature, l'historien de la création a eu en vue la prédominance successive de chacune des grandes divisions de la nature organique.

Ainsi, nous disons que Moïse a eu en vue tout à la fois et l'ordre d'origine et l'ordre de prédominance, en faisant apparaître sur la scène de notre monde les animaux après les végétaux, lesquels succèdent aux laborieuses évolutions du monde inorganique, à l'introduction de la forme dans la matière, et l'introduction de la forme dans la matière à l'empire universel de la lumière, ce premier produit de la création qui pourtant n'arrive à son point final, au but marqué, qu'à la quatrième époque, alors que la terre eut ses luminaires dans le firmament du ciel. Aussi bien, ces immenses magasins de combustible, ces précieux et abondants dépôts de sel gemme, ces inépuisables mines de marbres, de pierres, et tous ces nombreux filons de métaux sans lesquels nulle culture, nulle civilisation ne serait possible, annoncent et publient, non moins que les hautes merveilles des cieux, les grandes vues du Créateur universel dans l'établissement des lois en vertu desquelles les générations genésiaques se sont développées graduellement et successivement, pendant toute la durée de cette longue et incessante préparation de la demeure de l'homme, *qui præparavit terram in æterno tempore.*

Dans ces temps de préparation, dans cet enfantement des choses de notre monde, la nature, dit un savant prélat, avait une puissance de production et d'organisation sur une grande et magnifique échelle. Sa tâche ne se bornait pas à émailler les prairies au printemps ou à découper les côtes par l'action lente mais incessante des courants et des marées; elle opérait dans les grands laboratoires de la terre, soulevant les montagnes et déplaçant les mers, et donnant ainsi au monde ses grands traits à jamais indélébiles. Dans cette enfance du monde, outre l'ordre régulier d'un cours constant et journalier, des causes nécessaires pour produire des effets grands et permanents avaient une puissance maintenant devenue inutile, une tendance *à produire des contrées en même temps que leur végétation, et des races aussi bien que des individus.*

« Les observations faites par Humboldt et Boupland dans l'Amérique du Sud, par Pursh dans les États-Unis, et par Brown à la Nouvelle-Hollande, ont fourni à Decandolle des matériaux suffisants pour entreprendre avec succès une distribution géographique des plantes, en montrant le centre d'où chacune a probablement procédé. Il a énuméré vingt provinces botaniques, comme il les appelle, habitées par des plantes indigènes ou aborigènes. Il n'est donc pas étonnant que, quand l'Amérique a été d'abord découverte, on n'ait pas trouvé une seule plante qui fût connue dans l'ancien monde, excepté celles dont les semences ont pu être transportées à travers les eaux de l'Océan. Dans les États-Unis, sur 2,991 espèces de plantes, 385 seulement se retrouvent dans le nord de l'Europe ; et sur 4,100 espèces découvertes à la Nouvelle-Hollande, on n'en trouve que 166 communes à nos contrées, et de celles-ci, plusieurs ont été introduites par les colons (1). » Des observations analogues ont été faites sur les conditions d'existence, de station et de destination des espèces du règne animal.

Qu'il faille donc admettre que différentes contrées de la terre ont reçu successivement, au fur et à mesure de leur *apparition*, des groupes originaux et autochtones, et que chacun de ces groupes se soit répandu par voie de diffusion, en partant chacun, soit d'un centre unique, soit de centres distincts ou *parallèles*, c'est ce que nous sommes tout disposé à admettre, puisque sur ce point, comme sur beaucoup d'autres, les anciens interprètes du texte sacré, entre autres, saint Grégoire de Nysse, et saint Augustin, ont devancé les inductions de la science, en enseignant que « Dieu produisit dans tous » les endroits du monde un grand nombre d'ani- » maux (2). » Dieu a dit une seule fois : Que la terre produise des végétaux, *germinet terra*, et qu'elle produise des animaux, *producat terra*, de même qu'il n'a dit qu'une seule fois : Que la terre ferme apparaisse, *appareat arida*. Mais si cet ordre a pu être exécuté instantanément et simultanément, il a pu aussi recevoir

(1) *Disc. sur les rapports entre la Science et la Relig. révél.*, par Mgr. Wiseman, 3e et 4e disc., 4e édit.

(2) Voy. *D. Calmet, Comment, littér. sur la Genèse.*

son accomplissement par un enchaînement, une succession d'effets dépendant des causes mises en action par la volonté toute puissante du Créateur. Les phénomènes de l'apparition des continents, comme les conditions d'existence de la nature organique, ont pu tout aussi bien se réaliser graduellement et successivement, en vertu des lois établies à l'origine des choses.

Cette succession de créations progressives, ainsi envisagée comme la conséquence du même acte, comme l'effet continu de la parole émanée de la toute puissance créatrice à chaque ordination d'un ordre nouveau de créatures, la rareté des débris de quelques espèces organiques dans les terrains livrés à nos investigations, et l'absence même de ces débris pour certaines espèces plus en harmonie avec le but final, trouvent leur explication dans cette hypothèse d'ailleurs si rationnelle, que leur création n'a précédé que de quelques instants l'apparition de l'homme. Cette hypothèse, déjà justifiée par ce que nous venons d'exposer, est la conséquence légitimement déduite des enseignements de la révélation.

En effet, nous lisons dans le livre divin, qu'immédiatement après sa création l'homme fut placé par son Créateur dans Eden, dans une localité à part entièrement ignorée du monde que nous habitons (1), dans un lieu orné et embelli tout exprès pour l'homme.

Le sixième jour, Dieu créa l'homme à son image et à sa ressemblance : *Et creavit Deus hominem ad imaginem suam, ad imaginem Dei creavit illum.* (Gen. I, 27). Mais auparavant, *à principio*, avant ce couronnement

(1) Locus divinæ amænitatis à notitiâ orbis communis segregatus. (Tertull. *Apolog.* c. 47.) Locus ipse paradisi à cognitione hominum est remotissimus (s. August. *De Gen. ad litter.* l. 8, c. 7).

de l'œuvre de la création (1), ou, comme l'exprime si énergiquement le texte originel, à l'orient de l'homme, *ad orientem*, il avait planté un lieu de délices (un jardin dans Eden (2)), dans lequel il mit l'homme : *Plantaverat autem Dominus Deus paradisum voluptatis, à principio, in quo posuit hominem* (Gen. II, 8).

Or, voici d'après ce même récit de la création comment fut établi et disposé ce paradis terrestre qui allait devenir la demeure de l'homme naissant, la station première de l'être créé pour commander à toutes créatures et pour étendre sa domination sur toute la surface du globe : *Ut dominaretur creaturæ et disponat orbem terrarum* (Sap. IX, 2).

Le seigneur Dieu produisit du propre fonds, ou, comme le porte le texte hébreu, il fit croître de la terre même de ce jardin, DE HAC TERRA (3), toutes sortes d'arbres agréables à la vue, et abondants en fruits délicieux : *Produxitque Dominus Deus de humo omne lignum pulchrum visu et ad vescendum suave* (Gen. II, 9).

Mais, en créant des végétaux de toute espèce pour les besoins et l'agrément de l'homme, Dieu voulut encore ajouter à l'ornement et à la richesse de ce lieu de délices, en formant de cette même terre d'Eden des animaux pour son usage propre, et à chacun desquels l'homme, en conséquence, devait donner un nom appellatif et distinctif. L'hébreu ou la version des Septante et le samaritain portent textuellement que Dieu forma

(1) Dans la première édition, une erreur de typographie nous fait dire : *Au commencement du sixième jour*; erreur dont nous nous sommes aperçu trop tard.

(2) *Paradisum in Eden.* D'après l'hébreu et les Septante.

(3) Voy. D. Calmet, *Comment. littér. sur la Genèse.*

ENCORE ces animaux de la terre d'Eden : *Formavit Dominus* ADHUC *de terrâ. Finxit Deus* ADHUC (ἔτι) *de terrâ omnes bestias agri et omnia volatilia cœli, et adduxit illa ad Adam, ut videret quid vocaret illa* (1).

Assurément les végétaux créés dans Eden, et ces animaux, *bestias agri et volatilia cœli*, créés pour l'usage particulier de l'homme, ou à l'occasion ou dans la vue de la création de l'être intelligent et dominateur, et que l'homme trouva à sa disposition lors de sa prise de possession du jardin de délices (2), ne sont pas les végétaux et les animaux qui s'étaient répandus sur toute la surface de la terre aux diverses époques géologiques, c'est-à-dire pendant le troisième, le quatrième et le cinquième jour genésiaque, et pendant la plus grande partie du sixième jour. Ce qui le prouve encore surabondamment, dans un livre où chaque mot a sa raison spéciale et une si haute portée, c'est que ces oiseaux du jardin d'Eden ne sont nommés ici qu'après les quadrupèdes domestiques, *bestias agri*, tandis que la création des oiseaux des temps géologiques, ou des temps antérieurs à la création de l'homme, fait partie des créations du cinquième jour, et que les quadrupèdes sauvages, les bêtes de la terre, *bestias terræ*, ne com-

(1) D'après l'hébreu et la version des Septante. Voy. dom Calmet, *ibid.* v. 19.

La construction de phrase dans la Vulgate ne présente pas précisément le même sens. C'est une faute du traducteur, qui a substitué la conjonction conclusive IGITUR à la conjonction extensive ADHUC. *Formatis igitur*, etc.

(2) Tous les interprètes ont remarqué que l'homme ne fut pas créé dans le paradis terrestre, mais qu'il y fut introduit immédiatement après sa création. *Hinc et ex cap.* 3, *v.* 23, *patet Adamum non* IN *sed* EXTRA *paradisum esse creatum*. (Scrip. sacr. curs. compl.)

mencent à paraître qu'avec le sixième jour, au commencement de ce sixième jour.

Une autre preuve directe, irréfragable, c'est qu'ici il n'est pas fait mention de création de poissons : La création animale faite en Eden n'a pour fin ou pour objet que des animaux domestiques, *bestias agri*, et des volatiles, *volatilia cœli*.

Nous disons donc que ces derniers produits organiques, confinés dans un lieu à part, et si différents de tous les autres produits par le but final qu'ils représentent, forment le complément du vaste système que le Créateur s'était proposé d'établir avant de créer l'homme à son image ; et que le sublime de l'organisation, qui s'est manifesté dans ce complément de la création, est le terme de cette longue succession de formes organiques que la géologie avait mission de nous révéler.

« Voilà donc l'homme reconnu comme le dernier né et le premier favori de la nature, comme l'image du monde ainsi que celle de Dieu, comme la réunion abrégée, mais complète de tout ce qui existe dans la création, comme le *microcosme*, le petit monde en un mot, et par conséquent comme l'organisation centrale et sommaire de toutes les organisations, comme le type et la réunion de tout ce qui se trouve épars dans la constitution du reste des êtres connus (1). »

Le voilà constitué gérant responsable du Créateur pour disposer du globe terrestre comme de son domaine propre : *Sapientiâ tuâ constituisti hominem ut dominaretur creaturæ et disponat orbem terrarum in æquitate*

(1) M. Danièlo, *Histoire et Tableau de l'Univers*, t. 1. *Sublimité de l'homme*.

et justitiâ (Sap. IX, 2); le voilà investi du souverain pouvoir avec l'assurance que sa race dominera à jamais sur cette terre où tant de races diverses se sont succédé sans laisser de représentants, et où des races hostiles disparaîtront encore pour laisser le champ libre à sa domination : *Quoniam Deus creavit hominem* INEXTERMINABILEM (Sap. II, 23), *et dedit illi potestatem eorum quæ sunt super terram* (Eccles. XVII, 5). Et l'homme, « abré-
» gé de l'univers dont toutes les parties aboutissent à
» lui, pontife placé entre les choses visibles et invisibles,
» roi du monde corporel, inférieur seulement à Dieu,
» l'homme remplit dans toute son étendue la fin que
» Dieu s'est proposée dans la création du monde (1). »

Mais ce dernier né, ce premier favori de la nature, ce roi-pontife, abrégé et complément de toute la création, le voici, à sa naissance, installé par son Créateur dans une localité tout à fait à part, au milieu des êtres créés pour ses besoins, loin des dernières espèces géologiques qui se partagent encore ailleurs les autres parties des continents.

Tel est le dernier mot du récit de la création ; et ce dernier mot de la révélation que nous avons à examiner est le dernier mot de la science moderne.

« La similitude des attributs moraux, le pouvoir permanent des affections domestiques, la disposition à fonder et à maintenir des intérêts mutuels, le sentiment général sur ce qui touche à la propriété, et les méthodes de la protéger, nonobstant les déviations accidentelles, l'accord sur les points essentiels du code de

(1) S. Gregor. Naz. *Oratio* XXXVIII. — *Expos. histor. et dogm. de la religion*, par M. l'abbé Gaume, t. 1er, p. 253.

la morale, et plus que tout cela le don sacré de la parole, qui donne entière sécurité pour la perpétuité de tous les autres signes caractéristiques de l'humanité, prouvent que les hommes, quelque part qu'ils soient établis, quelque dégradés qu'ils puissent paraître maintenant, étaient certainement destinés pour le même état, et par conséquent ont dû originairement s'y trouver placés.

» Cette réflexion que la nature, ou plutôt son auteur place ses créatures dans l'état pour lequel il les a destinés ; que si l'homme a été formé avec un corps et doué d'un esprit pour une vie sociale et domestique, il ne peut pas plus avoir été jeté originairement dans une forêt ou un désert, que le coquillage marin ne peut avoir d'abord été produit sur le sommet des montagnes, ou l'éléphant créé parmi les glaçons du pôle : cette réflexion doit nous convaincre que l'état sauvage n'est autre chose qu'une dégradation, un éloignement de la destinée originaire et de la position primitive de l'homme. Tel est le point de vue adopté par le savant Frédérick Schlegel. « Lorsque l'homme, dit-il, se fut
» une fois séparé de la vertu, aucune limite déterminée
» ne put être assignée à sa dégradation, ni jusqu'où
» il pouvait successivement descendre, et se ravaler
» même au niveau de la brute ; car, comme par son
» origine il était essentiellement libre, il était en con-
» séquence capable de changement et même très-flexible
» dans ses facultés organiques... Ainsi, loin de cher-
» cher, comme Rousseau et ses disciples, la vraie ori-
» gine de l'espèce humaine et les véritables fonde-
» ments du contrat social dans la condition même des
» meilleurs et des plus nobles sauvages, nous n'y ver-

» rons au contraire qu'un état de dégénérescence et » de dégradation (1). »

Puis, voici que d'imposantes considérations attirent de nouveau toute l'attention du monde savant sur cette antique tradition de l'immersion d'un vaste continent qui aurait été le domaine d'un ancien ordre organique plus ou moins semblable à l'ordre actuel (2). Aujourd'hui, pour constater un fait de cette importance, nous avons beaucoup mieux que le récit des prêtres d'Égypte à Solon, nous avons le témoignage de nos plus habiles explorateurs des terrains.

L'illustre Cuvier expose en ces termes la conclusion générale qu'il déduit de ses observations : « Je pense » donc avec MM. Deluc et Dolomieu que s'il y a » quelque chose de constaté en géologie, c'est que la » surface de notre globe a été victime d'une grande » et subite révolution dont la date ne peut remonter » beaucoup au delà de cinq à six mille ans ; que cette » révolution a enfoncé et fait disparaître les pays » qu'habitaient auparavant les hommes et les espèces « des animaux les plus connus ; qu'elle a au contraire » mis à sec le fond de la dernière mer, et en a formé » les pays aujourd'hui habités (3). »

Sans doute cette dernière partie de la célèbre proposition de Cuvier ne peut être prise dans toute l'extension qu'elle semble comporter. Vouloir que *tous* les pays aujourd'hui habités aient été mis à sec par la

(1) Mgr. Wiseman, *op. cit.* 3e disc.

(2) D'après M. I. Geoffroy-St-Hilaire, les îles de la Sonde seraient les points culminants de cet ancien continent. (*Compt. rend.* Acad. des Scienc. Séance du 1er juillet 1837.)

(3) *Disc. sur les révol. de la surf. du globe.*

révolution qui a abîmé la contrée qu'occupaient les premiers hommes, c'est vouloir, ce serait vouloir s'insurger contre tous les faits et les monuments géologiques. Les formations tertiaires océaniques qu'on rencontre en divers lieux de la surface de la terre sont aussi bien connues qu'elles sont nettement distinguées des autres terrains antédiluviens. Il vient encore d'être reconnu, par les savants auteurs de la *Géologie de la Russie d'Europe et des montagnes de l'Oural*, que jusqu'à l'époque diluvienne des parties considérables de la Scandinavie, de la Russie et du nord de l'Allemagne, sont restées sous les eaux de la mer, mais d'une mer intérieure entièrement isolée de l'Océan, et que c'est seulement à cette époque qu'a eu lieu l'émersion de ces vastes contrées, tandis que l'Oural et les pays limitrophes étaient à sec *depuis longtemps* (1).

Nécessairement, le même phénomène qui a dérangé à ce point l'horizontalité du sol et qui a fait surgir, au-dessus des mers actuelles et souvent à un niveau considérable, tant de parties diverses de la surface de la terre, a dû produire sur d'autres points des dépressions, et par suite des immersions plus ou moins étendues.

On comprend qu'en présence de ces révélations de la science, nous n'avons plus à nous préoccuper de la question de savoir si les débris du *diluvium* constatent ou ne constatent pas que l'homme ait existé durant la période immédiatement antérieure à cette grande catastrophe.

(1) *Extrait du Bulletin de la Société géologique de France*, 2e série, t. 3. Séance du 16 mars 1846.

Certains géologues se sont crus en droit de conclure de l'absence de fossiles humains, que le déluge universel, que le déluge géologique est différent du déluge dont le peuple juif et tous les peuples de la terre ont gardé le souvenir.

On a répondu à ces géologues que la science est loin de posséder sur cette matière tous les documents qu'elle peut attendre de recherches ultérieures ; qu'il s'en faut que les terrains diluviens aient été partout fouillés et assez minutieusement étudiés, pour que l'on ait un catalogue général et complet des espèces dont ils recèlent les débris (1) ; que nos continents d'ailleurs occupent à peine le quart de la superficie du globe, et qu'on n'a encore exploré qu'une partie insignifiante de ces terrains livrés à nos investigations. On peut répondre aujourd'hui à ces géologues que les découvertes de M. Lartet, de M. Lund, de MM. Owen, Agassiz, Murchison, de Verneuil, etc., en agrandissant si considérablement le champ des conjectures au sujet des espèces antédiluviennes, témoignent de toute leur puissance que le grand géologue était bien plus d'accord avec les principes de la logique, lorsqu'il déclarait si nettement, qu'il ne voulait pas conclure d'un fait négatif que l'homme n'existait point du tout avant cette

(1) « Voilà maintenant *cent* espèces de poissons fossiles rigoureusement déterminées dans un terrain où l'on se doutait à peine, il y a 15 ans, qu'il pût y avoir des débris d'animaux vertébrés. » C'est ce qu'écrivait, le 9 juin 1845, M. Agassiz, qui a calculé que le nombre d'espèces fossiles des seuls poissons devait s'élever à *trente mille*. « On peut s'attendre, ajoute le savant professeur, à voir les autres classes fournir un nombre d'espèces fossiles proportionnelles ; alors nos catalogues ressembleront assez à ceux des nébuleuses. » (*Géologie de la Russie*, etc. *loc. cit.*)

époque ; lorsqu'il en tirait seulement cette induction, que l'homme alors pouvait habiter quelques contrées peu étendues ; lorsqu'il exposait que *les lieux où il se tenait avaient été entièrement abîmés, et ses os ensevelis au fond des mers actuelles, à l'exception du petit nombre d'individus qui ont continué son espèce* (1).

Et nous, nous pouvons ajouter que nous savons par la Genèse que la création de l'homme n'a précédé le déluge que de 1,307 ans (2) ; et par conséquent que ce n'est que dans la localité toujours occupée par lui pendant cette courte période qu'on pourrait espérer de trouver, nous ne dirons plus des traces de son existence (3), mais des monuments de sa civilisation.

Nous répétons que ce n'est que dans la localité *toujours* occupée par l'homme pendant la courte durée antédiluvienne, qu'on pourrait espérer de trouver des monuments de sa civilisation. Car nous savons encore par la Genèse que l'homme, après sa chute, a établi sa demeure dans le pays d'Eden, non loin du jardin de délices dont l'entrée lui demeura dès-lors interdite (Gen. III, 23, 24) ; et que les enfants d'Adam ne s'étaient point encore dispersés à l'époque du déluge, vérité attestée d'ailleurs dans la révélation évangélique (4).

(1) Cuvier, *op. cit.*

(2) 1307 ans, d'après le texte samaritain qui est l'ancien hébreu, et 1656 ans, d'après le texte chaldaïque ou nouvel hébreu.

(3) « De tous les arguments qu'on a présentés pour démontrer l'impossibilité de trouver dans les formations antédiluviennes des ossements humains, il n'en est pas un seul qui conserve aujourd'hui quelque valeur ; de sorte qu'il n'est plus permis de rejeter, etc. » (M. Bertrand, *Lettres sur les révol. du globe*, p. 204, 5ᵉ édit.)

(4) Caïn lui-même, ce meurtrier qui s'enfuit de devant le Seigneur,

Mais alors que signifierait cet anathème fulminé contre les hommes et contre leur demeure : « Moi, » l'Éternel, je les détruirai avec la terre qu'ils ha- » bitent, *et ego disperdam eos cum terrâ.* (Gen. vi, 13.)» Pourrait-on dire alors que cette sentence solennelle, qui voue à la destruction tout à la fois et les hommes et le pays habité par eux, aurait reçu son exécution dans toute l'acception de ces expressions si significatives : *Et ego disperdam eos cum terrâ.* Ne faut-il pas que les hommes et le lieu témoin de leurs crimes aient disparu dans le vaste abîme des mers avec tous les monuments de cette civilisation primitive? N'est-ce pas ce qui nous est encore formellement révélé dans le livre de Job, où nous lisons que « Dieu a ébranlé la terre » dans ses fondements, pour rejeter de son sein, pour » secouer de sa surface ses habitants impies? *Et tenuisti » concutiens extrema terræ, et excussisti impios ex eâ.* » (xxxviii, 13.) Et cette conséquence de cet arrêt solennel, l'esprit encyclopédique du siècle ne l'a-t-il pas mise dans tout son jour, quand il nous révèle à son tour, que *cette révolution a enfoncé et fait disparaître les pays qu'habitaient auparavant les hommes, et les espèces des animaux les plus connues?*

ne sortit point de ce pays d'Eden dont il habita la partie orientale : *Egressusque Caïn à facie Domini, habitavit profugus in terrâ ad orientalem plagam Eden.* (Gen. iv, 16).

« Cet homme de Dieu (Noé) exhorte les hommes à prévenir un jugement si terrible par la sincérité de leur pénitence. Toutes ses remontrances néanmoins furent inutiles, comme saint Paul le déclare. (*Heb.* xi, 7.) Ils se moquèrent de la précaution de Noé ; et elle leur parut aussi vaine que le mal dont il s'efforçait de leur faire peur. C'est ce que le Fils de l'homme déclare dans l'Évangile, *Math.* xxiv, 38, *Luc* xvii, 27. » (*La Genèse traduite en français*, etc. p. 286, 287.)

Quant à ces espèces les plus connues, nous voulons dire quant aux animaux créés dans Eden et qui ont accompagné l'homme dans son exil, et quant aux végétaux qui de ce point central se sont propagés et répandus ensuite sur une partie plus ou moins grande de ce continent adamique, nous sommes loin de prétendre que toutes les espèces actuellement existantes dans les diverses parties du globe soient les représentants de cette création complémentaire. D'abord, la tradition biblique ne nous fait pas connaître quelles sont ces espèces animales et végétales créées pour les besoins et l'utilité de l'homme, et sauvées avec lui du grand cataclysme. Elle nous apprend seulement que le nom qu'Adam donna à chacun des animaux créés dans Eden est le nom qu'il portait encore à l'époque de la révélation faite à Moïse. (Gen. II, 19.) Ensuite, l'étude approfondie des végétaux et animaux fossiles prouve, pour plusieurs de nos espèces actuellement vivantes, qu'elles ont vécu aux diverses époques géologiques et même aux époques les plus anciennes, en même temps qu'il est prouvé, pour un plus grand nombre encore, qu'elles ont été contemporaines du déluge qui a désolé toute la surface de la terre.

« Que deviennent devant ces faits imposants les irruptions itératives et destructives de la mer sur le continent, les époques qui les ont séparées, et avec elles l'extinction et le renouvellement des êtres vivants à sa surface ? » demande aux géologues du jour un savant spécial, après avoir constaté le fait, désormais incontestable, de la réunion des mammifères terrestres propres aux terrains tertiaires avec ceux appartenant au terrain diluvien (1). »

(1) M. Forichon, *op. cit.* p. 171, 175, 176.

Si les trois grandes divisions du règne végétal, en plantes *acotylédones*, *monocotylédones* et *dicotylédones*, se montrent dans la flore fossile de la période de transition ; si les infusoires de la craie se retrouvent à l'état vivant dans l'estomac des huîtres de nos jours ; si les faits nombreux signalés par M. Ehrenberg, par M. Lyell, par MM. Constant Prévost, Adolphe Bronguiart, de Blainville, et par tant d'autres savants, n'ont rien perdu de leur imposante autorité ; si les quatre grands embranchements actuellement existant des *Vertébrés*, des *Articulés*, des *Mollusques* et des *Rayonnés*, ont commencé à la même époque, et si cette époque coïncide exactement avec celle où apparaît la vie organique sur le globe ; si les *Nautiles* et les *Térébratules* se présentent à tous les étages de la série des terrains et se sont perpétués jusqu'à nos jours, il y aurait une chaîne non interrompue des mêmes êtres animés des temps les plus anciens au temps actuel. Tous auraient fait partie du même plan de création ; tous feraient partie de la même série.

Mais MM. Murchison, de Verneuil et Keyserling ne viennent-ils pas de faire connaître au monde savant que la plupart des espèces, qui peuplaient cette vaste mer intérieure du grand dépôt tertiaire auquel ils ont donné le nom d'*aralo-caspien*, sont identiques avec celles qui vivent aujourd'hui dans la mer Caspienne, ainsi que dans la mer d'Aral ? Puis M. Lyell n'a-t-il pas trouvé dans l'île d'Ischia, à une hauteur de plus de 700 mètres au-dessus du niveau de la mer, plus de vingt espèces de moules pétrifiées, dont les espèces analogues, à quelques exceptions près, vivent toutes dans la Méditerranée ? Que dire encore et de la découverte de M. Lund, dans les cavernes du Brésil, d'ossements humains mêlés à des os de divers animaux appartenant, les uns à des espèces éteintes et les autres à des espèces encore existantes, et de la découverte dans des circonstances pareilles, au milieu des alluvions anciennes du Mississipi, du *pelvis* d'un fémur humain que le jeune docteur Dickerson, le 6 octobre 1846, a soumis à l'examen et du président de notre Société géologique de France, et de l'Académie des sciences de Philadelphie? Et, tout récemment encore, les études de M. Owen sur la distribution géographique des mammifères éteints ne lui ont-elles pas appris que plusieurs des animaux sauvages les plus communs aujourd'hui ont vécu contemporains du Mammouth, dans les Iles Britanniques, à une époque où l'Angleterre faisait évidemment partie du continent? Enfin les observations sur la pétrification des coquilles dans la Méditerranée, et l'examen chimique de ces coquilles considérées à l'état de pétrification dans les terrains géologiques et à l'époque actuelle, ces observations et analyses dont il a été rendu compte à l'Académie des sciences, dans sa séance du 26 juin 1846, ne donnent-elles pas la preuve que les coquilles pétrifiées des premiers âges du monde et celles qui se rencontrent dans le même état sur les rivages de la Méditerranée sont identiques sous le rapport de la composition chimique?

Beaucoup d'écrivains, dit quelque part un savant géologue, ne voient que des indices de révolutions dans les phénomènes géologiques, mais ces révolutions tiennent plus du roman que de l'histoire : jamais la chaîne des êtres n'a été rompue par une de ces révolutions générales qui auraient nécessité des créations

nouvelles. « Quelque éloignées que soient les plaines
» de la Russie du théâtre des soulèvements de nos
» principales chaînes, quelque exemptes qu'elles soient
» de toute trace de convulsions violentes, la série ani-
» male n'en est pas moins soumise aux mêmes lois que
» dans les pays les plus bouleversés, comme pour in-
» diquer une sorte d'indépendance entre deux ordres
» de phénomènes que l'on considère souvent comme
» solidaires (1). »

Nous livrons, en terminant, tous ces faits et considérations, aux méditations des auteurs de l'hypothèse toute récente, qui rejette les créations des végétaux et des animaux des temps géologiques, avec la formation du ciel et de la terre, au delà du point de départ de la narration mosaïque, au delà du premier jour de la Genèse. Ces nouveaux interprètes, pour mettre cette narration en dehors de toute discussion géologique sur l'histoire des formations stratifiées de l'enveloppe superficielle du globe, n'ont pas craint de se poser les contradicteurs de Moïse, en se prononçant ouvertement contre la teneur de son récit, en repoussant l'esprit et la lettre du texte sacré, qui porte expressément que c'est en six jours, et non avant les six jours, que c'est dans l'espace des six jours genésiaques qu'ont été opérées et accomplies toutes les merveilles de la création. (Gen. II, *Exod.* XX ; XXXI, etc.)

Moïse déclare que les générations genésiaques sont les générations du ciel et de la terre lorsqu'ils furent créés, alors que Dieu fit le ciel et la terre, *quandò creata sunt, in die quo fecit cœlum et terram*. Et ses

(1) *Géolog. de la Russie d'Europe, loc. cit.*

interprètes professent que « nulle part il n'est dit que la » terre ait été créée soit le premier jour, soit quelqu'un » des jours suivants ; » ils publient que « la terre et le » ciel existaient antérieurement. » Moïse répète, Moïse proclame solennellement que non-seulement le ciel et la terre, mais que le ciel, la terre, la mer et tout ce que renferment le ciel, la terre et la mer furent faits et formés dans l'espace des six jours genésiaques : *Sex enim diebus fecit Dominus cœlum et terram et mare et omnia quæ in eis sunt.* Et les interprètes de Moïse enseignent que « la terre et la mer (ou les eaux) ne firent » pas partie des œuvres accomplies pendant les six » jours (1). »

Chez M. Desdouits, comme chez le docteur Buckland, l'inventeur de cette hypothèse, l'histoire de la création n'est plus que « l'histoire de la réorganisation » d'un monde primitif, » et chez M. Jéhan, leur continuateur, « il ne s'agit dans l'œuvre des six jours que » d'une transformation d'un ancien monde naufragé ; » et même, pour M. Desdouits, « l'histoire de la Genèse » ne commence qu'à la naissance de l'homme (2). »

En conséquence de cette métamorphose que ses auteurs appellent complaisamment UNE IDÉE NEUVE (3),

(1) M. Jéhan, *Nouv. traité des scienc. géolog.* 2e édit. *De l'hypothèse qui rejette les formations géologiques au delà du premier jour genésiaque.*

(2) M. Buckland, *La géologie et la minéralogie, dans leurs rapports avec la théologie naturelle*, traduct. de M. Doyère.

M. Desdouits, *Les Soirées de Montlhéry*, 2e édit. 1re et 2e soirée.

M. Jéhan, *Nouv. traité*, etc.

C'est toujours de ces ouvrages que nous tirerons nos citations, en parlant de ces auteurs, dans toute cette dissertation.

(3) M. Desdouits.

« le second verset de la Genèse dépeint l'état du globe » tel qu'il était LE SOIR DU PREMIER JOUR, » ou la veille de la création biblique ; de manière que le *fiat lux* de la création ne signifie plus ou « signifie simplement une » substitution de la lumière à l'obscurité qui avait » temporairement couvert la surface de notre planète, » le soir de ce premier jour (1). »

En quoi consiste cette création biblique, « la dernière » après beaucoup d'autres, mais résumé fidèle, mais » résumé plus parfait de tous les ouvrages antérieurs, » résumé fidèle et plus parfait de toutes ces autres créations ? En un mot, comment s'est opérée « la création dont la Genèse nous retrace l'histoire (2)? » C'est ce que le monde chrétien va savoir enfin.

Écoutons les nouveaux docteurs :

« Si nous supposons que les ténèbres, qui couvraient le soir du premier jour, n'étaient que des ténèbres temporaires produites par l'accumulation de vapeurs denses accidentellement amoncelées dans notre atmosphère, *on peut concevoir* comment un commencement de dispersion de ces vapeurs rendit la lumière à la surface de la terre le premier jour ; » et, par conséquent, « *on peut concevoir* comment la purification complète de l'atmosphère, au quatrième jour, fut cause que le soleil, la lune et les astres apparurent dans la voûte des cieux, » ou, comme l'un d'eux l'exprime d'une manière moins sentencieuse, « auraient apparu de nouveau dans la voûte des cieux (3). »

Mais alors aussi on peut concevoir, et on conçoit

(1) M. Jéhan.
(2) M. Desdouits.
(3) M. Buckland. — M. Jéhan.

effectivement, que la grande opération du firmament n'est plus qu'un hors-d'œuvre aussi disparate qu'embarrassant. C'est pourquoi M. Buckland, non plus que M. Desdouits, non plus que M. Jéhan, n'a voulu nous rien dire de cette opération du deuxième jour.

Au moyen de ces suppressions, omissions et modifications, la scène change entièrement de face, et *la création dont la Genèse nous retrace l'histoire* ressemble tellement à la description d'une journée de printemps succédant à une dernière journée d'hiver, qu'on conçoit très-bien aussi pourquoi les nouveaux interprètes imposent encore silence à l'historien inspiré, lorsqu'il déclare que les générations qu'il vient de décrire sont les générations du ciel et de la terre créés au commencement du premier jour et formés pendant les six jours genésiaques; et lorsqu'il dit et répète si souvent, avec tous les autres écrivains sacrés, que le ciel et la terre et tout ce que comprennent le ciel et la terre furent commencés et achevés dans l'espace de ces six jours.

C'est peut-être cette trop grande simplicité d'action, cette annihilation complète de l'acte cosmogonique, qui fait que M. Jéhan est dans le doute, s'il ne faut pas plutôt attribuer les ténèbres de la première nuit ou de la veille du premier jour à une débilitation momentanée du soleil et des autres astres, s'il n'est pas possible que « ces instruments vibratoires (le soleil et les » autres astres) aient été temporairement frappés d'i- » nertie. »

M. Desdouits a eu le même scrupule. M. Desdouits paraît même vouloir s'arrêter définitivement à cette dernière pensée, qu'il développe avec une grande complaisance de prédilection. « Les ténèbres, dit-il,

» régnaient alors sur la terre parce que le fluide éthéré » ne vibrait plus, » et le fluide éthéré ne vibrait plus, « parce que Dieu avait interrompu ses vibrations ; » et parce que Dieu avait interrompu ses vibrations, « ni » le soleil ni les étoiles ne pouvaient être visibles. »

De là la nécessité, pour les nouveaux interprètes, de recourir à un « moyen provisoire pour la produc- » tion de la lumière, le premier, le second et le troi- » sième jour. »

On ne nous dit pas quel était ce moyen. On nous avertit seulement que ce moyen était, sinon indépendant de la vibration de l'éther, du moins « tout différent de » l'impulsion du soleil et des autres astres (1) ; » de sorte que nous ne savons pas s'il est question ici de ce vaste bain liquide et bouillonnant dont nous a parlé un autre auteur, s'il faut recourir à cette conflagration universelle qui devait produire une lumière aussi vive qu'étincelante de clarté, au dire de ce même auteur (2).

Il est vrai que M. Desdouits enseigne que, pendant ces trois jours, Dieu, suppléant à l'inertie du soleil, mettait lui-même en vibration le fluide éthéré, en même temps qu'il faisait tourner la terre sur son axe. Mais M. Jéhan prétend que « le globe n'avait pas » cessé d'accomplir sur son axe sa révolution diurne ; » puis M. Jéhan fait observer que « la matière éthérée est mise en vibration non seulement par les astres, mais encore *par la combustion*. »

Quoi qu'il en soit, et quelque opinion qu'on puisse avoir de la nature ou du mode d'action de cette lu-

(1) M. Jéhan.

(2) Voy. ci-dessus, p. 231.

mière antégenésiaque, les trois interprètes sont d'accord sur ce point, que la lumière existait antérieurement au premier jour. Ce qui le prouve, selon M. Desdouits, ce qui prouve que « la lumière existait déjà dans le » système des mondes antéadamiques » ou antégenésiaques, c'est que « les animaux de ces anciens mondes » avaient des yeux comme les animaux de notre sys- » tème ; » argument déjà présenté par le docteur Buckland et reproduit presque dans les mêmes termes par M. Jéhan, qui a voulu expliquer, à son tour, comment cette opinion de l'antériorité de l'existence de la lumière se trouve « confirmée par l'existence » d'yeux chez les animaux fossiles découverts dans les » formations géologiques de tous les âges. »

Cependant, malgré toute leur habileté, ni M. Jéhan, ni M. Desdouits, pas plus que le docteur Buckland, n'ont pu trouver un seul mot d'explication pour l'œuvre du deuxième jour. La raison en est que la Genèse nous présente le tableau complet de la formation du ciel et de la terre et de tout ce que renferment le ciel et la terre, et non l'histoire tronquée d'une organisation sublunaire substituée à une ou plusieurs organisations antégenésiaques complètement détruites.

C'est ainsi que sont frappés d'impuissance tous ceux qui, au mépris de cet oracle de nos Livres saints, tentent de contredire la parole de vérité : *Non contradicas verbo veritatis ullo modo, et de mendacio ineruditionis tuæ confundere* (1). (Eccles. IV, 30.)

L'oracle est accompli en touts points : la sentence

(1) « Ne contredisez en aucune sorte la parole de vérité, et ayez confusion du mensonge où vous êtes tombé par ignorance. » (*Traduction de* de Sacy.)

portée contre les novateurs a reçu son entière exécution; car cette réorganisation d'un ancien monde naufragé ou cette substitution d'un monde nouveau à un monde usé ou ruiné est en même temps en contradiction flagrante avec les faits géologiques mieux appréciés et mieux connus. L'*idée neuve* d'une création détruite puis recommencée sur un plan tout nouveau ne peut se soutenir en présence de ces attestations réitérées de la science, qu'un grand nombre d'espèces végétales et animales, se montrant à tous les étages de la série des terrains, se sont perpétuées jusqu'à nos jours. Difficulté inattendue contre laquelle viennent se briser les efforts désespérés de l'esprit d'innovation, et qui ne trouve de solution que dans la majestueuse économie du récit biblique, qui nous fait assister à une succession progressive de créations harmoniques, continuées pendant les troisième, quatrième, cinquième et sixième jour genésiaque, jusqu'au moment de l'apparition de l'homme créé à l'image de Dieu, ou pendant tout le temps de cette *préparation* de la demeure de l'homme.

Nous le répétons : *pendant tout le temps de cette préparation de la demeure de l'homme.* Car, même dans l'hypothèse dont il s'agit, et de l'aveu même de ses adeptes, les jours ou les générations genésiaques conservent toute leur signification et leur valeur : « Dans » cette hypothèse, les jours de la création pourraient » être de véritables jours, OU PLUTÔT ils seront ENCORE » des périodes quelconques dont la durée sera aussi » indifférente qu'elle est incertaine (1). » Aveu remarquable qui n'a point échappé à l'attention du savant et

(1) M. Desdouits.

consciencieux auteur des *Discours sur les rapports entre la Science et la Religion révélée* (1).

C'est ainsi que ceux-là même qui avaient voulu se mettre « en dehors de l'arène où s'exercent la science » et ses systèmes (2), » sont contraints de rentrer dans cette arène, parce que le Dieu de la création ne saurait être autre que le Dieu de la science : *Quia Deus scientiarum Dominus est.* (I. Reg. II, 3.)

(1) On a prétendu que l'auteur de ces *Discours* s'était prononcé contre les périodes indéterminées et en faveur de la nouvelle hypothèse. Cependant on ne pouvait ignorer que Mgr. Wiseman a toujours soin d'avertir qu'il n'est point guidé par une prédilection personnelle pour tel ou tel autre système ; qu'il ne prétend pas, et que ce serait présomption à lui de le prétendre, juger entre telle ou telle autre opinion. Après avoir rappelé que « de savants hommes, d'après des bases tout à fait distinctes de la géologie, ont soutenu que les jours de la création signifiaient de longues périodes indéterminées, » il déclare que « *philologiquement ou critiquement parlant, il n'aperçoit aucune objection à faire.* » C'est alors que l'illustre prélat fait observer que *toujours*, et dans l'hypothèse même de M. Desdouits et consorts, *quelque période plus longue qu'une journée* doit ou peut *être nécessaire.*

Il avait déjà dit ailleurs, et ceci va droit à la question : « Vouloir » prouver que le mot *jour* ne pouvait pas signifier symboliquement » un plus long terme, parce que littéralement il signifie la période » de lumière, le temps entre deux couchers de soleil, est indubitable» ment une erreur de logique. » Et après avoir exposé que « les découvertes des géologues modernes ont établi une série progressive dans la production des différentes races d'animaux, qui se trouve *évidemment en accord avec le plan manifesté dans les six jours de la création,* » il termine par cette réflexion : « Et sûrement il doit être » agréable de voir ainsi une science classée d'abord parmi les plus » pernicieuses pour la foi, devenir encore une fois un de ses appuis ; » de la voir maintenant, après tant d'années employées à courir de » théorie en théorie ou plutôt de vision en vision, revenir de nouveau » au lieu où elle prit naissance et à l'autel où elle avait présenté ses » premières et simples offrandes. » (5e *Discours.*)

(2) M. Desdouits cité par M. Jéhan.

Il paraîtrait, du reste, que l'*idée neuve* de nos interprètes aurait un peu plus d'âge qu'ils n'aiment à se le persuader. Du moins un célèbre rabbin converti au christianisme, aujourd'hui docteur en philosophie, membre de l'Académie romaine et pontificale et bibliothécaire de la Propagande de Rome, M. Drach, dans son *Discours pour la réunion du Cercle catholique* de Paris du 13 juillet 1842, faisait remarquer « qu'une des impiétés qu'on reproche aux fausses traditions des Pharisiens, ces traditions que Notre-Seigneur réprouva si énergiquement comme étant destructives de la loi de Dieu, c'est la supposition que Dieu a créé successivement plusieurs mondes avant le nôtre, comme pour faire des essais, et qu'il les a détruits les uns après les autres, parce qu'ils n'avaient pas réussi à son gré. » Assertion, pour le dire en passant, qui ressemble étonnamment à cette autre assertion de nos auteurs : « Dieu » aura créé, puis organisé et détruit successivement » ses ouvrages, comme un ouvrier mécontent, » « comme un peintre dédaigne une esquisse qui rend » imparfaitement sa pensée (1). » Mais continuons avec M. Drach :

« *Cette assertion* des rabbins *est repoussée comme un blasphème contre la majesté divine*, non seulement par de savants chrétiens, comme Sixte de Sienne, Eisenmenger, etc., mais aussi par le célèbre rabbin Moïse Maïmonides, qui la qualifie de plus mauvaise encore qu'une autre opinion qu'il vient de rejeter comme *étant subversive des fondements de la foi*. L'une et l'autre opinions ainsi rejetées, ont pour objet d'expliquer

(1) M. Desdouits. — M. Jéhan.

comment il pouvait y avoir des jours dès le commencement, » *in principio*, ou comment « la succession du temps a précédé la création actuelle (1). »

Nous ne ferons aucune réflexion sur cette *remarquable* observation que nous devons à la profonde érudition du vénérable M. Drach. Mais, en présence du conflit élevé ou renouvelé tout à coup entre la science et l'interprétation et entre cette interprétation et l'orthodoxie, nous devons entrer dans quelques explications sur le plus grand des événements des annales bibliques et des chroniques de notre monde ; événement qui domine de toute son imposante autorité la question des créations successives, si intimement liée à l'hypothèse ancienne ou nouvelle que nous venons d'analyser. On nous pardonnera une digression devenue nécessaire ; car notre silence ici serait interprété contre nous.

(1) *Discours*, etc. p. 9, 10. *Extrait de l'Université catholique.*

SECOND APPENDICE.

DÉLUGE UNIVERSEL.

Preuves géologiques. — Le fait du renouvellement de la société humaine par le déluge ne porte pas une date plus ancienne que celle que lui assigne la Genèse. — Centre unique de civilisation. — Institution de la période hebdomadaire : son antiquité, son universalité. — Siége de la langue mère. — Tour de Babel : ses ruines. — Monuments pélasgiens. — Date des monuments de l'ancien monde. — Témoignage de tous les peuples sur le nombre des générations antédiluviennes et sur celui des familles échappées au grand cataclysme. — Unité d'origine de l'espèce humaine. — Hommages rendus à Moïse. — En quel sens le déluge a été universel. — Animaux sauvés dans l'arche et hors de l'arche. — Preuves directes. — Efforts impuissants de la science pour trouver une cause physique à un événement qui sort des lois ordinaires de la nature.

Le déluge universel, ce grand et terrible événement dont une philosophie orgueilleuse a nié si longtemps la réalité, et dont la science profane en est encore à expliquer la possibilité physique, a dû aussi sa démonstration positive à la géologie moderne (1). MM. Dolomieu, de Saussure et de Deluc, dans une foule d'ouvrages, MM. Kirvan, dans ses *Essais géologiques*,

(1) Ce serait donc là, s'écriait déjà le savant Pallas, à la vue des restes d'animaux entassés dans la haute Asie, « ce serait donc là ce déluge dont presque tous les anciens peuples ont conservé la mémoire, et fixent à peu d'années près l'époque au temps du déluge mosaïque. » (*Voyage dans la haute Asie.*)

Breislac, dans ses *Institutions géologiques,* Cuvier, dans son *Discours sur les Révolutions de la surface du globe,* Rozet, dans son *Cours élémentaire de géognosie,* Buckland, dans ses *Reliquiæ diluvianæ,* d'Omalius, dans ses *Éléments de géognosie,* Brongniart, dans son *Tableau des terrains,* Bertrand, de la Bèche, Demerson, Marcel de Serres et tous les autres géologues de notre époque tiennent ici le même langage :

« Maintenant la géologie ne peut conserver aucun doute à ce sujet : il est bien certain qu'un tel déluge a existé, et qu'il a dévasté toute la surface du globe. Ce qui le prouve, ce sont ces immenses dépôts de cailloux roulés, que l'on trouve dans toutes les parties du monde, gisant loin des montagnes, loin des eaux actuelles, et qui n'ont pu être transportés que par des eaux très-puissantes. En outre, les blocs énormes appelés *erratiques* que l'on voit dispersés, tantôt dans les plaines à de très-grandes distances des monts qui les ont fournis, tantôt sur les collines et sur les montagnes à de très-grandes hauteurs, seront toujours une preuve irrécusable d'une action énorme, qu'il serait impossible d'expliquer par des accidents locaux, et que tout au plus on peut concevoir en invoquant l'effort de toutes les mers réunies... Plusieurs races de grands animaux disparurent brusquement à la même époque : on n'a plus retrouvé que leurs débris fossiles ; c'est donc le même phénomène qui les aura subitement anéanties (1). »

(1) M. N. Boubée, *Géol. élém. Preuves d'un déluge universel.*

Une théorie qui a eu un certain retentissement dans ces dernières années, essayait d'attribuer les phénomènes erratiques à l'existence d'immenses glaciers ou d'une vaste calotte de glace qui aurait couvert tout le nord de l'Europe. C'est sur ces mêmes phénomènes que M. de

Puis, tous les chronomètres naturels interrogés par ces géologues, répondent unanimement que le fait du renouvellement de la société humaine par le déluge ne

Verneuil a appelé l'attention de la Société géologique de France, dans sa séance du 16 mars 1846, en lui présentant, en son nom et au nom de MM. Murchison et Keyserling, la grande carte géologique de cette partie de notre Europe qui accompagne leur *Géologie de la Russie d'Europe et des montagnes de l'Oural*, et sur laquelle sont tracés et figurés les divers gisements du terrain erratique en Russie.

Dans la conviction du savant rapporteur, conviction qu'a partagée la Société tout entière, la distance à laquelle les blocs erratiques se sont étendus dans des pays éloignés de toutes hautes montagnes, la distribution, la forme et la direction de ces dépôts de débris diluviens souvent transportés à plus de 1,000 kilomètres du lieu de leur origine, et tous les autres caractères de ces immenses entassements de matériaux de diverses grosseurs témoignent de l'inefficacité des glaciers comme cause efficiente du terrain de transport de la Russie, et réclament une action de toute autre nature. On sait d'ailleurs que déjà M. Durocher avait démontré l'impossibilité de l'hypothèse glacière, en lui opposant dans son Mémoire présenté à l'Académie des sciences au commencement de 1843, et dans un Mémoire subséquent du mois de décembre 1845, des faits nombreux tout à fait incompatibles avec une pareille hypothèse, et qui rendent évidente l'action des eaux et de courants très-violents, charriant des détritus de toutes dimensions, usés et roulés, tantôt confusément entassés, tantôt offrant une sorte de triage très-ondulé ; faits et considérations reproduits et développés dans la séance académique du 27 juillet 1846.

Déjà aussi M. James Hall et M. Murchison avaient fait des observations pareilles, l'un dans le voisinage d'Edimbourg, et l'autre dans le district de Brora, où les roches portent l'empreinte d'ornières ou de lignes creusées par le passage de masses pesantes en roulant ; observations rapportées par M. Wiseman. Et une *note du traducteur* ajoute : « Depuis l'impression de l'ouvrage de M. Wiseman, on a fait en Suède des découvertes qui confirment pleinement les observations qu'on vient de lire. M. Sefstrem a retrouvé, près de Stocklom et la Westgothie, les sillons creusés dans la pierre des montagnes par l'action de l'immense courant diluvien. Il calcule que la masse de cailloux emportée par les eaux avait environ une hauteur de quinze cents pieds ; car on ne trouve plus de sillons sur les montagnes qui surpassent cette élévation. » (*Op. cit.* 6e *Discours*)

porte pas une date plus ancienne que celle que lui assigne la Genèse. « C'est un des résultats à la fois les » mieux prouvés et les moins attendus de la saine » géologie, résultat d'autant plus précieux, qu'il lie » d'une chaîne non interrompue l'histoire naturelle et » l'histoire civile. »

Après avoir démontré que l'antiquité attribuée à certains peuples n'a rien d'historique ; que leurs monuments politiques et religieux sont modernes ; que les tables astronomiques des Indiens ont été calculées après coup et mal calculées ; que néanmoins tous ces peuples nous parlent d'une catastrophe générale, d'un déluge universel qui occasionna une régénération presque totale du genre humain, et que les coutumes, les lois, toutes les institutions des nations et les nations elles-mêmes datent de ce renouvellement : « Est-il possible, » demande l'Aristote de notre siècle, que ce soit un » simple hazard qui donne un résultat aussi frappant, » et qui fasse remonter à peu près à quarante siècles » l'origine traditionnelle des monarchies assyrienne, » indienne et chinoise ? Les idées de peuples qui ont » eu si peu de rapports ensemble, s'accorderaient-elles » sur ce point, si elles n'avaient la vérité pour base (1) ? »

Pendant que l'illustre Cuvier justifiait par l'observation des monuments de la nature, et par l'étude approfondie des monuments de l'antiquité, l'exactitude des dates de la Genèse, et donnait au récit de Moïse un degré de certitude dont on ne le croyait pas susceptible, M. de Paravey établissait que chez tous les peuples connus, les chiffres et les lettres ont la même origine,

(1) Cuvier, *Disc. sur les révol. de la surf. du globe*, p. 139 à 284.

ainsi que toutes les anciennes écritures et les antiques éléments des sciences, et qu'ils sont provenus des hiéroglyphes de l'Assyrie ; d'où il déduit cette conclusion importante : « qu'il n'a existé qu'un seul et unique » centre de civilisation pour toute la terre, et que » tous les peuples ont puisé leur civilisation à la même » source, et dans le même pays où la Genèse place la » famille de Noé après le déluge (1). »

M. Saigey et M. Laplace obtenaient un résultat pareil pour la connaissance de l'origine commune des nations ; l'un, en démontrant que les mesures de presque tous les peuples anciens dérivent d'un système unique, basé sur les proportions les plus régulières de la nature humaine, et nullement sur une mesure très-précise de la terre, comme on l'avait cru assez généralement sur la foi de Bailly (2) ; et l'autre, en constatant que la semaine, depuis la plus haute antiquité dans laquelle se perd son origine, circule sans interruption à travers les siècles en se mêlant aux calendriers successifs des différents peuples, et qu'elle se trouve identiquement la même sur toute la terre par rapport à la correspondance de ses jours au même instant physique (3). »

(1) *Essai sur l'origine unique et hiéroglyphique des chiffres et des lettres de tous les peuples.*

(2) *Traité de Métrologie.*

(3) Après avoir consigné cet aveu, l'illustre auteur de l'*Exposition du système du monde*, M. Laplace, ajoute : « C'est peut-être le monu» ment le plus ancien et le plus incontestable des connaissances hu» maines. Il paraît indiquer une source commune d'où elles se sont » répandues ; mais le système astronomique qui lui sert de base est » une preuve de leur imperfection à cette origine. » (*Système du monde*, p. 18 et 19.)

Il faut être bien prévenu en faveur des anciens pour vouloir trou-

De son côté, M. Vankennedi exposait toutes les raisons que nous avons de croire que c'est dans cette même Assyrie, à Babylone, qu'il faut placer le siége de la langue-mère, d'où sont dérivées les principales langues du monde, tels que les idiômes hébreu, syriaque, arabe, tous ceux de l'Inde, et les idiômes grec

ver un système d'astronomie dans une classification aussi bizarre. Un système d'astronomie n'a pas plus servi de base chez les anciens à la classification ou à la dénomination des jours de la semaine, que « la » longueur de la circonférence terrestre à un système complet de me- » sures ; » car M. Laplace aussi a partagé l'erreur de Bailly. Sans doute la période hebdomadaire, en usage *depuis la plus haute antiquité dans laquelle se perd son origine*, est une commémoration de l'histoire de la création, et son institution date du premier homme ; mais les hommes, en s'éloignant de leur origine, auront donné aux jours de la semaine les noms du soleil, de la lune et des planètes, à mesure que ces astres auront attiré leur attention, et sans prétendre y attacher la moindre idée d'ordre ou de distance. On sait en effet qu'il faut distinguer la semaine des jours, de la semaine des planètes, et que celle-ci est relativement fort moderne.

S'il est très-vrai que *la semaine se trouve identiquement la même sur toute la terre par rapport à la correspondance de ses jours au même instant physique*, il est très-vrai aussi que quelques peuples, entre autres le peuple juif, plus attentifs à conserver intact le dépôt d'une révélation primitive, ont retenu la dénomination originaire, en continuant de donner aux jours de la semaine les noms de *premier, deuxième, troisième*, etc. jusqu'au septième, qu'ils appellent *le jour du repos*. Malgré les altérations survenues ailleurs, l'esprit primitif de cette institution s'est conservé chez tous les peuples, puis que chez tous les peuples le septième jour a été le jour de repos, le jour consacré au culte de la divinité, comme nous l'apprenons de Josèphe, de Philon, de Tibulle, de Lucien, de saint Clément d'Alexandrie, de Tertullien, etc. Circonstance pareillement *très-remarquable* que M. Laplace a éliminée, bien qu'il ne pût ignorer que Diderot lui-même voyait dans ce fait une empreinte saillante de la grande vérité dont le type est dans la Genèse.

Homère et Hésiode, cités par Aristobule chez Eusèbe, et Solon et Callimaque, d'après saint Clément d'Alexandrie, appellent le septième jour un jour sacré, le jour où tout fut achevé. Chez les Romains, Ovide

et latin, et celui des Thraces et des Teutons ou Allemands (1). Et M. de Bretonne, en combinant les idées et les découvertes les plus récentes des géologues, astronomes, historiens, archéologues, philologues, orientalistes, arrivait à ces résultats : qu'il y a concordance et unité primitive entre les cosmogonies, les religions, les philosophies, les chronologies, les langues des anciens peuples ; que la famille humaine est une, et qu'elle a son berceau en Asie (2). Conclusions et résultats parallèles à ceux que viennent de présenter M. de Saint-Victor, dans ses *Études sur l'histoire universelle*, et M. Thonnélier dans son *Analyse des origines sémitiques et indo-tartares de la nation et de la langue celtique ou des anciens Gaulois*.

Les savants ouvrages de Bopp, de Grimen, de Prichard, et les travaux plus récents de MM. Eichoff et Pictet, ont jeté les plus vives lumières sur l'ancienne unité des peuples, et sur leurs migrations d'un même point de l'Orient ; en même temps que les nombreuses recherches de MM. Schlegel, Humboldt et Siéboldt, et celles de M. Mitchell, de New-York, ont prouvé que les indigènes qui ont peuplé l'Amérique sont originaires du nord et du sud de l'Asie, et appartiennent à la même

parle du septième jour comme d'un jour de fête, et Sénèque, comme d'un jour où l'on avait coutume d'allumer des lampes en l'honneur des dieux ; consécration que nous retrouvons également chez les anciens Chinois :

« Anciennement on sanctifiait dans la Chine le septième jour ; on ne faisait ce jour-là aucun commerce, et les magistrats ne faisaient aucune affaire. » (*Mémoire sur les Juifs de la Chine*, cité dans *La Religion constatée universellement*, t. 2, p. 155.)

(1) *Mémorial encyclopédique*, 1832, p. 76 et suivantes.

(2) *Histoire de la filiation et des migrations des peuples*.

famille que celle qui habite ces régions (1). « Il est » prouvé aujourd'hui, par les résultats de ces études » laborieuses, que toutes les langues de l'univers dé- » rivent d'une souche commune dont le siége a été » l'Orient. On distinguait jadis plusieurs langues » mères : aujourd'hui l'on ne connaît plus que des » sœurs, les unes aînées, les autres cadettes, mais » toutes également dérivées de la langue primitive » qui est éteinte (2). »

« La conclusion à laquelle nous ont conduit nos recherches sur la classification ethnographique des peuples, amène cette réflexion remarquable : que nous trouvons justement dans l'ancien monde, où Moïse nous représente l'origine des sociétés et le berceau de tous les peuples de la terre, les trois classes essentiellement différentes auxquelles le célèbre baron de Humboldt pense que l'on peut réduire les formes grammaticales de l'étonnante variété des dialectes connus (3). »

« L'affinité universelle des langues est placée dans un jour si vif, que tout le monde doit la considérer comme complètement démontrée. Ceci n'est explicable dans aucune autre hypothèse qu'en admettant que des fragments d'un langage primitif existent encore dans toutes les langues de l'Ancien et du Nouveau-Monde (4).

« Si jamais quelque conception philosophique venait » multiplier encore les berceaux du genre humain,

(1) M. Poncelet, *Cours d'hist. du gouv. franç. à l'école de droit*; *Mémoires sur l'origine japonaise*, etc. *Annales de philos. chrét.* t. 2, n° 10.

(2) M. Ajasson, *Notions générales*.

(3) M. Balbi, *Atlas ethnographique du globe*.

(4) M. Klaproth, *Asia polyglotta*, Préface.

» l'identité des langues serait toujours là pour détruire » le prestige ; et cette autorité ramènerait l'esprit le » plus prévenu (1). »

Or, voici qu'à son tour l'archéologie nous appelle dans ce même pays de l'Assyrie ou de la Chaldée, sur cette plaine célèbre de *Sennaar*, à Babylone, pour y retrouver, sous un amas immense de briques vitrifiées d'un aspect correspondant aux traditions bibliques, la tour de Babel, ce premier monument de l'orgueil et de la faiblesse des hommes. Les études de M. Raoul Rochette, et la comparaison qu'il a faite des relations et des descriptions des voyageurs modernes, lui ont appris non seulement à distinguer cette tour célèbre de la tour de Bélus élevée sur l'autre rive de l'Euphrate, mais encore à reconnaître que cette dernière n'a été en quelque sorte qu'une imitation de la tour de Babel : « Après que le feu du ciel ou de la terre, dit le savant » archéologue, eût détruit celle-ci sur la rive droite » de l'Euphrate, et l'eût réduite en un amas de scories » vitreuses, on la rebâtit de l'autre côté du fleuve, à » peu près avec la même forme et avec une magnifi- » cence dont l'âge n'a pu effacer le souvenir ni les » vestiges (2). »

Et ces monuments *cyclopéens* ou *pélasgiens* qu'on rencontre encore aujourd'hui en Syrie et dans toute l'Asie, dans la Thrace, en Italie, dans la Sardaigne, dans la Crète, dans l'île de Malte, en Espagne, etc., n'appartiennent-ils pas à la même civilisation ? Que

(1) *Discours sur l'étude fondamentale des langues*, p. 31. — *Conclusion de l'Académie de St-Pétersbourg, Bulletin universel*, t. 1. p. 380.

(2) *Cours d'archéologie*, 2e et 3e année

signifient encore ces téocalli du Mexique qui forment de grandes tours composées d'assises en retraite, absolument dans le même style que le fameux temple de Bélus, cette imitation de la tour de Babel, et dont la ressemblance frappante avec les pyramides de l'Ethiopie, les bamoth de la Phénicie, les nuraghs de la Sardaigne, les talaiots des îles Baléares, les tours d'Ecosse et les autres monuments pyramidaux répandus sur toute la terre, a été dans ces derniers temps observée par M. de Humboldt et par tant d'autres savants voyageurs (1)?

Ajoutons que la géologie paraît appelée à retrouver les dates précises de la fondation des monuments de l'ancien monde. Déjà M. Letronne, qui vient de porter le dernier coup au système de Dupuis, en démontrant que la valeur astronomique du zodiaque était inconnue aux anciens, et que la sphère n'est ni d'origine égyptienne, ni d'origine chaldéenne, mais d'origine grecque, M. Letronne a pu nous dire que les commencements de la ville de Lycopolis qu'on croyait si ancienne, ne remontent pas à plus de 1,200 ans au delà de notre ère; que les monuments si célèbres de la Thébaïde ont été édifiés pendant les quatre siècles précédents; et que la fondation de Thèbes, cette première ville de l'Egypte ancienne, date de l'an 418 du déluge universel, en suivant la chronologie des Septante (2).

Mais, si les découvertes les plus précieuses et les plus inattendues sont venues rétablir sur tous les points l'autorité des traditions sacrées, si les savants, en cher-

(1) Voy. *Cours d'arch.*, 2e et 3e année

(2) *Cours fait au Collége de France. Géograph. de l'Egypte.*

chant par des chemins opposés les origines des nations, de leur civilisation, de leur religion et de leur histoire, sont arrivés au même point : s'ils se sont rencontrés *en face de la Genèse*; enfin, si l'universalité du mystérieux cataclysme sous lequel l'ancien monde a succombé, se révèle dans la double langue de la nature physique et de la tradition humaine, il n'est plus possible de douter de l'identité du déluge géologique avec le déluge historique. Il faut bien *croire*, lorsqu'on voit la concordance la plus parfaite s'établir entre les faits et les dates de la géologie, et les faits et les dates de la Genèse ; lorsqu'on voit tous les peuples de la terre nous raconter les mêmes faits et leur assigner les mêmes dates ; lorsqu'on voit tous ces peuples, Assyriens ou Chaldéens, Phéniciens, Egyptiens, Syriens, Phrygiens, Persans, Indiens, Chinois, Tartares, confirmer la narration biblique jusque sur le nombre des générations antédiluviennes et sur celui des familles sauvées du grand cataclysme. Il faut bien croire, lorsqu'on voit tous les savants avouer qu'on ne peut expliquer que par le déluge universel « la nouveauté du monde moral dont » les monuments certains ne remontent pas au delà de » 5,000 ans (1) ; » et qu'on voit ces savants distinguer dans l'espèce humaine, seule de son genre, trois races typiques, conformément à la tradition sacrée sur les trois familles échappées au grand cataclysme (2).

(1) M. Laplace, *Expos. du syst. du monde*, p. 214.

(2) « Les naturalistes ont cherché à s'expliquer les variétés que présente l'espèce humaine. Les uns, comme Buffon, Blumenbach, Camper, Wiseman, en ont trouvé les causes dans l'influence du climat, la différence de la nourriture, et surtout la réaction de l'intelligence et de la sensibilité sur les systèmes nerveux, pileux, et même osseux. Les

« Après le déluge de Noh ou de Xisuthrus, observait un célèbre incrédule, le partage de la terre entre trois personnes ressemble beaucoup à ce que les Grecs nous disent des trois frères, Jupiter, Pluton et Neptune, qui ressemblent aussi beaucoup aux trois fils de Noé ; Pluton même est noir comme Cham (1). »

« L'historien Bérose, observe encore le même auteur, décrit avec le plus de détails les circonstances du déluge de Xisuthrus, qui fut *le dixième roi*, comme Noé fut *le dixième patriarche*. Bérose et Abydême, d'accord avec Moïse, placent *dix générations* avant le déluge. Les Indiens remplissent les temps antérieurs au déluge par *dix avatas* qui répondent aux *dix rois* et *aux dix*

autres, comme Lacépède, Cuvier, etc., en font remonter la source à une époque voisine de la catastrophe qui a bouleversé la surface du globe... Tous ces savants naturalistes concluent, comme Cuvier, « que » les grandes différences qui se trouvent parmi les hommes ne sont que » des effets de causes accidentelles, en un mot, des variétés. » — « Ce qui a fait faire un grand progrès à l'anthropologie et ce qui est venu la rattacher au récit de Moïse, qui fait renouveler la terre après le déluge par trois races d'hommes sortis des trois enfants de Noé, *Sem*, *Cham* et *Japhet*, c'est qu'on a fini par rapporter toutes les variétés de l'espèce humaine à trois divisions principales, savoir : la caucasienne, l'éthiopienne et la mongole ; et ce qui prouve la justesse de cet aperçu, c'est que l'on y est arrivé par les voies les plus différentes : les naturalistes, par leurs études comparatives sur le règne animal ; les géographes, par leurs recherches géographiques ; et les navigateurs, par l'observation directe de l'ensemble des traits et des habitudes des peuples divers. Et tout en constatant l'existence de ces trois grandes familles, ces savants ont proclamé également qu'elles fraternisent dans les traces d'une primitive unité. — Voyez Forester, Lacépède, Cuvier, Hellart, de Humboldt, etc., etc. » (M. Auguste Nicolas, *op. cit* t. 2.)

(1) Suivant M. de Paravey et plusieurs autres profonds penseurs, cette couleur noire dont parle Volney serait le signe que Dieu mit sur Caïn, comme sur Cham maudit de même, et dont les Nègres sont les descendants.

patriarches antédiluviens. Sanchoniathon, de Phrygie, parle de *dix générations* des dieux ou demi-dieux placés entre Uranus et la race présente des mortels. Les Arabes et les Tartares ont également conservé le souvenir de *dix générations*; et de concert, quoique séparés par d'immenses distances, ils donnent à plusieurs des patriarches antédiluviens, aussi bien qu'à leurs successeurs immédiats, *les mêmes noms qu'ils ont dans la Genèse* (1). »

Les mêmes idées existaient chez les Perses qui considéraient la fin des *dix* générations antérieures au déluge comme l'époque à laquelle cet événement avait eu lieu. D'après les livres sibyllins, il y aurait eu *dix* siècles entre la création et le déluge. Les Atlantes, d'après Platon, supposaient que *dix* rois avaient régné sur leur patrie avant le cataclysme qui la ravagea. De même nous voyons les Orientaux compter *dix* solimans ou *dix* premiers rois qui auraient régné dans le monde avant le déluge, et les Chinois compter également *dix* générations entre l'apparition du premier homme et l'inondation générale de la terre.

Ainsi, d'un concert unanime, toutes les histoires, comme toutes les traditions que nous pouvons interroger, nous attestent la réalité d'un grand cataclysme; et, chose non moins remarquable, toutes le fixent à peu près à la même époque; car les Américains eux-mêmes ont leur Noé comme tous les peuples de l'Ancien-Monde. Les Mexicains et les peuplades du Brésil divisaient la durée du monde en quatre âges, dont le premier commençait à la création et finissait au déluge;

(1) Volney, *Recherches sur l'histoire ancienne*, t. 1, p. 127 et suiv.

et les Péruviens conservaient une grande vénération pour l'arc-en-ciel, signe manifeste pour eux de la cessation à jamais de ces terribles inondations qui avaient produit le déluge.

Ce souvenir d'un déluge était si fort empreint dans l'esprit des peuples de cet hémisphère, qu'un des Indiens de Cuba apostropha Gabriel de Cabréra en lui disant : Pourquoi me grondes-tu ? Ne sommes-nous pas tous frères, et ne descends-tu pas comme moi de celui qui construisit le grand vaisseau qui sauva notre race ? Aussi les Achagua, dont faisait partie cet Indien, désignent-ils le déluge par l'expression de Catenanemon, qui signifie proprement la submersion générale du grand lac (1). C'est ce que confirment encore toutes ces peintures hiéroglyphiques que M. Alexandre de Humboldt a trouvées chez ces nations américaines, et qui nous rappellent ces médailles de bronze, retrouvées dans la ville d'Apamée en Phrygie, où sont représentés un homme et une femme dans un coffre voguant sur les eaux, et un oiseau sur le bord du coffre, et un autre oiseau qui se balance dans l'air, tenant entre ses pattes une branche d'olivier (2). « Tezpi ou Coxcox, comme on appelle le Noé américain, est représenté dans une arche flottante sur les eaux, et avec lui sa femme et ses enfants, plusieurs animaux et différentes espèces de grains. Quand les eaux se retirèrent, Tezpi envoya un vautour qui, trouvant à se nourrir sur les corps des animaux noyés, ne revint pas. Après que l'expérience

(1) M. Marcel de Serres, *op. cit.* 7e époque ou 7e jour.

(2) *Doctrina nummorum veterum.* Vienne, 1793, 1re partie, t. 3, p. 130.

répétée avec plusieurs autres oiseaux eut manqué, l'oiseau-mouche revint à la fin portant une branche verte à son petit bec (1). »

« Une pareille conformité entre des nations si différentes par leurs mœurs, leurs langages et les pays qu'elles habitent, est non seulement un témoignage de la réalité du déluge, mais encore une preuve que toutes ces traditions dérivent d'une même source et ont une même origine. Cette origine doit être la même que celle du livre le plus ancien qui nous a transmis l'histoire d'un évènement sur lequel s'accordent toutes les croyances (2). »

La tradition de Moïse, ce monument le plus vénérable et même le plus antique, se montre au milieu des recherches comme le point de comparaison. L'histoire des Babyloniens, celle des Indiens et des Chinois viennent se dépouiller de leurs mensonges, et la vérité historique, tant attendue, sort enfin des ténèbres où elle était plongée. C'est la réponse que fait Rabaud de Saint-Étienne à Bailly, qui demande pourquoi l'effusion des eaux est la base de presque toutes les fêtes anciennes, pourquoi ces idées de déluge, de cataclysme universel, et pourquoi ces fêtes qui en sont des commémorations (3).

Ces idées de déluge, de cataclysme universel, et toutes ces fêtes commémoratives, avaient déjà dit Fréret et Boullanger, sont la tradition d'un fait qui peut se justifier et se confirmer par l'universalité des suffrages,

(1) M. de Humboldt, *Vues des Cordillères*, t. 2. p. 65, 66.

(2) M. Marcel de Serres, *loc. cit.*

(3) *Lettres de Rabaud de Saint-Etienne à Bailly.* — *Lettres sur l'origine des Sciences.*

puisqu'il se trouve dans toutes les langues et dans toutes les contrées du monde ; et ce fait dont la vérité est universellement reconnue est la véritable époque de l'histoire des nations (1).

« Ce fait incompréhensible que le peuple ne croit que par habitude, et que les gens d'esprit nient aussi par habitude, est ce que l'on peut imaginer de plus notoire et de plus incontestable. Oui, le physicien le croirait, quand les traditions des hommes n'en auraient jamais parlé ; et un homme de bon sens, qui n'aurait étudié que les traditions le croirait encore. Il faudrait être le plus borné, le plus opiniâtre des hommes, pour en douter, dès que l'on considère les témoignages rapprochés de la physique et de l'histoire, et le cri universel du genre humain (2). »

Concluons avec Benjamin Constant, que « les auteurs » du 18e siècle qui ont traité les livres saints des » Hébreux avec un mépris mêlé de fureur, jugeaient » l'antiquité d'une manière misérablement superficielle; » et que, pour s'égayer avec Voltaire aux dépens » d'Ézéchiel ou de la Genèse, il faut réunir deux choses » qui rendent cette gaieté assez triste : La plus pro- » fonde ignorance et la frivolité la plus déplorable (3). »

Mais pouvons-nous hésiter plus longtemps à exprimer toute notre pensée sur une question encore vivace?

Le déluge a-t-il été universel?

(1) Fréret, *Recherch. sur les tradit. relig. et philosop. des Indiens.* — Boullanger, *l'Antiquité dévoilée.*

(2) *L'Antiquité justifiée*

(3) *De la Religion considérée dans ses formes.*

A cette interpellation, tous les géologues répondent que la grande révolution a été générale; que les innombrables débris organiques, qui, dans toutes les parties du monde, gisent au milieu du dépôt diluvien, ne peuvent laisser aucun doute sur l'universalité de la grande catastrophe qui a produit tant et de si prodigieux phénomènes.

Cependant des théologiens enseignent que le déluge n'a point été d'une universalité absolue. On sait que le père Mabillon soutint cette thèse devant la Congrégation de l'Index à Rome, et que l'assemblée composée de neuf cardinaux se rangea à l'avis de l'habile défenseur du célèbre Vossius.

Nous pensons donc que la vérité est dans les deux camps en apparence opposés; et que ce grand débat eût cessé tout aussitôt, si les réponses eussent été mieux précisées.

Dans notre conviction, le déluge a été universel en ce sens qu'il a porté ses ravages dans tous les pays du monde; mais, dans notre conviction aussi, les points les plus élevés du globe ont été à l'abri de cette terrible inondation. Dans notre conviction, ces lieux élevés ont pu servir de refuge à une foule d'animaux, tandis que les espèces qui accompagnaient l'homme ou qui habitaient les mêmes contrées, ont été sauvées avec lui de la manière racontée dans la Genèse. Assurément, en disant que les eaux s'élevèrent de quinze coudées au-dessus des plus hautes montagnes, Moïse n'a pu entendre parler que des montagnes voisines du pays qu'occupaient les premiers hommes, que des montagnes de *toute* la terre alors habitée par l'espèce humaine; lui qui a l'attention d'avertir et d'expliquer, que cette expression *toute la terre* ne comprend sous son acception que la généralité des régions ou des contrées occupées par le peuple dont il parle, et avec lesquelles ce peuple avait des relations d'intérêt ou de voisinage : « Le Seigneur votre Dieu, dit-il aux enfants d'Israël, portera l'effroi et l'épouvante sur *toute* la terre *que vous habiterez*. (Deuter. XI, 25.)

Moïse, chargé de transmettre à la postérité la teneur de l'anathême fulminé contre les hommes et contre leur demeure : *Ego disperdam eos cum terrâ*, Moïse n'a entendu parler que de la terre habitée par les premiers hommes, que des montagnes connues de ce peuple primitif; de même qu'il n'a entendu parler que de l'Egypte et des pays adjacents, lorsqu'il dit que la famine régnait sur *toute* la terre, et qu'on venait de *toutes* les régions acheter du blé en Egypte (Gen. XLI, 56, 57.); de même que, bien évidemment encore, il n'a entendu parler que des contrées voisines de la Palestine, lorsqu'il annonce à son peuple que la terreur de son nom se répandra chez *toutes* les nations qui sont *sous tous les cieux*; qu'à leur approche *les peuples qui habitent sous tous les cieux* seront dans la consternation et pousseront des cris de désespoir et de douleur. (Deut. II, 25.)

Moïse n'a donc pu entendre parler que du continent adamique et que des animaux propres à ce continent adamique, que des animaux créés en Eden et qui avaient accompagné l'homme dans son exil.

Moïse n'a pu entendre parler, Moïse n'a véritablement entendu parler que des animaux placés sous la main de l'homme. C'est ce qui résulte formellement du récit circonstancié de la Genèse.

Dieu ordonne à Noé d'entrer dans l'arche avec toute

sa famille, et de prendre avec lui sept individus de chaque espèce des animaux purs, c'est-à-dire des animaux qu'il était permis aux premiers hommes d'offrir au Seigneur en holocauste ; et seulement deux individus, le mâle et la femelle, des animaux impurs ou dont l'offrande était interdite (1). Nécessairement cette classification d'animaux, nominativement désignés ou spécialement énumérés, est exclusive de tous les animaux qui n'entraient pas, qui ne pouvaient entrer dans cette catégorie, pas plus à l'époque de Noé qu'à l'époque où des restrictions dans l'usage de la chair des animaux furent imposés au peuple choisi de Dieu pour habiter, comme le peuple primitif, une toute petite partie de la terre. Mais, nécessairement aussi, cette dénomination distinctive était beaucoup plus restreinte à cette époque d'un culte moins cérémonial et moins chargé d'observances ; alors surtout qu'il ne pouvait s'agir que des animaux nominativement désignés comme propres et impropres aux sacrifices, et non des animaux dont il aurait été permis ou défendu à l'homme de se nourrir. Il est inconcevable qu'une observation aussi simple n'ait pas encore été présentée.

Il ne pouvait s'agir à cette époque que des animaux nominativement désignés comme propres et impropres

(1) La Vulgate (*Gen.* VII, 2) parle de sept couples des animaux purs et de sept couples des animaux impurs : *Septena et septena, Duo et duo.* Mais l'hébreu, le samaritain et les Septante portent seulement que Noé eut ordre de faire entrer dans l'arche les animaux impurs par couple, *duo, masculum et fœminam,* et les animaux purs par sept, *septena ;* c'est-à-dire par sept individus dont trois couples de chaque espèce, et un septième individu mâle pour être offert en sacrifice ; ainsi que l'ont entendu tous les saints Pères et presque tous les commentateurs. (Voy. dom Calmet ; *Scrip. Sacr. Curs. comp.*, etc.)

aux sacrifices, et nullement des animaux dont il aurait été permis ou défendu à l'homme de se nourrir ; puisqu'au temps de Noé, la défense de se nourrir de la chair de certains animaux n'existait pas encore ; puisque nous voyons que la permission de manger de toute chair était générale et sans restriction aucune. (Gen. IX, 3, 4.) Cependant les animaux qui accompagnaient l'homme étaient, dès lors, distingués en animaux propres et impropres aux sacrifices, sous la dénomination de purs et d'impurs, comme il appert pareillement du même texte, où nous lisons qu'au sortir de l'arche Noé prit de tous les animaux purs pour en faire un holocauste sur l'autel qu'il venait d'élever au Seigneur. (Gen. VIII, 20.) Puis, nécessairement cet holocauste d'action de grâces ne pouvait comprendre qu'un très-petit nombre d'animaux immolés sur cet autel unique par un seul et même sacrificateur. Et nécessairement aussi ces animaux désignés comme pouvant être offerts en sacrifice, et immolés sur cet autel unique, ne pouvaient être plus nombreux à cette époque qu'au temps de la loi écrite. Or, dans le Deutéronome, nous ne trouvons que cinq espèces d'animaux désignés comme propres aux sacrifices, le taureau, le bélier, le bouc, la colombe et la tourterelle.

Nous pouvons remarquer encore, et cette remarque a été faite par le célèbre Deluc, que le récit constate formellement que les animaux qui étaient sur la terre après le déluge n'étaient pas tous sortis de l'arche, puisque, dans la promesse que Dieu fait à Noé d'établir avec sa race une alliance dont aucun des animaux ne sera exclu, il est expliqué que l'effet de cette promesse s'étendra non seulement sur les animaux qui sont sortis de l'arche, mais jusque sur toutes les bêtes de la terre, *tam in volucribus quàm in jumentis et pecudibus terræ cunctis quæ egressa sunt de arcâ*, ET IN UNIVERSIS BESTIIS TERRÆ. (Gen. IX, 9, 10.) « Voilà manifestement, fait observer ici Deluc, une extension qui embrasse des animaux distincts de ceux qui sont sortis de l'arche en même temps que Noé et sa famille (1). »

Nous ajouterons que ces bêtes de la terre ou que ces animaux sauvages, *bestiis terræ*, ainsi distingués des animaux domestiques et qui accompagnaient l'homme, *jumentis et pecudibus*, ne sont pas compris non plus dans le dénombrement des espèces que Noé avait ordre de faire entrer dans l'arche (2). (Gen. VI, 19, 20.) Autre observation que nous nous empressons de signaler à l'attention des théologiens.

Deluc avait bien vu que le récit genésiaque prouve encore d'une manière directe que la conservation de *toutes* les espèces d'animaux n'est pas attribuée à l'arche. Il voyait cette preuve dans l'ordre donné à Noé à leur égard : Tu les feras entrer dans l'arche pour les conserver en vie avec toi, pour qu'ils puissent vivre, *ut vivant tecum, ut possint vivere*. (Gen. *ibid.*) « Le but de l'ordre est évident, disait Deluc ; il fut que Noé pût

(1) *Lettres phys. et moral. sur l'histoire de la terre et de l'homme.* Lettre 147e.

(2) A la vérité, en outre des oiseaux et des autres animaux domestiques, *jumentis et pecudibus*, il est fait mention aussi de reptiles, *reptili*. Mais quels sont, quels peuvent être ces reptiles, ou que faut-il entendre par cette expression du texte ? C'est sur quoi les philologues et les interprètes sont loin d'être d'accord. Cette expression du texte a-t-elle trait à ce serpent du jardin d'Eden maudit de Dieu, et qui, par le fait même de cette malédiction, s'est trouvé au nombre des animaux désignés comme impurs, et qu'en conséquence Noé devait faire entrer dans l'arche ?

promptement peupler d'animaux le pays qu'il habiterait. »

Mais, si le *but* de l'ordre est évident, le *motif* de cet ordre apparaît beaucoup plus évidemment encore. Remarquons donc à notre tour que le motif, la cause de cet ordre, est que ces animaux créés pour les besoins et l'utilité de l'homme, *jumentis et pecudibus*, à une époque comparativement fort récente, n'auraient pu trouver de refuge, d'asile assuré, au milieu de tant d'espèces de carnassiers et autres animaux sauvages qui infestaient depuis longtemps toutes les autres parties des continents ; races et espèces beaucoup plus multipliées alors qu'aujourd'hui, comme il est constaté par les monuments géologiques, qui constatent, en outre, qu'un grand nombre d'espèces d'animaux gigantesques disparurent subitement à cette époque du déluge.

Il est bien certain que la destruction de la race humaine, à l'exception de Noé et de sa famille, est le but principal que Dieu s'est proposé en envoyant un déluge sur la terre. Mais un déluge, et surtout un déluge universel dans le sens présenté par l'Écriture, était nécessaire aussi pour anéantir tant et de si gigantesques animaux d'espèces diverses, qui régnaient en dominateurs sur la plus grande partie des continents destinés à l'empire de l'homme, et qui précisément en raison de leur taille et de leurs besoins plus impérieux et plus difficiles à satisfaire, n'ont pu survivre à cette catastrophe.

« Tout observateur attentif est saisi d'étonnement » lorsqu'il vient à examiner les proportions gigan- » tesques des espèces d'animaux qui ont été éteintes » dans le grand bouleversement du globe. Il se de-

» mande *pourquoi ce sont les plus grandes espèces d'a-*
» *nimaux qui ont disparu, tandis que celles de moindre*
» *dimension ont pour la plupart été conservées.* »

Ainsi s'exprime un auteur étranger qui aurait mérité les encouragements des hommes de la science, s'il n'avait voulu être que géologue; s'il n'avait pas eu la prétention de s'ériger en réformateur universel dans un ouvrage dont le *but principal,* dont le but annoncé du moins, est *l'explication du déluge* (1).

Dans tous les temps les savants ont fait les plus grands efforts pour trouver une cause physique à un événement dont ils ne pouvaient nier la réalité sans démentir la nature, qui en a partout gravé les fastes en caractères ineffaçables. Cependant une voix qui s'est fait entendre à toutes les nations assigne au déluge, et aux circonstances diverses de ce grand et terrible événement des annales bibliques, une cause d'un ordre supérieur, d'un ordre tout différent de l'ordre de la nature. On sait ce qu'il est advenu de toutes les hypothèses proposées; et pourtant tant d'essais infructueux, tant de tentatives malheureuses n'ont pu convaincre tous ces savants de leur impuissance.

Naguère encore un géologue, dont le nom a eu du retentissement dans la science, nous disait, avec toute l'assurance que lui inspirait la satisfaction d'avoir *résolu d'un même coup quatre ou cinq problèmes :*

(1) *Le Déluge*, par M Frédérick Klee. Édition française. Copenhague, 15 septembre 1846. Paris 1847. p 72, 73, et p. 4 et 333.

La matière traitée dans cet ouvrage est trop grave et a trop d'importance, pour que nous puissions nous dispenser de consigner les quelques réflexions que nous suggère la lecture rapide que nous venons de faire de cette nouvelle publication, qui parvient à notre connaissance au moment même de l'impression de ce *second Appendice.*

« Supposons qu'un astre quelconque rencontre obliquement la terre dans son mouvement ; que devra-t-il arriver ? Le choc violent de l'astre fera dévier le globe terrestre, ou le fera retourner sur lui-même ; son double mouvement de rotation, diurne et annuel, seront l'un et l'autre suspendus, ou ralentis un instant... » De là « la dispersion des blocs erratiques, celle des dépôts caillouteux ; la disparition subite d'un grand nombre d'animaux terrestres, et la présence dans les climats froids et tempérés des ossements de quadrupèdes dont les analogues vivants habitent les pays chauds (1). »

Nous avons répondu à ce géologue : si le mouvement de translation de la terre autour du soleil était suspendu un seul instant, la terre, en vertu de la force centrale qui ne serait plus et ne pourrait plus être contrebalancée, tomberait en ligne droite sur le soleil ; si son mouvement de rotation, ce mouvement diurne serait suspendu pour toujours. Le double mouvement de la terre sera-t-il seulement ralenti ? Alors il est bien certain, puisque la terre a, non seulement *un mouvement de rotation à l'équateur de 7 lieues par minute,* mais encore une vitesse de translation de 7 lieues par seconde ou de 412 lieues par minute, il est bien certain que notre malheureux globe serait bouleversé de fond en comble. Ce ne serait plus un déluge : il faudrait voir dans un pareil événement le chaos des poètes et des mythologistes ; ce serait alors, comme l'écrivait Lalande en 1773, *l'accomplissement des siècles et la fin du monde.* Mais nous savons maintenant que nous n'avons rien à craindre de semblable de la masse volatile et tout à fait

(1) M. N. Boubée, *Géolog. élément.*

insignifiante des comètes ; car, il faut bien le dire, l'*astre quelconque* que vous invoquez ne saurait être autre chose qu'une comète ; les comètes sont évidemment les seuls astres que la terre puisse rencontrer dans sa course annuelle autour du soleil.

Aussi est-ce sur cette rencontre de la terre par une comète, est-ce sur un pareil déplacement de l'axe de rotation de la terre occasionné par le choc d'une comète, que, plus récemment encore, M. de Boucheporn, a essayé de fonder une *Théorie nouvelle des révolutions du globe* ; et cela parce que le calcul des probabilités lui a montré, qu'en supposant dix passages annuels des comètes dans les limites de l'orbe terrestre, toutes les chances de rencontre de la terre par un de ces astres devaient être atteintes en *trois millions d'années* (1).

Rebuté par tant et de si inextricables difficultés, l'auteur étranger qui se présente aujourd'hui pour l'*explication du déluge et des phénomènes qui s'y rapportent*, emploie une autre méthode. S'il a encore recours au déplacement de l'axe de rotation de la terre, il n'attribue plus ce déplacement au choc d'une comète. Dans l'enseignement nouveau, *la cause du déplacement de l'axe ainsi que celle du déluge doivent être cherchées dans le développement intérieur du globe* (2).

Cette cause sera-t-elle plus facile à trouver dans cet intérieur du globe terrestre que dans le ciel des comètes? C'est ce que nous ne pouvons dire ; car le savant étranger, M. Frédérick Klee, ne s'explique pas sur ce point. Ce silence est d'autant plus fâcheux et surtout d'autant

(1) Mémoire présenté à l'Académie des Sciences. 8 juillet 1844.

(2) *Le Déluge*, etc. p. 116.

plus surprenant, que l'auteur annonce que sa « théorie doit exercer une influence puissante et universelle, non seulement sur la géologie, mais aussi sur plusieurs autres sciences, notamment sur la mythologie, sur l'histoire, sur l'astronomie, particulièrement sur la théorie exposée par Laplace quant aux mouvements des corps célestes (1). » Mais, parce que cette cause, quelle qu'elle soit, exige un effet subit, instantané, il enseigne qu'*on ne peut pas décider avec certitude* : 1° « si Noé a prévu cette catastrophe ou non ; » 2° « s'il a par cette raison bâti un navire d'une construction particulière ; » 3° « s'il s'est passé sept jours, comme le dit la Bible, avant que l'inondation atteignît la demeure de Noé ; » 4° « si la pluie continuelle a duré quarante jours et quarante nuits, » etc., etc. (2).

En procédant de la sorte on devait arriver à des résultats curieux. On arrive, en effet, *à apprendre*, DU RÉCIT DE LA BIBLE MÊME, « qu'il a existé d'autres hommes » sur la terre du temps d'Adam ; » et même on arrive à savoir « qu'Adam, chassé d'Eden, a dû trouver la » Babylonie passablement peuplée (3). » Puis, *une interprétation correcte du onzième chapitre de la Genèse apprend* « que Babylone a été fondée déjà avant le » déluge. »

Cette dernière découverte est consignée dans le chapitre intitulé : *Hypothèse que la ville de Babylone a existé avant le déluge, et que les images de l'Apocalypse ont été tirées de la catastrophe du déplacement de l'axe du globe,*

(1) Page 333.

(2) Page 215.

(3) Deuxième partie, chap. 3.

surtout de la ruine de cette ville, détruite lors de cette catastrophe.

En outre, il est exposé dans ce chapitre, que « vrai- » semblablement Babylone fut la ville la plus impor- » tante de l'état MODÉRNE des dieux ou Elohim, qui » semble avoir été, APRÈS CELUI DES ATLANTES, le plus » puissant des états avant le déluge ; » car, dans l'hypothèse dont il s'agit, l'*Atlantide, détruite* aussi *lors de cette catastrophe, a été l'état civilisé le plus ancien* (1).

Voici comment tout ceci se démontre ou s'explique :

L'Europe est l'Atlantide dont parle Platon, ou, pour reproduire les propres expressions de l'auteur, « l'Atlan- » tide des anciens est l'Europe actuelle (2). » Or, « de » même qu'on peut démontrer que, dans notre ère, » la civilisation a suivi la marche du soleil de l'orient » à l'occident, de même elle l'a suivie avant le dépla- » cement de l'axe, en passant de l'Europe dans l'Asie » occidentale, située *alors* à peu près *à l'occident de » l'Europe,* et en s'arrêtant aux Indes et dans la Chine, » où le soleil, pour ainsi dire, *s'est arrêté et a changé » sa direction* (3). »

Ce qui signifie qu'avant cette rétrogradation (car il est question ici bien moins d'un simple déplacement de l'axe que d'un détournement, d'un changement de rotation ou d'un mouvement rétrograde), l'Europe actuelle était à l'orient de l'Asie occidentale d'aujour-

(1) Page 311.

(2) « Je pose donc l'hypothèse géologique-historique que l'*Atlantide des anciens est l'Europe actuelle,* et que *ses habitants qui périrent par le déluge,* sont les Atlantes ou les Titans des anciens. » (Pag. 229.)

(3) Deuxième partie, chap. 13.

d'hui, c'est-à-dire à l'orient de la Babylonie, et par conséquent à l'orient de la Chine, d'où la civilisation, en conséquence de la nouvelle marche ou nouvelle direction du soleil, est revenue ensuite, en repassant par les Indes et par la Babylonie, jusque dans l'Europe actuelle, son berceau primitif; avec cette différence, néanmoins, que, cette fois, le soleil n'ayant plus changé de direction, « elle a continué sa route du côté de l'oc-» cident, en passant dans l'Amérique (1). »

Voilà pourquoi l'*Amérique, qui se développe avec une force gigantesque, passe devant l'Europe qui, en général, ne fait* plus *que de lents progrès* (2). »

Mais, en même temps, voilà comment *il est démontré* dans la nouvelle méthode explicative, qu'à part l'Amérique, l'Atlantide ou l'Europe, le dernier des états civilisés dans l'ère actuelle, a été l'état civilisé le plus ancien dans l'ère antédiluvienne; et voilà comment l'état de ces dieux ou Elohim, dont Babylone fut la capitale ou la ville la plus importante avant le déluge, a pu être appelé par l'auteur de l'explication, un ÉTAT MODERNE, comparativement à l'Atlantide ou à l'Europe de la civilisation antéadamique.

Voilà aussi, sans doute, d'où vient que les Egyptiens, qui « probablement auront échappé à la mort dont les » menaçaient la grande inondation, les éruptions vol-» caniques et les autres phénomènes de la nature qui » ont accompagné le déplacement de l'axe (3), » enseignaient aux Grecs de l'Europe qu'autrefois le soleil se levait à l'occident et se couchait à l'orient.

(1) Deuxième partie, chap. 13.

(2) *Ibid*

(3) Page 311.

Enfin, voilà comment il se fait que « la théorie dé-
» veloppée dans cet écrit doit exercer une influence
» puissante et universelle sur l'astronomie, particu-
» lièrement sur la théorie exposée par Laplace quant
» aux mouvements des corps célestes. »

Effectivement, cette transformation d'un mouvement de rotation primitivement dirigé d'orient en occident, ce mouvement originaire d'orient en occident transformé accidentellement en rotation d'occident en orient, renverse les principes les plus fondamentaux de l'astronomie, et avec ces principes fondamentaux tout l'édifice cosmogonique de M. Laplace, et par contrecoup la *Cosmogonie de la révélation*.

Tels sont les résultats principaux de cette INFLUENCE PUISSANTE ET UNIVERSELLE que M. Frédérick Klee promet à sa théorie explicative du déluge.

Cependant, comme l'auteur du livre que nous examinons déclare lui-même, que « tant qu'on n'aura pas
» reconnu la justesse des idées principales avancées
» dans ce livre, il serait hors de propos de développer
» plus exactement ces différents résultats (1), » nous ne nous en inquiéterons pas autrement. Et véritablement nous n'avons pas à nous préoccuper de ces résultats, puisque nous sommes en mesure de mettre le lecteur à même de juger, en toute connaissance de cause, de *la justesse des idées principales avancées dans ce livre*. Il nous suffira présentement, sans que nous ayons besoin de suivre plus longtemps le nouveau réformateur dans ses considérations sur le déluge de la Genèse et sur la Babylone de l'Apocalypse, considé-

(1) Page 333.

rations si différentes de celles de Calvin ou de Jurieu sur cette même Babylone de l'Apocalypse, il nous suffira de reproduire cette autre conclusion à laquelle est encore arrivé l'auteur de l'explication du déluge :

« Il est donc probable qu'il ne fut plus créé d'hommes
» après le déluge, à moins que ce ne soient les mal-
» heureux Papuas, ou le peuple remarquable des
» Bohémiens, dont l'apparition au milieu d'une période
» historique est encore une énigme (1). »

On voit que M. Frédérick Klee a tenu tout ce que promettait cette épigraphe de son livre :

« Croire tout découvert est une erreur profonde,
» C'est prendre l'horizon pour les bornes du monde. »

S'il n'a pas tenu ce que promettait le titre de ce même livre, s'il n'a pas atteint *le but principal* qu'il se proposait, l'*explication du déluge*, s'il a manqué son but, c'est qu'il est écrit dans le Livre divin, que la confusion est le partage de quiconque, par mensonge ou par ignorance, contredit la parole de vérité (2).

C'est pourquoi nous croyons toujours avec tous les théologiens orthodoxes « qu'il faut voir dans le déluge un événement qui sort des lois ordinaires de la nature, et qui est produit par l'intervention de la toute-puissance divine ; » et, sans craindre de prendre l'horizon pour les bornes du monde, nous disons et répétons encore avec ces théologiens que « la futilité des conjec-

(1) Page 182.

(2) Non contradicas verbo veritatis ullo modo, et de mendacio ineruditionis tuæ confundere.

tures que l'on a faites pour expliquer physiquement le déluge nous ramène au récit de Moïse (1). »

Mais, en revenant ainsi au récit de Moïse, nous sommes obligé de convenir que l'hypothèse imaginée par le docteur Buckland ou renouvelée des Pharisiens ne contredit pas moins la parole de vérité. Et puisque, d'une autre part, cette hypothèse est en contradiction avec les faits scientifiques qui constatent la présence dans le dépôt diluvien de débris appartenant et à des espèces vivantes et à des espèces des temps géologiques détruites lors de cette catastrophe, et puisque, pour obéir aux nouvelles indications de la science, « on » est forcé d'abandonner cette ancienne idée que les » premiers êtres n'étaient que des ébauches imparfaites » de la nature, » nous ne pouvons ni ne devons nous arrêter non plus à cette autre IDÉE NEUVE, que *Dieu aura créé puis organisé et détruit successivement ses ouvrages, comme un ouvrier mécontent*, ou que « le Créateur, dans la nuit d'un chaos temporaire, EFFACE SES PREMIÈRES ÉBAUCHES, *comme un peintre dédaigne une esquisse qui rend imparfaitement sa pensée* (2). » Nous aimons mieux croire avec les hommes de la science nouvelle, que « les produits de la création, quel que soit le rang » qui leur est assigné, ont présenté à toutes les époques » cette admirable perfection qui appartient à tout ce » qui sort des mains du Créateur ; » et répéter avec tous les théologiens, et avec les philosophes et les naturalistes de la vieille école, que « la description de » Moïse est une narration exacte et philosophique de

(1) M. Frayssinous, *Conférences sur la Religion*, t. 2, p. 226, 227.

(2) MM. Desdouits et Jéhan.

» la création de l'univers entier et de l'origine de » toutes choses (1) ; » *nam fides verbo Dei et experientiæ tantùm debetur* (2).

Notre profession de foi ainsi nettement formulée, nous allons exposer, toujours en présence des doctrines scientifiques de notre âge, la grande et dernière opération *naturelle*, qui a suivi immédiatement l'accomplissement de l'œuvre cosmogonique du troisième jour de la Genèse ou de la troisième époque de la nature.

(1) Buffon, *Théorie de la terre*, art. 2e.

(2) Fr. Bacon, 3e lettre à l'Université de Cambridge, *op. cit.*

CHAPITRE QUATRIÈME.

Quatrième jour de la Genèse.

SECTION PREMIÈRE.

EXPOSITION COMPLÉMENTAIRE.

Institution des luminaires. — Firmament du ciel : Valeur précise de cette expression de la Genèse. — Lumière des globes célestes distinguée de leurs éléments constitutifs ou de leur firmament du deuxième jour. — Dernière opération cosmogonique. — Sanction donnée au firmament du deuxième jour. — Luminaires de la terre et luminaires universels. — Jusqu'à ce quatrième et dernier jour des générations du ciel, la lumière régnait sans partage sur la création tout entière.

Par la création du ciel et de la terre, nous avons dû entendre, et nous avons entendu avec tous les auteurs sacrés, et avec tous les anciens interprètes ou commentateurs, la création de tous les éléments, la création de la matière constitutive de tous les corps de l'univers, matière créée au commencement, puis disposée dans le temps par la sagesse ou par la parole de Dieu : *Creavit omnia simul; sed omnia in mensurâ et numero et pondere disposuisti. Tam enim cœli quàm sublunaria facta sunt ex eâdem aquarum abysso.* Avec les auteurs inspirés de l'Ancien et du Nouveau Testament, nous avons appelé cette matière de la création une matière invisible, une matière informe, *invisa materia, informis materia*, et nous avons dit et répété avec eux que c'est de cette matière invisible et informe, ἐξ ἀμόρφου ὕλης, qu'ont été formées toutes les parties du monde visible, *ut ex invisibilibus visibilia fierent.*

Le grand miracle de la toute puissance divine proclamé, *in principio creavit Deus cœlum et terram*, le récit de la Genèse ne présente plus qu'un ensemble de faits qui rentrent tous sous l'empire des lois naturelles déterminées par la volonté du Créateur; et qui par là s'accordent dans leurs généralités avec les observations ou les déductions de la science.

Ainsi, au premier jour, le principe répulsif se dégage de la masse moléculaire de la création pour se porter à la surface de cette masse fluide, et bientôt ce principe universel devient lumineux : *Fiat lux.*

Au second jour, la matière encore fluide de la création se contracte et se condense par l'effet de ce rayonnement du calorique; et « la matière destinée à composer le monde, » « la matière de tout l'univers, » « la matière d'où sortirent tous les cieux aussi bien que le globe terrestre, » est divisée en amas distincts; et ces agglomérations diverses, désormais soumises à l'influence d'une force centrale qui domine à son tour toutes les parties de la matière, constituent « ces vastes corps du ciel et de la terre précédemment désignés sous le nom d'abîme » parce qu'alors « cette masse immense, infinie, sans mouvement et sans fond n'était point encore divisée ni distribuée : » *Fiat firmamentum et dividat.*

Au troisième jour, l'agglomération des éléments constitutifs de la terre est distinguée des agglomérations constitutives du ciel. Ce qui a été fait firmament au-dessous ne forme qu'une seule agglomération ; et cette agglomération unique sous le ciel obéit à ce commandement nouveau et tout spécial : Que la terre ferme apparaisse : *Appareat arida.*

Il n'est pas encore fait mention du firmament du ciel. Ce n'est qu'au quatrième jour que Dieu dit : Qu'il y ait des luminaires dans le firmament du ciel : *Fiant luminaria in firmamento cœli.*

Mais qu'est-ce que ce firmament du ciel ? et quels sont ces luminaires du quatrième jour ? C'est ce que Moïse va nous apprendre.

L'historien de la création ne se borne pas à nous dire que des luminaires furent institués dans le firmament du ciel ; il nous dit en même temps quels sont ces luminaires, et pour quelles fins ils furent institués, et encore quel est ce firmament du ciel dans lequel furent institués ces luminaires. Le texte porte :

« Dieu dit ensuite : Qu'il y ait des luminaires dans » le firmament du ciel pour séparer le jour et la nuit, » et distinguer les temps et les saisons, les jours et les » années ; qu'ils brillent dans le firmament du ciel, » et qu'ils illuminent la terre. Et il fut fait ainsi. Dieu » fit donc deux grands luminaires, l'un plus grand pour » présider au jour, et l'autre moins grand pour prési- » der à la nuit.

» *Dixit autem Deus : fiant luminaria in firmamento* » *cœli, et dividant diem ac noctem, et sint in signa et* » *tempora, et dies et annos, ut luceant in firmamento* » *cœli et illuminent terram. Et factum est ita. Fecitque* » *Deus duo luminaria magna, luminare majus ut præ-* » *esset diei, et luminare minus ut præesset nocti.* »

Puis, la Genèse ajoute un mot, un seul mot : « et les étoiles, *et stellas,* » pour marquer que la manifestation du ciel étoilé ou du firmament du ciel est aussi le résultat de cette dernière disposition du Créateur. Ce mot ainsi placé incidemment au milieu du récit historique, l'écrivain sacré continue en ces termes :

« Et il les mit (les deux luminaires) dans le firma- » ment du ciel pour luire sur la terre, pour présider » au jour et à la nuit, et pour séparer la lumière et » les ténèbres.

» *Et posuit ea in firmamento cœli, ut lucerent super* » *terram, et præessent diei ac nocti, et dividerent lucem* » *ac tenebras.* » (Gen. I, 14, 15, 16, 17, 18.)

La Vulgate porte *et posuit eas* ; mais c'est une erreur manifeste de saint Jérôme. Dans l'hébreu, et dans la version des Septante, ce pronom *eas* de la Vulgate est du même genre que le substantif *luminaria,* et se rapporte à ce substantif, c'est-à-dire aux deux luminaires. La corrélation existante entre ce dernier membre de phrase et ce qui précède, fait voir qu'en effet il n'est question ici que des deux luminaires, et nullement des étoiles. La concordance et la correspondance parfaite des expressions employées dans ces deux propositions synonymiques ne laissent aucun doute à cet égard.

Dieu institue deux grands luminaires, l'un plus grand pour présider au jour, *ut præesset diei,* et l'autre moins grand pour présider à la nuit, *ut præesset nocti* : Première proposition. Et Dieu les met dans le firmament du ciel, pour présider au jour et à la nuit, *ut præessent diei ac nocti* : Seconde proposition. Evidemment, les luminaires que Dieu met dans le firmament du ciel « pour présider au jour et à la nuit, » sont ces mêmes luminaires que Dieu vient d'instituer, « l'un » plus grand pour présider au jour, et l'autre moins » grand pour présider à la nuit. »

Il y a dans cette exposition synoptique du quatrième jour, comme dans l'exposition du deuxième jour, deux choses bien distinctes : le décret de Dieu et l'exécution de ce décret. Or ici le décret de Dieu est en forme complexe. Dieu ordonne qu'il y ait des luminaires pour marquer la succession du jour et de la nuit ; et Dieu ordonne qu'ils brillent, ou, comme le porte le grec d'après l'hébreu, qu'ils soient en splendeur, καὶ ἔστωσαν εἰς φάσιν dans le firmament du ciel, pour éclairer la terre. En conséquence l'exécution est décrite en forme complexe. Dieu établit deux grands luminaires, l'un plus grand pour présider au jour, et l'autre moins grand pour présider à la nuit ; et, ces deux luminaires, il les met en splendeur dans le firmament du ciel pour éclairer la terre, pour présider à ses jours et à ses nuits, et marquer la succession de la lumière et des ténèbres.

Ce *posuit in firmamento cœli* de la Vulgate nous rappelle cette magnifique prosopopée du Livre des Psaumes : *In sole posuit tabernaculum suum*. Ces expressions de la Genèse, auxquelles le Psalmiste fait ici allusion, s'appliquent et ne peuvent s'appliquer qu'au soleil et à l'astre qui exerce avec lui un souverain empire dans le firmament du ciel ou sur tout le ciel étoilé. Evidemment et bien évidemment encore, il n'y a que du soleil et de la lune qu'il a pu être dit, qu'ils sont établis dans la splendeur, *in splendorem*, εἰς φάσιν, parmi les astres du ciel, dans le firmament du ciel. Moïse a voulu spécifier la supériorité relative, ou la prééminence des deux astres qui seuls président à nos jours et à nos nuits. Et ce firmament du ciel est ce qu'il appelle ailleurs la milice du ciel, *militiam cœli*, les astres du ciel, *astra cœli*, distinguant toujours le soleil et la lune de tout le reste du ciel, du firmament du ciel : *Solem et lunam et omnem militiam cœli : Solem et lunam et omnia astra cœli.* (Deut. IV ; XVII)

D'après la Genèse donc, le soleil et la lune sont les luminaires que Dieu a établis pour éclairer la terre et présider au jour et à la nuit ; et d'après la Genèse encore, le firmament du ciel, dans lequel furent disposés les deux luminaires, est le ciel étoilé, ou ce que toute l'Ecriture appelle avec Moïse la milice du ciel, *militiam cœli*, l'armée du ciel, *exercitum cœli*, la puissance du ciel, *virtutem cœli*, la force du ciel, *fortitudinem cœli.* (2, 4 Reg. 2 Parall. Eccles. Isa. Jerem. Dan. Soph.)

Si les luminaires de la Genèse sont établis pour luire sur la terre et pour présider au jour et à la nuit, *ut lucerent super terram et præessent diei ac nocti*, comment supposer que les étoiles dont nous ne voyons qu'une très-petite partie, *vix parvam stillam* (Job, XXVI, 14), selon les propres expressions de la révélation, soient ces luminaires de la Genèse ? Puis, ne serait-il pas plus qu'inexact de dire que les étoiles président au jour et à la nuit ? Mais comment le dire, lorsque le texte porte expressément que Dieu n'a établi que deux luminaires, l'un plus grand pour présider au jour, et l'autre moins grand pour présider à la nuit, *luminare majus ut præesset diei, et luminare minus ut præesset nocti?* Sans doute CELUI qui a mis le soleil et la lune en prééminence dans le firmament du ciel pour l'utilité de la terre, *ut illuminent terram*, est aussi le dispensateur de la lumière des étoiles : c'est tout ce que Moïse a voulu spécifier par ce mot *stellas* placé au milieu de son récit. Mais la lune seule exerce avec le soleil sa prééminence sur ce firmament du ciel : la lune seule préside à la nuit, de même que le soleil seul préside au jour, comme le répète et comme le chante l'Eglise dans son office du quatrième jour :

Ut sol diei, candida
Sic luna nocti præsidet (1).

Dans la paraphrase de l'Ecclésiastique, le soleil et la lune sont des vases d'élection, des luminaires appropriés à l'usage de la terre, son glorieux apanage dans la milice céleste, dans le firmament du ciel, *sol*, VAS, *et luna*, VAS, *castrorum in excelsis, in firmamento cœli, resplendens gloriosè.*

Le firmament d'en haut est la réunion de toutes les merveilles du ciel : c'est ce qui en constitue toute la gloire et toute la magnificence, *altitudinis firmamentum pulchritudo ejus est, species cœli in visione gloriæ*. Mais le soleil est le vase d'élection, admirablement disposé dans ce firmament d'en haut pour publier par toute la terre qu'il inonde de ses feux la grandeur et la majesté du Créateur, *sol, in aspectu, annuntians in exitu, vas, admirabile opus excelsi, in meridiano exurit terram :*

(1) *Feriâ quartâ*, ad. offic. nocturn.

Magnus Dominus qui fecit illum. Et la lune, cet astre si bien approprié aux besoins de la terre, cet autre luminaire qui décroît jusqu'à extinction pour croître ensuite et briller de tout son éclat, la lune est aussi un vase d'élection : c'est le luminaire choisi parmi tous les corps célestes, dans tout le firmament du ciel, pour le service exclusif de la terre, *et luna in omnibus, in tempore suo, ostensio temporis et signum ævi, luminare quod minuitur in consummatione, crescens mirabiliter in consummatione, vas, castrorum in excelsis, in firmamento cœli, resplendens gloriosè.* (Eccl. XLIII, 1-9.)

Ces deux luminaires de la Genèse sont les vases d'élection dont Dieu a disposé en faveur de la terre, ou, pour reproduire les expressions des interprètes, ces deux luminaires sont les ministres de Dieu, ses organes de prédilection, spécialement distingués entre tous les astres que l'Écriture appelle la milice et le camp céleste : *Vas, castrorum in excelsis* : *præclarum Dei instrumentum inter astra quæ scripturæ phrasi militia et castra cœli dicuntur* (1).

Une dernière observation sur la valeur précise de cette expression de la Genèse, le *firmament du ciel.*

Si une idée commune aux mots *ciel* et *firmament* les fit employer indifféremment pour désigner les cieux ou l'universalité des merveilles des cieux, ces deux termes, néanmoins, eurent toujours des différences marquées, ou chacun une signification particulière. Chez tous les écrivains sacrés, le mot ciel, d'une signification généralement plus étendue, désigne particulièrement les espaces célestes, le lieu où sont disséminés les corps

(1) Menochius, *Totius script. Sacr. Comment.* — D. Calmet, etc.

célestes, et le mot firmament, ces corps célestes eux-mêmes. Ainsi, tous les auteurs des Livres saints emploient indifféremment ces expressions, l'armée du ciel, la milice du ciel, les astres du ciel, les étoiles du ciel, etc., dans le sens de firmament du ciel. Mais aucun des auteurs inspirés ne s'est servi de ces expressions, l'armée du firmament, la milice du firmament, les astres ou les étoiles du firmament, parce que, dans la langue sacrée, cette expression, le firmament du ciel, est un terme générique qui comprend dans sa commune acception l'universalité des merveilles des cieux, parce que c'est le mot sacramentel sous l'acception duquel est désigné collectivement tout ce qui constitue le ciel. Enfin, chez tous les auteurs bibliques, le ciel désigne généralement la sphère céleste ; et, chez tous ces auteurs, le firmament du ciel, le firmament d'en haut, ou tout simplement le firmament quand il s'agit des choses du ciel, désigne toujours les corps ou les ouvrages que renferme cette sphère.

Ces idées distinctives ont été négligées par la plupart des interprètes. De là il est arrivé que certains commentateurs ne faisant plus attention à la différence qu'offrent ces expressions dans leur synonymie, ont défiguré le récit historique, en transportant au quatrième jour ce qui fait l'objet principal de l'œuvre du deuxième jour. De là aussi leurs erreurs d'interprétation sur le firmament du deuxième jour, substitué au chaos universel, à l'abîme du premier jour, sur ce firmament, cause productrice et conservatrice de l'univers matériel ou du ciel universel, du ciel considéré dans son universalité absolue, du système du monde enfin, de ce système universel dont une partie retient le nom de ciel ou de firmament du ciel, parce que le ciel est la plus grande et la plus belle partie de ce produit du firmament, *quia hujus firmamenti major et melior pars sunt cœli.*

Le deuxième jour, la grande loi de l'univers est promulguée : la forme est introduite dans la matière ; et le produit de cette force nouvelle est l'univers matériel, produit appelé aussi allégoriquement et symboliquement firmament, du nom de sa cause productrice et conservatrice : *Vocavitque Deus firmamentum cœlum.*

C'est pourquoi, dès le troisième jour, la terre constituée et séparée du ciel n'attend plus pour se manifester dans la création que ce dernier ordre du Créateur : *Appareat arida.*

Alors, mais alors seulement, la lumière, ce premier produit de la création, vient faire l'ornement du firmament du ciel, du firmament du ciel CRÉÉ le premier jour, puis FORMÉ le deuxième jour, puis COMPLÉTÉ, PARACHEVÉ le quatrième jour ; progression si bien exprimée, gradation si bien marquée par le prophète Isaïe, dans ce texte où le premier verbe *creavi*, BARA, désigne la création ; le second, *formavi*, YATSAR, la formation ; et le troisième, *feci*, HASCA, l'achèvement, la confection : *In gloriam meam, creavi eum, formavi eum et feci eum.* (XLIII, 7.)

Ce n'est donc que le quatrième jour que la lumière vient faire l'ornement de ce firmament du ciel compris dans le firmament du deuxième jour, dans la formation effectuée ce deuxième jour ; la Genèse distinguant ainsi et nous apprenant à distinguer la lumière des corps célestes de leurs éléments constitutifs ou de leur firmament du deuxième jour.

Cette distinction éminemment significative se trouve reproduite chez tous les auteurs sacrés. Comme Moïse, ces autres écrivains inspirés distinguent toujours le firmament du ciel, ou les globes célestes, de la lumière qui fait l'ornement de ce firmament du ciel. Ainsi, ils distinguent le globe solaire de la lumière dont il est revêtu, *sol et lumen* (Eccl. XII, 2) ; ils distinguent les étoiles de leur lumière propre, *omnes stellæ et lumen.* (Ps. CVIII, 3.) Revêtu de lumière comme d'un vêtement, *amictus lumine sicut vestimento,* le Dieu Créateur a revêtu les globes célestes de sa lumière indéfectible, de même qu'il a revêtu le globe terrestre d'une atmosphère nébuleuse, *ego feci in cœlis ut oriretur lumen indeficiens, et sicut nebulâ texi omnem terram.* (Ps. CIII, 2; Eccl. XXIV, 6.)

Le premier jour de la création, l'esprit de Dieu, *spiritus Dei*, se portait sur les eaux, au-dessus des choses matérielles, et la lumière fut produite, *et facta est lux* ; et cet esprit de Dieu du premier jour est l'esprit qui orna ou qui illumina les cieux, le quatrième jour, *spiritus ejus ornavit cœlos.* (Job, XXVI, 13.)

Cette opération est la dernière opération de la Sagesse créatrice dans l'ordination des cieux. Quand Dieu préparait les cieux, *quandò præparabat cœlos,* il les préparait en assujettissant les abîmes à la gravitation, à cette puissance universelle qui affermit et consolide les corps en masses globuleuses, en systèmes sphériques, *certâ lege et gyro vallabat abyssos.* Et c'est sur ces masses globuleuses déjà consolidées, c'est sur ces systèmes sphériques préparés pour les cieux, qu'il condensait la lumière ou qu'il affermissait l'éther, *æthera firmabat sursùm.* (Prov. VIII, 28.)

C'est pourquoi l'Église nous représente l'illumination des corps célestes, comme le dernier acte de la toute puissance divine dans la formation de l'univers matériel :

Miramur, ô Deus, tuæ
Recens opus potentiæ,
Quæ scripta scintillantibus
Refulget astrorum globis (1).

Son esprit a orné les cieux, et le serpent tortueux (emblème antique de tout le ciel stellaire), que sa main avait fabriqué, se déroule dans le champ de la création, *spiritus ejus ornavit cœlos, et, obstetricante manu ejus, eductus est coluber tortuosus.* (Job, XXVI, 13.)

Alors, le quatrième jour, Dieu qui n'avait point donné sa sanction au firmament du deuxième jour, parce que ce firmament n'était point achevé, parce qu'il fallait et un autre ordre pour que *la terre apparût,* et une dernière intervention pour que *la terre eût des luminaires dans le firmament du ciel,* le Dieu Créateur du ciel et de la terre proclame enfin l'accomplissement de son œuvre : « *Et vidit Deus quòd esset bonum ; et factum* » *est vespere et mane dies quartus.* » (Gen. I, 19.)

Et toutes choses ainsi constituées, Dieu donna au firmament la sanction qu'il n'avait pu lui donner le deuxième jour, comme nous voyons qu'il le fait après chacune des opérations des autres jours, *atque hisce optimè constitutis, tum demùm Deus firmamentum eisdem, quibus reliqua opera sua laudaverat, verbis bonum esse pronunciavit,* parce que le firmament du deuxième jour n'était pas un ouvrage achevé, parce que, ce deuxième jour, le firmament du ciel n'était pas encore orné ou

(1) *Feriâ quartâ,* ad offic. nocturn.

illuminé, parce qu'il n'y avait pas encore de luminaires, *quia necdùm perfectum fuerat, nec ordinem, ornatumque sibi convenientem acceperat. Restitit tantisper Conditor, et expectàvit dùm fierent luminaria.*

Ce sont ces GÉNÉRATIONS DU CIEL, *istæ sunt generationes cœli*, que l'Ecclésiastique appelle des ouvrages ornés pour l'éternité : *Ornavit in æternum opera illorum.* Puis, dans la paraphrase de l'Ecclésiastique, comme dans le récit de la création, après avoir opéré ces merveilles dans les cieux, *post hæc,* Dieu répand dans le sein de la terre le souffle de vie qui doit donner naissance aux animaux ; et la création de l'homme et l'institution de sa souveraineté absolue viennent couronner l'œuvre immense de la création. (*Eccles.* XVI.)

Nous pouvons dire avec Descartes que la création de l'univers est tellement décrite en la Genèse, qu'il semble que l'homme ou ce qui a rapport à l'homme en soit le principal et comme l'unique sujet. Et nous considérerons ici, avec le grand philosophe, que cette histoire de la création ayant été écrite pour l'homme, ce sont principalement les choses qui regardent l'homme ou sa demeure, que l'inspiration y a voulu spécifier, et qu'il n'y est parlé d'aucune, qu'en tant qu'elle se rapporte à l'homme (1).

Le premier jour, la terre est confondue avec tout le reste de la nature dans l'abîme universel, dans l'abîme invisible de la création, *cùm in confuso adhùc esset cœli et terræ materia.* Dieu ordonne à la lumière de paraître ; et la lumière, qui doit éclairer la terre en l'absence

(1) Pensées de Descartes, ch. 18. *Dans quel sens est-il vrai que tout l'univers a été fait pour l'homme ?*

des luminaires, naît du sein même des ténèbres.

Le deuxième jour, la force qui sert de lien et de support à tout l'univers matériel, ce firmament, cette vertu primitive et unique, qui fait et forme tout de la matière, cette force mystérieuse, qui préside à l'organisation du ciel et à la distribution des grandes masses de l'univers, prédomine au centre de l'abîme; et les éléments constitutifs de la terre sont séparés des éléments des cieux.

Le troisième jour, la terre faite firmament, faite *consistante* au milieu d'une congrégation unique sous le ciel, est distinguée de tous les autres produits de la création, *et vocavit Deus aridam terram,* et son organisation reçoit la sanction divine : *Et vidit Deus quòd esset bonum.*

A partir de cette époque décisive la Genèse ne s'occupe plus directement que de la terre, et de ce qui a rapport à la terre. Elle ne parle plus des autres parties de la création que relativement à la terre, et selon l'importance de leurs rapports avec la terre. Déjà le ciel est constitué, mais il n'est pas encore constitué par rapport à la terre. La terre n'a pas encore de luminaires dans le ciel du troisième jour; aucun des corps célestes n'a encore reçu la mission de luire sur la terre; et parce que la terre n'a pas encore de luminaires, le ciel n'a pas encore reçu la sanction divine : *restitit tantisper Conditor, et expectavit dùm fierent luminaria.*

Le quatrième jour, le soleil et la lune sont faits les luminaires de la terre : ils sont établis dans le firmament du ciel pour éclairer la terre, pour présider à ses jours et à ses nuits; et tous ces autres soleils innombrables, qui composent avec eux ce firmament du ciel, sont à peine mentionnés, parce que leur importance par rapport à la terre est infiniment moins grande que celle de ses deux luminaires. Dans le précis de la Genèse, comme dans la paraphrase de l'Ecclésiastique, toutes les étoiles, le ciel stellaire, le firmament du ciel enfin est le domaine dans lequel le soleil et la lune sont établis en toute souveraineté, pour ne relever que de la terre, *et sint in splendorem*, καὶ ἔστωσαν εἰς φαυσιν, *in firmamento cœli, ut illuminent terram... vas, admirabile opus excelsi, vas, castrorum in excelsis, in firmamento cœli, resplendens gloriosè.*

C'est en envisageant la création sous ce point de vue spécial que le Psalmiste appelle le ciel la plénitude, le complément de la terre : *Tui sunt cœli et tua est terra, orbem terræ et plenitudinem ejus tu fundasti.* (Ps. LXXXVIII, 12.)

Cependant la révélation n'a pas voulu nous laisser ignorer que ces étoiles ont aussi leur mission toute spéciale. Elle a voulu que nous sachions que ces autres soleils de la création sont destinés à illuminer les mondes des espaces célestes ; que ces étoiles sont les luminaires de la création tout entière : *Species cœli gloria stellarum, mundum illuminans in excelsis Dominus.* (Eccl. XLIII, 10.)

Pour ces autres mondes (1), aussi bien que pour le nôtre, Dieu a institué des luminaires, les uns plus grands

(1) Dans les langues orientales, le mot que l'on traduit par *étoiles*, a une signification plus étendue que ce dernier chez nous : on l'emploie pour désigner tous les corps célestes quels qu'ils soient, aussi bien les planètes et les satellites que les étoiles fixes. (Voy. le *Mémoire* de M. Abel Rémusat, inséré dans le 10ᵉ vol. des *Annales de chimie et de physique.*)

pour présider au jour, et les autres moins grands pour présider à la nuit, *et stellas*. Et les étoiles appelées à dispenser la lumière dans les lieux de leur juridiction, se sont empressées d'exécuter les ordres de Celui qui les a faites : *Stellæ autem dederunt lumen in custodiis suis et lætatæ sunt; vocatæ sunt et dixerunt : adsumus; et luxerunt ei cum jucunditate qui fecit illas.* (Bar. III, 34, 35.)

Et, pour que nous sachions bien que ces merveilles des cieux n'ont pas été exécutées pour la terre, le Paraphraste sacré redit ici ce qu'il a déjà publié ailleurs, que les merveilles qu'il nous est donné de contempler ne sont rien en comparaison de celles que l'œil de l'homme ne peut apercevoir : En vain, s'écrie-t-il, nous multiplierions les discours à l'infini, les paroles nous manqueraient, s'il nous fallait parler de toutes les œuvres du Créateur. Leur nombre, comme leur magnificence, est au-dessus de toutes nos conceptions. Combien de ses œuvres, beaucoup plus grandes encore que tout ce que nous apercevons, se dérobent à nos regards; car nous ne voyons que la plus petite partie de son merveilleux ouvrage. *Multa dicemus et deficiemus in verbis; consummatio autem sermonum, ipse est in omnibus. Glorificantes ad quid valebimus? Glorificantes Dominum, quantumcumque potueritis, supervalebit adhùc, et admirabilis magnificentia ejus. Ne laboretis, non comprehendetis, multa abscondita sunt majora his; pauca enim vidimus operum ejus.* (Eccl. XLIII.)

Mais, d'après Moïse encore, ce ne fut qu'à cette quatrième époque de la création, que la nuit vint succéder au jour, et le jour succéder à la nuit; singularité inconcevable de la part de l'historien, a dit quelque part un judicieux panégyriste, s'il n'avait eu que le sens commun.

Il faut bien le proclamer hautement, puisque le Livre des générations du ciel et de la terre nous l'a formellement révélé, jusqu'à cette quatrième et dernière époque de la formation de l'univers matériel, jusqu'à ce quatrième et dernier jour de la Cosmogonie genésiaque, il n'y avait point sur la terre de succession de jour et de nuit. La terre n'avait point de luminaires pour faire la distinction du jour et de la nuit, de la lumière et des ténèbres. Dieu n'avait point encore disposé de luminaires dans le firmament du ciel pour luire sur la terre, pour présider au jour et à la nuit, et séparer la lumière et les ténèbres, *ut lucerent super terram, et præessent diei ac nocti, et dividerent lucem ac tenebras.* La lumière, ce produit du premier *fiat* de la Sagesse créatrice, la lumière qui avait remplacé, au commencement des choses, les ténèbres universelles, régnait à son tour, sans partage, sur la création tout entière. Mais à la quatrième époque, à cette dernière époque de la préparation des cieux, cette lumière qui se condensait à la surface des globes préparés pour les cieux, *æthera firmabat sursùm,* cette lumière du premier jour abandonne la terre ; et, pour la première fois, la terre va voir la nuit succéder au jour, et le jour succéder à la nuit. Pour la première fois la terre va distinguer un jour d'un autre jour : *Fiant luminaria et dividant diem ac noctem* ; et pour la première fois elle va avoir ses jours et ses années, ses mois et ses saisons : *Et sint in signa et tempora et dies et annos.*

Alors le soleil connut l'heure de son coucher, la lune eut ses phases, et tous les astres marquèrent leurs ré–

volutions, comme le chante encore l'Église, avec le Roi-Prophète, dans son hymne du quatrième jour (1).

Ne soyons pas incrédules à la parole du Seigneur, *non sis incredibilis verbo illius* : croyons fermement, puisque c'est Dieu lui-même qui a parlé, croyons que ce fut seulement à la quatrième époque, le quatrième jour de la Genèse, que la terre eut des luminaires pour faire la distinction du jour et de la nuit, et pour marquer ses jours et ses années, ses temps et ses saisons.

Voyons maintenant comment les doctrines scientifiques répondent à ces dernières révélations de la Cosmogonie biblique.

(1) Sol cognovit occasum suum (*Psal.* CIII, 19).

Sol novit occasus suos :
Sunt certa lunæ tempora,
Certique lapsus siderum.
(*Feriâ quartâ* ad offic. nocturn.)

SECTION DEUXIÈME.

THÉORIES SCIENTIFIQUES.

§. Ier.

CONSTITUTION PHYSIQUE DU SOLEIL.

Les découvertes des astronomes, confirmées par les expériences des physiciens, établissent que la génération du soleil n'a pu être différente de celle de ses planètes ou satellites. — Appréciation du volume et de la masse du corps même du soleil. — Certitude physique que le soleil n'a point de rang de primordialité dans la création. — Son organisation est nécessairement postérieure à celle de la terre et des autres planètes. — L'existence de son atmosphère lumineuse est subversive du principe fondamental de tous les systèmes à effluxions solaires. — Exhibition des éléments d'une véritable théorie cosmogonique.

Les anciens faisaient du soleil tantôt un globe de feu pur, tantôt un corps enflammé, tel que le sont les matières embrasées sur notre globe. On leur a répondu qu'une matière en combustion est dans un état passif, et se consume si elle n'a de quoi réparer continuellement les pertes qu'elle éprouve ; qu'un globe une fois enflammé dans toute sa surface doit l'être bientôt dans toute sa solidité, puisqu'alors elle n'est plus représentée que par le tiers de son rayon. Quant à la première opinion, elle a dû être abandonnée aussitôt que le télescope eut fait apercevoir un si grand nombre de taches sur la surface de cet astre.

Aussi, de tous les physiciens ou astronomes modernes, M. Laplace est le seul que nous sachions, qui ait suivi les idées des anciens, en considérant le soleil, soit comme une énorme masse de feu (1), soit comme un océan de matière lumineuse (2). Car, pour M. Biot, il expose plutôt qu'il n'embrasse le sentiment de son ancien collègue, lorsqu'il nous dit : « qu'en supposant avec l'auteur de la Mécanique céleste que le corps même du soleil est embrasé, les taches pourraient être des cavités profondes, d'où sortiraient par intervalle de vastes éruptions de feu faiblement représentées par les volcans terrestres (3). » Il est certain du reste, pour ce qui regarde M. Laplace, que sa manière d'envisager la formation de tous les corps célestes et la nature de leur lumière, ne lui permettait pas d'émettre une autre opinion sur la constitution de l'astre qui nous éclaire.

Cependant, dès l'année 1801, le célèbre Herschell avait publié, sur la nature et la constitution physique du soleil, la théorie à laquelle il avait été conduit par les nombreuses observations qu'il avait faites, pendant

(1) *Expos. du syst. du monde*, t. 1, p. 29, édition de l'an IV.

(2) *Expos. du syst. du monde*, p. 389, 5e édition.

(3) *Traité élém. d'astronomie physique*, liv. 1, chap. 3.

un grand nombre d'années, avec ses puissants télescopes.

Dans la théorie de ce grand astronome, le soleil est un globe solide et opaque environné d'une double atmosphère, dont l'une, extérieure, est entièrement composée de lumière, et l'autre, sombre et épaisse, constamment chargée de nuages, est incomparablement plus volumineuse que la couche supérieure, la seule que nous apercevions. Il considère cette atmosphère inférieure comme capable de protéger la surface immédiate du soleil contre la chaleur de la couche supérieure, seule lumineuse, et de rendre ainsi ce monde étonnant propre à recevoir et à nourrir des habitants, dont les organes seraient adaptés aux circonstances particulières de ce vaste globe. Il attribue les taches à des déchirements temporaires de la couche lumineuse, ou à des ouvertures accidentelles qui nous laissent voir, soit le corps solide du soleil, soit les nuages de son atmosphère inférieure. Herschell, en conséquence de ses découvertes, a rejeté tous les vieux termes qui servaient à désigner ces différentes taches ; il a remplacé les anciens noms de *noyaux*, *nébulosités*, *lucules*, etc., par ceux de *pores*, *ouvertures*, *creux*, *sillons*, *rides*, *dentelures*, *facules*, etc.

Cette brillante théorie, qui avait pour elle toutes les probabilités les plus favorables du temps d'Herschell, a acquis depuis le dernier degré de certitude.

Dans une matière aussi importante et aussi décisive contre le système des cosmogonistes, qui sont partis de la supposition de la préexistence du soleil, dans le sens absolu de ce terme ou en tant que luminaire de la terre, contrairement à ce qui nous est révélé dans la Genèse, nous ne devons pas négliger un témoignage tout spécial rendu à la vérité, par l'illustre académicien que nous n'avons pas craint de reprendre en face, lorsque nous l'avons vu dévier de la ligne droite. C'est donc M. Arago que nous allons entendre :

« Le système de Buffon emporte implicitement cette » conséquence que la matière du soleil, la matière » extérieure du moins, est en état de liquéfaction. Or, » je dois m'empresser de dire que les observations » modernes les plus minuticuses n'ont pas confirmé » cette idée. Les rapides changements de forme que » les taches solaires obscures et lumineuses éprouvent » incessamment, les espaces immenses que ces chan- » gements embrassent dans des temps très-courts, » avaient déjà conduit à supposer, depuis quelques » années, avec beaucoup de vraisemblance, que de » pareils phénomènes devaient se passer dans un milieu » gazeux. Aujourd'hui des expériences d'une toute » autre nature, des expériences de polarisation lumi- » neuse, faites à l'Observatoire de Paris, établissent ce » résultat d'une manière incontestable. Mais si la partie » extérieure et incandescente du soleil est un gaz, le » système de Buffon pèche par sa base essentielle, il » n'est plus soutenable.

» On pourrait, il est vrai, continue M. Arago, al- » léguer que le corps obscur auquel cette atmosphère » lumineuse sert d'enveloppe et qu'elle nous permet » d'apercevoir quand ses parties se désunissent, que ce » corps obscur, dis-je, est liquide ; mais ce serait là » une hypothèse entièrement gratuite, et qu'on ne » saurait appuyer sur aucune observation exacte (1). »

(1) *Ann.* 1832, p. 232 et 233.

Cependant, cette hypothèse entièrement gratuite, ou plutôt l'hypothèse de la liquéfaction totale du soleil est tout à la fois le fondement, le centre et le résultat du système d'explication de M. Laplace ; et cette hypothèse est encore l'hypothèse forcée de ceux qui considèrent la terre et toutes les planètes comme autant de déjections incandescentes sorties en même temps de divers points de l'équateur solaire. De même que M. Laplace, les auteurs de ce système renouvelé de Buffon ne peuvent faire de la terre un globe originairement incandescent et encore en feu dans presque toute sa masse, sans supposer que le globe solaire est lui-même liquide et incandescent, sans supposer que la matière du soleil est en état de fusion, de liquéfaction incandescente. Si l'on objecte à ces nouveaux cosmogonistes que la matière des planètes étant de la même nature que celle du soleil, les planètes devraient être comme le soleil brûlantes et lumineuses, et non pas froides et opaques comme elles le sont, ils répondront, ils seront obligés de répondre avec Buffon, « que le feu ne peut pas subsister aussi longtemps dans les petites que dans les grandes masses, et que les planètes ont dû brûler pendant quelque temps, mais qu'elles se sont éteintes faute de matières combustibles, comme le soleil s'éteindra probablement par la même raison, mais dans des âges futurs et aussi éloignés des temps auxquels les planètes se sont éteintes, que sa grosseur l'est de celle des planètes (1). » Ou bien ils diront avec Descartes et Leibnitz, que la terre et les autres planètes sont des soleils déjà encroûtés.

(1) *Théorie de la terre*, p. 217 et 218.

Pour ne parler ici que du système qui nous occupe, M. Laplace décide que le refroidissement a dû produire dans les planètes en vapeurs, comme dans le soleil à l'état de nébuleuse, un noyau brillant que la condensation de son atmosphère transformait en étoile (1). Ainsi, dans le système de M. Laplace comme dans le système de Buffon, la fluidité primitive des planètes ou leur ancienne incandescence est de la même nature que la fluidité encore subsistante du globe solaire, de la même nature que son incandescence actuelle ; seulement, chez M. Laplace, cette fluidité ignée n'est pas originelle, cette fluidité primitive du soleil et des planètes a succédé à l'état de vapeurs.

Mais, voici qu'on enseigne qu'en partant de son état initial de vapeurs, notre planète a dû commencer à se solidifier par le centre, et successivement du centre à la circonférence, jusqu'à ce qu'il ne soit plus resté que les matières qui forment aujourd'hui la mer et notre atmosphère ; que les molécules de la terre étaient soumises à leur attraction mutuelle, et que de cette force il est résulté une pression croissante de la circonférence au centre, qui a déterminé la solidification immédiate des couches centrales, tandis que toute la chaleur développée pendant le changement d'état de ces couches centrales, s'échappait, sous forme rayonnante, à travers les couches supérieures encore à l'état de vapeurs (2). Et voici que des observations précises et des expériences directes établissent d'une manière incontestable que la matière du soleil n'est pas en état de liquéfaction, que

(1) *Expos. du syst. du monde*, p. 410 et 413.

(2) *Mém. sur les températ. du globe*, p. 12 et 13.

toute la substance lumineuse nage au-dessus de son atmosphère.

Jamais point de vue plus vaste et plus sublime ne s'est déployé devant l'œil de l'intelligence. La sagesse humaine, d'accord avec la révélation divine, promet enfin de répandre la lumière de la démonstration sur l'unité d'origine du ciel et de la terre, et sur la mystérieuse génération de tous les corps de l'univers.

Les plus hautes théories scientifiques admettent unanimement, elles reconnaissent unanimement que « la matière dont les mondes sont composés était d'abord à l'état gazeux, » que la terre et toutes les planètes, que le soleil et toutes les étoiles étaient, au commencement, « à l'état de vapeurs, » c'est-à-dire, « à l'état de matière impalpable, invisible et incomposée. » Un grand géomètre, entraîné par l'esprit de système, fait naître au centre de cette matière fluide, au centre de la terre à l'état de vapeurs, un noyau brillant et lumineux, pour faire de ce noyau incandescent un soleil ou une étoile. Mais cette opinion si diamétralement opposée à la pensée intime de tous, cette conjecture contre laquelle s'élèvent des difficultés insurmontables, ne répond ni aux phénomènes que présentent la condensation et la solidification des gaz, ni aux données définitivement acquises sur la nature et le mode de génération de la lumière. La science, fondée sur les faits et les observations, déclare que cette marche n'est pas celle que suit la nature dans ses opérations : que la terre n'a jamais été un soleil ou une étoile, ni une masse incandescente ou lumineuse. Puis, nous pouvons faire valoir cette considération dont on ne parle pas, qu'un globe environné d'une atmosphère chargée de toutes les matières qui composent aujourd'hui l'immensité de nos mers ne pouvait être un globe lumineux, ou que la terre n'a pas commencé par être un noyau brillant que la condensation de son atmosphère transformait en étoile, comme le veut et comme a besoin de le vouloir l'auteur de la *cosmogonie physique*.

Or, la nature agit toujours uniformément, et la philosophie naturelle observe que dans l'univers chaque ordre de phénomènes est subordonné à une cause générale et unique (1). Nous sommes donc amené à conclure que la génération du soleil n'a pas été différente de celle de ses planètes ou satellites. Le soleil et toutes les étoiles, la terre et toutes les planètes étaient originairement à l'état de vapeurs ; il faut, et nécessairement, que la même cause ait produit dans le globe central et dans tous les autres globes stellaires, les mêmes effets que dans les globes excentriques. C'est-à-dire que nous sommes autorisé à conclure, sinon que le soleil est un globe entièrement solidifié du centre à la circonférence, du moins que ce globe central est un globe obscur et opaque comme le globe terrestre, et par conséquent que la chaleur et la lumière qu'il nous dispense ne procèdent pas de son noyau intérieur. C'est, en d'autres termes, le raisonnement que faisait Buffon, c'est le raisonnement qu'avaient fait Descartes, Leibnitz, et c'est le raisonnement que font encore tous les cosmogonistes (2).

(1) *Natura enim simplex est, semper sibi consona, et superfluis rerum causis non luxuriat.*

(2) « Ce n'est pas ainsi pourtant qu'est composé le globe terrestre, faisait observer M. Ampère, dans la discussion d'une autre hypothèse cosmogonique, et ce n'est pas ainsi que doivent l'être les planètes *et les soleils* répandus dans l'espace. » (*Op. cit.*)

Et cette grande vue que donne l'induction la plus directe, cet immense aperçu dans le vaste champ de la cosmogonie, est transformé en une révélation réelle par les sublimes manifestations des sciences physiques et astronomiques, qui viennent à leur tour rendre témoignage de l'admirable économie des plans du Créateur universel, et proclamer hautement l'unité et la communauté d'origine du ciel et de la terre.

Dans toutes leurs observations, les astronomes ont constamment remarqué que l'atmosphère lumineuse ou l'enveloppe sidérale est séparée du globe solaire par une autre atmosphère non lumineuse et analogue à l'atmosphère terrestre. Dans leurs explications, la pénombre qui accompagne presque toujours les taches solaires est produite par les nuages de cette atmosphère inférieure qui sépare le noyau, de l'atmosphère lumineuse dont elle reflète la lumière à un très-haut degré.

Dans les conclusions d'Herschell, la couche lumineuse et toute superficielle est soutenue à une grande distance de la surface du soleil, *fort au-dessus* de son noyau solide. L'atmosphère intermédiaire, sur laquelle s'appuie cette enveloppe lumineuse, porte à sa surface supérieure, *ou plutôt*, comme le fait observer le fils du grand astronome, *dans son intérieur, à un niveau considérablement plus bas* (1), des couches nuageuses semblables à celles qui règnent dans notre atmosphère ; et cette atmosphère solaire nous renvoie la plus grande partie de la lumière qu'elle reçoit de son enveloppe incandescente.

Dans ces mêmes conclusions, Herschell va beaucoup

(1) *Op. cit*, p. 245.

plus loin. « Herschell croyait que le soleil est habité. Suivant lui, si la profondeur de l'atmosphère solaire dans laquelle s'opère la réaction chimique lumineuse s'élève à un millier de lieues, il n'est pas nécessaire qu'en chaque point l'éclat surpasse celui d'une aurore boréale ordinaire. Les arguments sur lesquels le grand astronome se fonde pour prouver, en tout cas, que le noyau solaire peut ne pas être très-chaud malgré l'incandescence de l'atmosphère, *ne sont ni les seuls, ni les meilleurs qu'on pourrait invoquer.* » C'est le savant auteur des *Notices* qui se prononce ainsi.

« Il n'est pas étonnant, disait Fontenelle, que la philosophie bégaye, sur des choses si éloignées de la portée de nos yeux et si faiblement aperçues ; il l'est seulement qu'on ait été si loin et qu'on ait pu, par exemple, *distinguer géométriquement les deux hémisphères réels du soleil.* »

Après avoir cité cette remarque de Fontenelle, M. Arago continue en ces termes : « J'ajouterai ensuite » que s'il m'était permis de sortir du cadre de cette » Notice, des phénomènes de polarisation permet- » traient, en plus d'un point, de substituer des *faits* » *positifs*, des *démonstrations catégoriques* aux raison- » nements simplement bégayés dont parlait l'ingénieux » secrétaire de l'Académie des Sciences (1). »

En effet, les physiciens, en suivant une autre route, se sont rencontrés avec les astronomes ; et leurs expériences ont constaté, d'une manière encore plus directe et plus irréfragable, que le fluide lumineux forme la dernière couche de l'atmosphère solaire, ou que la

(1) *Ann.* 1842. Constitution physique du soleil.

substance lumineuse du soleil est tout entière confinée dans les plus hautes régions de son atmosphère.

M. Fourier venait de constater par ses expériences sur la polarisation des rayons lumineux, que ceux qui s'échappaient d'un globe de feu ou d'une sphère métallique en ignition étaient manifestement polarisés, tandis que ceux qui émanaient d'une substance gazeuse en incandescence ne présentaient aucune trace de polarisation, quand M. Arago, s'emparant de cette belle découverte, en fit le premier l'application à la lumière solaire. Il observa que cette lumière ne jouissait pas des propriétés de la polarisation ; et il eut ainsi l'honneur de démontrer le premier, d'une manière directe et incontestable, que la matière incandescente du soleil ne peut être ni un solide, ni un liquide, mais nécessairement un gaz.

Bouguer avait cru remarquer que la lumière du soleil était plus vive à son centre que vers ses bords ; et on s'autorisait des expériences de cet astronome pour appuyer l'hypothèse d'une atmosphère répandue autour de la partie brillante du soleil, atmosphère, disait-on, qui affaiblissait par son opacité les rayons lumineux émanés des extrémités de ce globe incandescent. On avait calculé que le soleil, dépouillé de son atmosphère, nous paraîtrait douze fois et un tiers plus lumineux. Mais M. Arago, ayant découvert que le mica a la propriété non-seulement de diviser en deux les rayons polarisés, mais encore de produire les deux images avec des couleurs complémentaires ou dont le mélange forme le blanc, M. Arago, dis-je, mit cette précieuse découverte à profit pour prouver que tous les points de la surface du soleil envoient précisément les mêmes couleurs, et que la lumière des bords est aussi intense que celle du centre. Dans cette opération, comme dans celle effectuée à l'aide d'une lunette munie d'un cristal de roche et d'un cristal de spath d'Islande, les deux images du soleil, disposées de manière que le bord de l'une coïncide avec le centre de l'autre, fournissent encore, aux points de coïncidence, une lumière parfaitement blanche. D'où il résulte que les bords du soleil sont précisément aussi lumineux ou ont une lumière aussi intense que le centre.

Il fut ainsi démontré contre Bouguer, et par conséquent contre M. Laplace, que le soleil n'a point d'atmosphère au delà de la matière lumineuse, au delà de son enveloppe sidérale.

Jamais théorie plus hardie n'a étonné le monde savant, et jamais doctrine scientifique n'a obtenu un assentiment plus général, parce que jamais théorie scientifique n'a eu pour base des faits plus positifs, confirmés par des expériences plus directes et plus décisives :

« L'opinion d'Herschell que la partie brillante du soleil ne se composait que d'une atmosphère gazeuse et incandescente était appuyée sur des preuves nombreuses fournies par l'observation des taches, et il ne restait plus de doute sur sa réalité, lorsque de nouvelles expériences que nous allons rapporter sont venues fournir *un dernier degré de certitude*, » et témoigner en outre « que la lumière solaire est de même intensité dans tous ses points, et que, par conséquent, il n'existe pas d'atmosphère extérieure. » — « Bouguer supposait que le soleil est environné d'une atmosphère semblable à la nôtre, qui, par son opacité, affaiblit les rayons lumineux;

mais des expériences très-délicates de M. Arago ont prouvé, depuis, que tous les points du disque solaire éclairent également, et que par conséquent une pareille hypothèse ne peut subsister. » — « *Il est une preuve sans réplique* que la portion extérieure et visible du soleil ne peut être ni solide ni liquide, mais seulement un corps de la nature du gaz. M. Arago a déduit cette preuve des phénomènes de coloration qu'offre la lumière polarisée... L'hypothèse de Bouguer n'est pas vraie, car la polarisation donne encore *la preuve la plus convaincante* que la lumière du soleil a partout la même intensité, soit qu'elle émane du bord, soit qu'elle émane du centre. » — « M. Arago a prouvé par des expériences directes, et à l'abri de toute objection, que la portion extérieure du soleil ne pouvait être ni solide, ni liquide, mais seulement gazeuse. Il a déduit cette preuve des phénomènes de coloration qu'offre la lumière polarisée. Nous donnerons aussi *la preuve la plus convaincante* que la lumière du soleil a partout la même intensité, soit au bord, soit au centre du disque. M. Arago a également déduit cette preuve des phénomènes de la polarisation, ce qui détruit l'hypothèse de Bouguer (1). »

Or, c'est sur cette hypothèse de Bouguer, ou sur l'existence d'une atmosphère solaire qui s'étendrait au delà des orbites de Mercure et de Vénus, au delà même de l'orbe terrestre, que reposaient toutes les explications des astronomes relatives à la lumière zodiacale, *cette pierre d'achoppement contre laquelle tant de rêveries ont*

(1) *Lettres sur la physiq.* 131e lettre. — M. Quételet, direct. de l'observat. de Bruxelles, *Astron. élém.* p. 106. — M. Mutel, *Traité d'astron.* p. 124. — *Cours de Cosmograph* dédié à M. Poisson, p. 73.

été se briser, comme le dit M. Arago, et contre laquelle aussi M. Arago lui-même allait se heurter, lorsque, ne faisant plus attention à l'impossibilité de mettre la matière zodiacale *dans la dépendance immédiate et intime de la photosphère solaire*, il se préoccupait de la possibilité de l'accroissement de notre soleil en éclat, par la condensation et la réunion à sa surface de ces *parties les plus volatiles de la nébuleuse primitive* (1).

Parce qu'il est juste de rendre à chacun ce qui lui appartient, nous nous empressons de reconnaître que c'est à M. Laplace qu'il était réservé de constater l'impossibilité d'une semblable réunion, de démontrer l'impossibilité de cette condensation à la surface du soleil, impossibilité non moins absolue pour cette matière zodiacale que pour la matière des planètes. Cependant c'est sur l'existence d'une atmosphère solaire extérieure, mais d'une atmosphère qui *ne peut s'étendre à l'équateur que jusqu'au point où la force centrifuge balance exactement la pesanteur*, que le même M. Laplace a fondé son système d'explication ; c'est sur cette même base que M. Laplace, dont les erreurs sur la nature du soleil et de sa lumière procèdent de cette erreur fondamentale, a élevé, en face de la Genèse ou contre la Genèse, son édifice cosmogonique ! *Non contradicas verbo veritatis ullo modo...*

Mais ne nous occupons que des résultats obtenus, et considérons que les expériences de polarisation lumineuse établissent d'une manière incontestable, et à l'abri de toute objection, que la partie extérieure du soleil est un gaz incandescent, comme l'enveloppe

(1) Voy. ci-dessus, p. 101 et suiv.

toute superficielle de ces sphères immenses appelées nébuleuses planétaires. Considérons, d'une autre part, que les calculs de M. Poisson et des notions plus précises sur la solidification des fluides aériformes induisent à penser qu'à l'état de vapeurs a succédé, pour le soleil, un état de solidité plus ou moins parfait ; induction d'ailleurs pleinement justifiée par les observations les plus précises des astronomes. Et ainsi reconnaissons que trois méthodes différentes nous donnent ce résultat conforme, que le globe solaire est un globe solide et opaque, comme le globe terrestre, comme tous les autres globes du système planétaire.

Maintenant donc, si la matière incandescente du soleil ne peut être ni un solide, ni un liquide ; si cette matière lumineuse est nécessairement un gaz ; si le soleil est composé d'un noyau solide et opaque environné, à une grande distance, d'une atmosphère lumineuse soutenue fort au-dessus par une atmosphère obscure intermédiaire, l'anomalie si bizarre et si choquante qu'on remarque entre le soleil et ses planètes, sous le rapport de la densité, trouve son explication dans ce nouvel ordre de choses. Nous voulons dire que cette anomalie n'a rien de réel, qu'il devient infiniment probable que cette anomalie est purement apparente ; autre considération qui vient encore à l'appui du résultat obtenu. Expliquons notre pensée.

Képler, par la seule force de son génie, avait conjecturé que la différence des révolutions des planètes ou de leur distance au centre commun de gravité répondait à la différence de leur densité ; d'où il concluait que le soleil devait être le plus dense de tous les corps du système planétaire. Les planètes les plus rapprochées du centre du système sont effectivement celles qui renferment le plus de matière relativement à leur volume; et, de tous ces corps célestes, le soleil est le seul qui s'écarte de cette loi générale. Contrairement à l'analogie qui s'observe entre toutes les planètes, l'astre central aurait moins de densité que la plupart de ses planètes; sa densité ne serait à peu près que le quart de la densité de la terre, ou à peine égale à la densité de Jupiter si éloigné du centre d'attraction. Ceci ne s'accorde guère avec ce que l'on sait au sujet des lois de la pesanteur qui tendent à précipiter vers le centre de gravité les parties les plus pesantes de la matière, et au sujet de la cause qui a donné aux couches de notre globe des densités croissantes de la surface au centre.

Dans les différents systèmes qui partagent aujourd'hui les savants, on admet que le soleil et toutes les planètes n'ont formé dans l'origine qu'une seule et même masse. Il est donc naturel de penser que les matières les plus pesantes ont constitué le corps central, le corps qui occupe le centre de gravité de toute la masse. L'anomalie serait ici d'autant plus extraordinaire, que la loi si constamment et si uniformément suivie dans toute la nature s'observe dans la constitution de toutes les planètes, qui ont plus de densité à mesure qu'elles sont plus rapprochées du centre de la pesanteur. Une si étrange bizarrerie, qui viendrait rompre ainsi le fil de toutes les analogies, ne nous force-t-elle pas à admettre que cet écart de la nature n'a aucune réalité, et que son apparence procède d'une erreur inévitable de la part des astronomes?

Dans la détermination du volume et de la masse du soleil, les astronomes ont compris et ont été obligés de comprendre son atmosphère obscure ou diaphane, et son atmosphère lumineuse; c'est-à-dire son atmosphère, sa véritable atmosphère, et son disque lumineux. Mais connaissons-nous toute la profondeur de cette atmosphère? Savons-nous si cette atmosphère qui supporte ce disque gazeux et incandescent n'a pas un volume dix fois, cent fois même plus considérable que le noyau solide? Que le volume de ce noyau ne soit que le dixième du volume *total*, la densité du corps du soleil ou de son noyau solide sera à peu près égale à celle de Mercure la plus dense de toutes les planètes, et son volume sera encore environ cent fois plus considérable que le volume de Jupiter, la plus grosse de toutes ces planètes.

Cette immense atmosphère n'a rien qui puisse nous surprendre. La lune, satellite de la terre, comme la terre est satellite du soleil, n'a qu'une atmosphère insensible, tout à fait imperceptible. Son atmosphère n'est certainement pas la millionième partie de l'atmosphère terrestre. Faisons notre calcul, et n'oublions pas de faire entrer dans les éléments de ce calcul la prodigieuse supériorité du volume et de la masse du soleil sur le volume et la masse de la terre, comparés au volume et à la masse de la lune, et nous trouverons que le volume de l'atmosphère solaire doit l'emporter de beaucoup sur le volume du globe central. Remarquons en outre que la terre a plus de densité que son satellite, ce qui est entièrement conforme aux principes que nous invoquons; que la méthode inductive qui sert de règle aux sciences naturelles est encore ici tout en faveur d'une hypothèse, d'ailleurs si plausible et si simple qu'il est surprenant qu'elle n'ait point encore été proposée.

Au reste, si la masse *totale* et le volume *total* du soleil sont exactement connus, il est positif que la science n'a aucune donnée acquise sur la masse et la densité du noyau central, du corps même du soleil. Dans son Mémoire sur la chaleur solaire, lu à l'Académie des Sciences, dans la séance du 18 juin 1838, M. Pouillet avait fait intervenir dans ses opérations la masse et la densité *du corps même du soleil.* M. Arago s'est empressé de rappeler à l'Académie que les observations astronomiques les plus exactes et les plus rigoureuses ne permettent plus de considérer cet astre autrement que comme un noyau noir enveloppé d'une atmosphère transparente, puis d'une atmosphère lumineuse; il s'est empressé de rappeler que les taches obscures que l'on remarque à sa surface ne peuvent être autre chose que des espèces de vides dans l'atmosphère lumineuse, à travers lesquels on aperçoit la masse noire située au centre ; mais que, *quant au volume de cette masse et à sa densité, la science reste à cet égard dans une ignorance absolue.*

Nous n'insisterons pas davantage sur les données que nous fournirait encore l'analogie pour établir que le soleil, si supérieur à la terre en masse et en volume, doit lui être également supérieur sous le rapport de la densité. La question de la densité plus ou moins grande du corps du soleil n'est plus pour nous que d'une importance secondaire. Il nous suffit de savoir que le soleil est un globe obscur et opaque, et surtout que toute sa lumière est confinée dans les plus hautes régions de son atmosphère et aux extrêmes limites de cette atmosphère ; il nous suffit de savoir que le soleil n'a point d'atmosphère au delà de la matière lumineuse, parce qu'alors nous acquérons la certitude physique que la terre et les planètes n'ont pas été formées aux limites successives de cette atmosphère ; que le soleil n'a point de rang de primordialité dans la création ; que la formation du *grand luminaire* n'a pas précédé la formation de la terre ; et que par conséquent la terre et toutes les planètes sont des portions de la même masse moléculaire successivement abandonnées dans le plan d'un équateur universel, à mesure que cette masse génératrice se resserrait et se condensait au sein d'une sphère unique circonscrite par une enveloppe lumineuse.

M. Laplace est allé se perdre dans les profondeurs du ciel étoilé pour chercher une base à sa théorie cosmogonique, quand les nébuleuses *planétaires* lui offraient le type le plus parfait de notre système. Ces objets astronomiques, qui atteignent des dimensions si énormes, étaient bien plus propres que toutes ces nébulosités douteuses à nous représenter l'état primitif du système planéto-solaire. Leurs dimensions peut-être égales à celles de la sphère d'activité du soleil, leur forme sphérique, leur lumière toute superficielle maintenue à des milliards de lieues du centre de gravité, toutes ces circonstances si remarquables ne nous indiquent-elles pas que telle devait être l'agglomération de la masse moléculaire ; que c'est sous cette forme que devait apparaître la conglomération des éléments du système planéto-solaire, alors qu'il ne composait encore qu'une seule et même masse ? En envisageant la masse génératrice de tous les corps de notre système sous ce nouveau point de vue que nous offre l'astronomie, on comprend comment il est arrivé que l'existence de la lumière a précédé, dans l'ordre de la création, l'existence de la terre et du soleil, comme nous l'apprend l'historien de cette création ; et, si on rapproche cette manifestation de l'astronomie des données acquises sur la nature et la constitution physique du soleil, on comprend encore que le plus savant cosmogoniste du 19e siècle ne s'est égaré, que parce qu'il n'a pas consulté un historien qui écrivait avant qu'il y eût une géométrie, une physique, une astronomie.

Pour nous, qui ne voyons la vérité que dans l'accord des faits scientifiques avec les faits révélés, et qui demeurons convaincu que sans cet accord la science n'est plus qu'un abîme où l'homme se perd, nous nous étayons tout à la fois de l'autorité de nos astronomes et de nos physiciens, et de l'autorité de l'auteur inspiré de la Genèse, pour proclamer que la lumière a existé avant la formation du soleil et des planètes ; et, au lieu de faire sortir la terre et les autres planètes d'une atmosphère qui s'étendrait au delà de la matière lumineuse, au delà du disque solaire, nous nous emparons des résultats que nous présentent les phénomènes des nébuleuses planétaires et des acquis scientifiques sur la nature du soleil, pour attribuer la formation des planètes et du soleil lui-même, à la condensation de la matière élémentaire au sein d'une atmosphère immense circonscrite par une enveloppe lumineuse.

Dans cet ordre de choses, l'organisation de la terre et des autres planètes a nécessairement précédé celle du soleil. En effet, le soleil, la terre et toutes les planètes passèrent de l'état de vapeurs à l'état solide, ou si l'on veut, de l'état de vapeurs à l'état pâteux ou liquide d'abord, puis à l'état solide dans une plus ou moins grande partie de la masse, état qui fut soumis à l'influence d'une haute température en raison de la quantité de matière, ou en raison de l'étendue de la surface liquéfiée, puis solidifiée. Or, nécessairement, la durée de cette transformation fut d'autant plus longue que la masse en vapeurs était plus considérable; et, pour chacun de ces globes, cette époque de transition ne put se terminer que quand la déperdition du calorique ou de la chaleur d'origine eut été assez avancée pour permettre à l'atmosphère de se resserrer et de se condenser à la surface du noyau central. Pour ne parler ici que de notre planète, dont la masse est à peine égale à la 350 millième partie de la masse totale du soleil, on conçoit que son organisation définitive dut être parfaite longtemps avant que les couches supérieures de l'atmosphère solaire eussent cessé de comprendre dans leurs dimensions l'orbite terrestre tout entière.

Maintenant, le noyau du soleil serait-il un globe de feu, ce corps central, auquel une atmosphère lumineuse sert d'enveloppe, serait-il en état de liquéfaction; cette hypothèse entièrement gratuite et qu'on ne saurait appuyer sur aucune observation exacte serait-elle justifiée et constatée, que la théorie genésiaque n'en recevrait aucune atteinte. Pour que la vérité révélée demeure dans toute son intégrité, il suffit que l'organisation du *grand luminaire* n'ait point précédé l'organisation du globe terrestre; il suffit surtout que ce foyer de toutes les orbites ne soit pas la substance lumineuse qui nous éclaire; il suffit que la lumière qui fait la distinction du jour et de la nuit ne procède pas de ce globe ou noyau central. Or, indépendamment du phénomène des taches, nous avons vu que tous les phénomènes de coloration et de polarisation concordent à démontrer que la propriété lumineuse du soleil est toute dans son atmosphère, et aux dernières limites de cette atmosphère. Nous pouvons ajouter aujourd'hui que des expériences directes établissent que le corps du soleil, fût-il un globe de feu, un globe en ignition, ce globe serait encore un globe obscur et absolument invisible. *Les flammes les plus vives disparaissent; et les corps solides dans l'état d'ignition le plus intense ne paraissent plus que comme des taches noires sur le disque du soleil, quand on les interpose entre ce disque et l'œil.* Il suit de cette remarque que le corps du soleil, bien qu'il nous paraisse obscur quand il est vu à travers les taches, peut être néanmoins dans un état d'ignition très-intense; *mais il ne s'en suit pas qu'il doive y être,* s'empresse d'ajouter le savant astronome dont nous rapportons ici les expressions. « Un pouvoir réflecteur absolu dans le » dais nébuleux qui le recouvre peut le protéger contre » le rayonnement de la lumière émanée des hautes » régions de son atmosphère; et on ne peut douter » que la couche nébuleuse qui produit la pénombre » ne jouisse effectivement à un haut degré de la pro- » priété de réfléchir la lumière, d'après le fait de sa » visibilité dans une semblable situation (1). »

Dans la pensée du successeur du grand Herschell, cet état *purement possible* d'ignition du corps obscur du soleil aurait pour cause le rayonnement de la chaleur émanée des hautes régions de son atmosphère. Cet état serait donc particulier au soleil, et ne prouverait rien pour l'état primitif de ses planètes. Dira-t-on que cet état purement possible d'ignition du globe solaire peut

(1) Sir John Herschell, *op. cit.* p. 246, 247.

être attribué à une toute autre cause : que cet état a pu succéder à l'état de vapeurs? Alors il faudra dire la même chose de toutes les planètes; et, dans cette supposition extrême, le globe solaire, si sa surface était encore en feu, ne serait pas aussi avancé que le nôtre, et par conséquent il serait au moins possible encore que la formation de la terre eût précédé la formation de l'astre destiné à faire et à régler les jours et les années, les temps et les saisons.

Dans cette hypothèse donc, dans l'hypothèse de la liquéfaction du corps central et obscur du soleil, on comprendrait encore, puisque la propriété lumineuse du soleil est toute dans son atmosphère supérieure, et puisque, si son noyau incandescent était perceptible à nos yeux, ce ne serait que pour tacher et obscurcir la lumière éclatante de son enveloppe sidérale (1), on comprendrait encore, dans cette hypothèse, que la lumière eût remplacé les ténèbres sur la face de l'abîme dès le premier jour de la création, et que la terre fût sortie du sein de la lumière avant qu'il y eût *un grand luminaire pour faire la distinction du jour et de la nuit.*

Mais il ne suffit plus de dire que cette hypothèse est une hypothèse entièrement gratuite et qu'on ne saurait appuyer sur aucune observation exacte. Aujourd'hui qu'il est reconnu qu'une atmosphère intermédiaire sépare le noyau central du soleil de son auréole lumineuse, il faudrait de toute nécessité que les fauteurs d'une pareille opinion se décidassent à placer cette atmosphère obscure *entre deux feux*, on nous pardonnera

(1) Les expériences photométriques de Leslie ont prouvé qu'un pouce de la substance sidérale du soleil, transporté à la surface de la terre, éclairerait autant que douze mille bougies.

cette expression ; il faudrait qu'ils se décidassent à placer cette atmosphère sombre et obscure au-dessous d'une éclatante voûte de lumière sidérale, et au-dessus d'une mer de feu, au-dessus d'un océan de matière en fusion.

Si, comme on n'en peut douter, cette atmosphère intermédiaire croît en densité dans le même sens que l'atmosphère terrestre ; si on ne peut douter que la couche inférieure de cette atmosphère intermédiaire, qui flotte *à un niveau considérablement plus bas* que les couches voisines de l'enveloppe sidérale, ne jouisse *à un haut degré* de la propriété de réfléchir la lumière émanée de ces hautes régions, il n'est pas possible d'admettre que cette couche inférieure, aussi prodigieusement condensée, repose elle-même sur la plus énorme masse de feu qu'il soit possible d'imaginer.

Remarquons encore que c'est l'existence de cette atmosphère croissant rapidement en densité et jouissant à un très-haut degré de la propriété de réfléchir la lumière, qui a fait penser à Herschell et à la plupart des astronomes que le globe solaire, maintenu ainsi à une distance considérable de la partie incandescente, est habitable et probablement habité. A cette objection que ses habitants auraient besoin d'une plus grande énergie musculaire que nous pour vaincre le désavantage de leur poids, ils répondent qu'il n'y aurait pas sous ce rapport plus de différence entre eux et nous, qu'il n'y en a sous celui de la force musculaire entre les individus avec lesquels ou au milieu desquels nous vivons. Car cette considération est la principale, sinon l'unique objection que le savant Young et quelques autres ont opposée à cette idée conjecturale des astronomes.

Enfin, pour ne laisser aucun espoir à l'esprit de contradiction, produisons le programme promulgué en 1846, à l'occasion d'une discussion solennelle sur un point théorique qui appellera bientôt toute notre attention :

« D'après l'état actuel des connaissances astrono-
» miques, le soleil se compose, 1° d'un globe central
» à peu près obscur ; 2° d'une immense couche de
» nuages qui est suspendue à une certaine distance de
» ce globe, et l'enveloppe de toutes parts ; 3° et d'une
» photosphère, en d'autres termes, d'une sphère res-
» plendissante qui enveloppe la couche nuageuse,
» comme celle-ci, à son tour, enveloppe le noyau
» obscur... La première enveloppe nuageuse, et la
» photosphère dont elle est recouverte, éprouvent
» quelquefois des déchirements nombreux, et per-
» mettent de voir à nu le corps obscur central : le
» soleil paraît alors parsemé de taches noires (1). »

Lorsque Buffon faisait jaillir la terre et toutes les planètes de la masse liquide et incandescente du soleil, on était loin de soupçonner que le globe solaire ne fût pas le corps lumineux que nous voyons ; on était loin surtout d'imaginer que ce globe fût environné d'une atmosphère semblable à l'atmosphère terrestre et que le fluide lumineux fût tout entier relégué aux extrêmes limites de cette atmosphère. Si cette grande découverte, mise dans tout son jour par les expériences toute récentes de nos physiciens, eût été connue de l'illustre naturaliste, il se serait bien gardé sans doute de faire du soleil un globe en état de liquéfaction, et de faire

(1) *Ann.* 1846. Notice sur l'éclipse du 8 juillet 1842.

de la terre et des autres planètes, à l'exemple de Descartes et de Leibnitz, des soleils éteints, des globes lumineux encroûtés, des globes *ressemblant parfaitement,* dans l'origine, *à notre soleil.* Ce que nous disons ici de Buffon, nous pouvons et nous devons le dire de l'illustre auteur de la Mécanique céleste, de M. Laplace; car les expériences de polarisation lumineuse si décisives en cette matière, ou du moins leur application à la lumière solaire, sont elles-mêmes postérieures à la publication de la haute théorie que nous combattons dans ce qu'elle a de contraire à la vérité révélée.

M. Laplace pose en fait que la matière du soleil est en état de liquéfaction ; il pose en fait qu'au-dessus de cette énorme masse de feu, qu'au-dessus de cet océan de matière lumineuse, s'élève *l'atmosphère solaire fluide rare, transparent, compressible et élastique, qui ne s'étend pas jusqu'à l'orbe de Mercure,* parce qu'il *ne peut s'étendre que jusqu'au point où la force centrifuge balance exactement la pesanteur.* Dans les principes de M. Laplace, c'est le noyau central qui est lumineux, c'est le corps même du soleil que nous voyons ; et dans les conclusions unanimement déduites de toutes les expériences et observations de nos astronomes et de nos physiciens, ce corps du soleil est un corps ténébreux, l'atmosphère qui l'environne est elle-même comprise tout entière sous une enveloppe gazeuse incandescente, qui seule jouit de cette merveilleuse propriété de nous distribuer la chaleur et la lumière ; et le noyau solaire, fût-il liquide et dans l'état d'ignition le plus intense, serait encore à jamais invisible pour nous, et son existence ne nous serait révélée que par le contraste d'une obscurité complète à côté d'une vive lumière. Pour tout dire en un mot, d'après M. Laplace, la terre et toutes les planètes ont été formées aux limites successives de l'atmosphère du noyau lumineux et incandescent du soleil ; et, d'après tous nos astronomes et tous nos physiciens, le soleil n'a point d'atmosphère au delà de la matière lumineuse.

Cette supposition d'une atmosphère immense qui s'étendrait encore aujourd'hui à plusieurs millions de lieues au delà de la matière lumineuse, au delà du noyau incandescent du soleil, est la base fondamentale de ce nouveau système. Cette conjecture si souverainement infirmée par l'observation est le pivot sur lequel roulent toutes les explications du savant cosmogoniste. Ainsi, l'objection tirée de l'existence du fluide lumineux dans les plus hautes régions de l'atmosphère solaire et aux extrêmes limites de cette atmosphère, cette objection est encore plus décisive ici que contre tous les autres systèmes à effluxions solaires.

Cependant cette théorie du grand géomètre nous offre une explication si satisfaisante et si rationnelle de la mystérieuse similitude de tous les phénomènes du système planétaire, que nous avons dû chercher à lui donner une base en harmonie avec les hautes manifestations de la sagesse humaine, et par conséquent avec les révélations de la Sagesse divine.

Nous lisons dans le livre de la nature que la lumière est le premier produit de la condensation de la matière, ou, comme nous le verrons bientôt, une modification du principe électrique qui jouit de la faculté de devenir lumineux à un certain degré d'accumulation ; et que le soleil est composé d'un noyau central solide et obscur, d'une atmosphère plus ou moins semblable à l'atmosphère terrestre, et d'une auréole lumineuse qui occupe tout l'espace circonférent, comme cette lumière toute superficielle qui dessine et enceint ces sphères immensément volumineuses appelées nébuleuses *planétaires*. Et nous lisons dans le livre de l'Auteur de la nature, que la naissance de la lumière a précédé la formation de tous les corps de l'univers ; que la lumière a remplacé les ténèbres qui régnaient sur la face de l'abîme de la création, et que la terre a passé de l'état de matière *vide et vaine, invisible et incomposée* à l'état de corps terraqué, avant qu'il y eût un grand luminaire *pour faire le jour et la nuit*. Ces deux récits, bien que différents dans leur expression, concordent entre eux avec tant d'exactitude, et les documents que l'un et l'autre nous fournissent pour l'explication de tous les phénomènes du système planéto-solaire, deviennent si intelligibles et si significatifs par leur réunion ou leur rapprochement, qu'il n'est plus possible de ne pas les envisager comme les éléments véritables de toute théorie cosmogonique. De nouvelles considérations vont encore nous amener au même résultat.

§. II.

PHÉNOMÈNES LUMINEUX.

Observations préliminaires sur les nuages ignés de l'éclipse totale de soleil du 8 juillet 1842. — Explication de ce phénomène. — Analogie entre la lumière électrique et la lumière solaire. — Expériences décisives. — Aurore boréale : lumière terrestre analogue à celle du soleil. — Le soleil considéré comme une immense machine électrique. — Phénomène des étoiles filantes. — Action du magnétisme sur la lumière. — Atmosphère éthérée de la terre, cause productrice de tous nos phénomènes lumineux. — Polarité magnétique du soleil et des planètes. — Il n'y a de différence entre le soleil et les planètes que du plus au moins.

Avant d'explorer ces autres champs ouverts à nos investigations, nous avons à nous expliquer sur un phénomène qui semblait devoir triompher de tous les efforts de la science, sur cette merveilleuse apparition de *nuages ignés*, de *nuages obscurs ou faiblement lumineux* qui couronnèrent les deux astres en conjonction, pendant toute la durée de l'éclipse totale de soleil du 8 juillet 1842.

L'éclipse de 1842 nous a-t-elle mis sur la trace d'une troisième enveloppe située au-dessus de la photosphère ou surface incandescente du soleil?

Après avoir discuté fort longuement, dans une Notice de l'Annuaire de 1846, toutes les questions aussi neuves qu'insolites soulevées à l'occasion du phénomène, M. Arago détermine les moyens d'observation qui, *si cette troisième enveloppe existe*, seraient propres à la faire apercevoir et reconnaître, par un ciel serein, tous les jours de l'année.

Cependant, sans attendre ce que pourra fournir l'observation, un savant physicien, un collègue de M. Arago à l'Académie des Sciences, s'est empressé de dénoncer à l'auguste tribunal, que le problème n'a été envisagé sous son véritable point de vue par aucun des nombreux astronomes témoins de l'éclipse de 1842 : que les observations promises apprendront que les nuages ignés, ainsi désignés d'après la Notice, sont des nuages de *nature planétaire, circulant sous formes de traînées ou de portions d'anneaux autour du soleil* (1).

« Après l'excellente dissertation de M. Arago sur » l'éclipse de 1842, dit M. Babinet, je revins à mes » idées théoriques qui me semblaient répondre à toutes » les exigences du problème, et ce sont ces mêmes » vues que je présente aujourd'hui à l'Académie sur » un phénomène dont, suivant M. Airy cité par » M. Arago, personne n'a donné une explication sa- » tisfaisante (2). »

(1) *Mémoire sur les nuages ignés du soleil considérés comme des masses planétaires*, par M. Babinet.

Académ. des Scienc., séance du 16 février 1846.

(2) Pour mettre fin aux discussions de priorité sur la découverte que certains observateurs croyaient avoir faite, M. Arago fait observer dans sa Notice que, s'il y avait découverte, elle appartiendrait, par la date de la publication, à M. l'abbé Peytal, dont les idées sur une troisième enveloppe solaire sont nettement présentées dans un article du Journal de Montpellier, du samedi 16 juillet 1842. Puis M. Arago déclare, dans cette même Notice de 1846, qu'ayant demandé *naguères* au directeur de l'Observatoire de Greenwich ce qu'il pensait du phénomène du 8 juillet 1842, l'illustre astronome lui a fait cette réponse : « A vous parler franchement, je ne crois pas que personne en ait donné » une explication satisfaisante. » Un phénomène dont l'esprit inventif

Ramenant donc la formation des nuages ignés de la Notice à la même cause que M. Laplace assigne à la formation des planètes et des satellites, M. Babinet invoque les analogies que fournit la théorie sur la formation des anneaux planétaires, sur leur transformation, d'abord en portions d'anneaux ou traînées allongées, ensuite en masses de formes plus arrondies, et enfin en sphéroïdes soumis aux seules influences de l'attraction et du mouvement de rotation.

Puis le savant académicien expose que le rapide changement d'aspect de ces nuages ignés n'est pas moins favorable que leur position assignée dans le voisinage de l'équateur solaire, à l'idée de masses planétaires analogues aux anciennes masses qui sont devenues les planètes et leurs satellites et anneaux. Il expose que ces traînées planétaires, qui circulent autour du soleil avec une vitesse telle, qu'elles accomplissent leur révolution en quelques heures seulement, doivent changer d'aspect, par l'effet de la perspective, en très-peu de temps, et se présenter aux observateurs, placés en différentes stations, suivant divers degrés de hauteur ou d'élongation.

Ainsi disparaissent les mille et mille difficultés relatives au *brusque changement de couleur, de forme et de grandeur apparentes*, et à cet *allongement apparent*

de M. Airy n'a pas triomphé, ajoute ici M. Arago, mérite d'être décrit dans les plus grands détails.

Mais l'explication présentée par M. Arago, en 1846, avec tant de doute, d'hésitation et de réserve, ne diffère pas de l'explication présentée avec hardiesse et assurance par M. l'abbé Peytal, en 1842. *Le problème dont l'esprit inventif de M. Airy n'a pas triomphé* est donc encore à résoudre, ou plutôt, ce problème était encore à résoudre au 1er janvier 1846.

de plus de 5,000 lieues en deux minutes de temps, signalés dans la Notice ; tous phénomènes autrement et jusque-là inexplicables, qui se sont manifestés pendant la courte durée de l'éclipse totale de soleil du 8 juillet 1842, et qui se seraient présentés plus anciennement encore aux observateurs dans les éclipses totales et annulaires.

Voilà donc de *nouvelles masses planétaires, ayant la forme de traînées circulaires plus ou moins allongées*, qui font leur révolution autour du soleil avec la rapidité que comporte leur proximité. Et ces nouvelles masses planétaires produisant les diverses apparences qui, sous le nom de « proéminences rougeâtres, » de « bandes ou arcs rouges, » de « rayons couleur » orange » de « taches allant du blanc au rose et au » violet, » de « points moins brillants que mars » de « nuages ignés, etc., » ont été décrites par les divers observateurs de l'éclipse de 1842, doivent leur origine, comme toutes les autres planètes, à la condensation de *l'ancienne atmosphère du soleil*, ou plutôt à la condensation effectuée aux limites successives de la masse génératrice de tout le système planéto-solaire.

Nous n'avons pas besoin de suivre M. Babinet dans ses considérations sur le refroidissement graduel des masses ainsi abandonnées et transformées en planètes, satellites et anneaux. Nous n'avons pas besoin ici de nous préoccuper du mode de condensation des globes planétaires dans leur passage plus que problématique de la couleur blanche à la couleur rouge. En supposant, ce que nous sommes loin d'admettre, que la terre et les autres planètes soient passées, pour arriver à une opacité complète, *de l'incandescence la plus blanche au rouge clair, puis au rouge obscur*, nous ne pouvons faire de cette supposition une base chronométrique pour déterminer, d'après la teinte de leur couleur, le degré de condensation ou l'état actuel de ces autres masses planétaires.

L'état actuel de ces masses ou traînées planétaires ne peut différer beaucoup de leur état ancien ; et la couleur rouge, ou « *la lumière calme et sans scintillation* » de ces nouvelles masses gazeuses si rapprochées du foyer de la chaleur et de la lumière, a la même origine ou la même cause que la couleur de nos planètes, que la couleur de ce qu'on appelle le noyau et la queue des comètes. La persistance de la matière simplement réfléchissante qui les constitue, matière simplement réfléchissante, diversement agglomérée ou condensée, que la lumière du soleil colore diversement, la persistance de cette matière à l'état gazeux est le résultat nécessaire de sa proximité de la photosphère ou de l'enveloppe incandescente du globe solaire ; rien ne la protégeant contre l'extrême chaleur qui émane de cette enveloppe sidérale.

Il faut dire la même chose de la nature et de la lumière de la couronne ou de la double couronne concentrique dont parlent les mêmes observations, couronne ou auréole qui, *si elle existe comme corps matériel*, participe nécessairement au mouvement commun, en circulant en ellipse ou en cercle autour de notre étoile centrale.

Au reste, l'existence dans le plan de l'équateur solaire de traînées planétaires avec couronne ou auréole, ou d'une zone de molécules plus ou moins condensées ou diversement agglomérées sur divers points, n'est pas plus difficile à concevoir que l'existence du double anneau de Saturne dans le plan de l'équateur de cette planète.

Nous pouvons donc, sans attendre la décision du tribunal souverain, nous pouvons et nous devons proclamer que M. Babinet a résolu le problème en répondant à toutes ses conditions et en satisfaisant à toutes ses exigences, sans déroger en rien aux données irrévocablement acquises sur la nature et la constitution physique du soleil.

Rappelons néanmoins que l'illustre auteur du Mémoire académique propose encore et en même temps une autre explication du *mystérieux* phénomène, ainsi que l'avait appelé M. Arago :

« On peut encore concevoir que les masses comé-
» taires qui viennent fréquemment choquer le soleil
» laissent une partie de leur substance dans son voisi-
» nage... Ces masses, d'après leur origine, n'auraient
» aucun plan ou aucun sens de mouvement en rapport
» avec l'équateur du soleil ; et la différence entre cette
» origine cométaire et l'origine planétaire ci-dessus
» servira à faire donner la préférence à l'une ou à
» l'autre hypothèse, quand on aura reconnu les mou-
» vements de ces nouvelles masses révolutives autour
» du soleil. »

C'est donc à l'observation directe, M. Babinet le voulant ainsi, que nous renvoyons pour la préférence à donner à l'une ou à l'autre hypothèse, sans que notre théorie ait rien à craindre de cette épreuve que nous appelons de tous nos vœux.

« Puisque les mouvements et la constitution physique
» de ces masses gazeuses planétaires rendent compte

» de toutes les particularités observées dans l'aspect » des nuages ignés, » nous pouvons, sans nous préoccuper du résultat prévu ou imprévu des observations ultérieures, exposer les nouvelles considérations qui militent en faveur de la théorie biblique.

Quelle est la nature de la lumière que le soleil nous envoie ? A cette question les savants répondent que le système des *vibrations* ou *ondulations* réunit aujourd'hui toutes les opinions, comme il réunit pour lui toutes les probabilités en satisfaisant à toutes les conditions, surtout depuis que des découvertes récentes ont fait apercevoir les rapports les plus intimes entre la cause qui produit les phénomènes électriques et celle qui donne naissance à la lumière.

Déjà l'abbé Nollet enseignait que l'électricité était le feu élémentaire, que la matière électrique était ce même élément auquel on attribue la double propriété d'éclairer et d'enflammer. La ressemblance dans les effets, disait déjà ce judicieux physicien, annonce sûrement l'identité des causes. L'observation vient à l'appui de l'expérience, et nous porte à croire de plus en plus que le feu, la lumière et l'électricité dépendent du même principe, et ne sont que trois modifications du même être ; ce qui est d'ailleurs on ne peut plus conforme à cette sage économie qu'on voit régner dans l'univers, où les causes physiques sont employées avec épargne, et les effets multipliés avec magnificence (1). Cette idée de l'abbé Nollet a été pleinement confirmée par les découvertes des physiciens modernes.

Malus, qui le premier a observé la modification

(1) *Leçons de physique*, t. 6e, p. 252 et 253.

éprouvée par la lumière dans la double réfraction, modification en vertu de laquelle elle ne se comporte plus comme la lumière directe, et qui a donné à ce phénomène le nom de *polarisation,* Malus comparait les molécules lumineuses à de petites aiguilles aimantées. Ce premier aperçu annonçait que le mode d'illumination des corps célestes pouvait être dû à des agents électriques. Mais les expériences de Brandt, en prouvant que la lumière électrique produit comme la lumière solaire, la combinaison du chlore et de l'hydrogène, et la décomposition du chlorure d'argent, et les effets si merveilleux obtenus d'abord par Davy ne laissent plus aucun doute sur l'identité d'action de la lumière électrique et de la lumière solaire (1).

Dans l'important phénomène dont nous voulons parler ici, le charbon soumis à l'action électrique d'une pile voltaïque d'une grande puissance brille de la lumière la plus vive, et il en émane une chaleur intense capable de volatiliser en un instant tous les métaux. « Cette lumière est si pure, si éblouissante, si remar- » quable par sa blancheur, qu'on n'a pas dépassé les » limites du vrai, dit M. Arago, en l'appelant de la » lumière solaire. » Puis l'illustre académicien se demande « si cette expérience ne résout pas un des plus » grands problèmes de la philosophie naturelle ; si elle » ne donne pas le secret de ce genre particulier de

(1) Dans son Mémoire soumis à l'Académie des Sciences, et dont M. Biot a rendu compte dans la séance du 11 janvier 1841, M. Edmond Becquerel prouve que la lumière émanée de l'étincelle électrique est, tout aussi bien que la lumière solaire, accompagnée d'un agent chimique qui influence les sels d'argent ; et encore que les rayons continuateurs du rayonnement chimique solaire continuent aussi une réaction insensible commencée sous l'influence de la lumière électrique.

» combustion que le soleil éprouve depuis tant de » siècles, sans aucune perte sensible, ni de matière, ni » d'éclat ; » faisant observer que « les charbons atta- » chés aux deux fils de la pile deviennent en effet » incandescents, même dans le vide le plus parfait. » « Rien alors ne s'incorpore à leur substance, fait-il » observer encore, rien ne paraît en sortir : à la fin » d'une expérience de ce genre, quelque durée qu'on » lui ait donnée, les charbons se retrouvent, quant à » leur nature intime et à leur poids, dans l'état pri- » mitif (1). »

Ce résultat inattendu nous fait souvenir que M. Laplace nous menaçait d'une diminution dans la masse du soleil produite par l'émission de sa lumière, diminution qui devait à la longue détruire l'arrangement des planètes. Mais nous ne nous en souvenons que pour rappeler aux plus timides, que les globes célestes ont été ordonnés pour briller à jamais ; que tous les ouvrages sortis des mains du Créateur concourent aux fins pour lesquelles ils furent créés, sans éprouver ni affaiblissement, ni diminution, sans fatigue aucune ; que jamais un de ces corps ou un de ces systèmes de corps ne détruira l'arrangement d'un autre système ; car telle est aussi l'assurance formelle que nous donne la révélation divine (2).

La terrible prédiction de certains astronomes n'est donc pas mieux fondée que « l'ingénieux roman des

(1) *Ann.* 1834, p. 324.

(2) Ornavit in œternum opera illorum ; nec esurierunt, nec laboraverunt et non destiterunt ab operibus suis. Unusquisque proximum sibi non angustiabit usque in œternum Non sis incredibilis verbo illius.

géologues : » « la diminution que son émission (l'émission de la lumière) produit dans la masse du soleil, » n'est donc pas plus à craindre que cette « affreuse congélation du globe terrestre, » dont les géologues de notre époque s'obstinent encore à nous menacer, en nous représentant la déperdition incessante de la chaleur centrale comme un *affreux symptôme de mort*, déperdition incessante dont *l'accomplissement total devra porter le dernier coup de mort à toute la nature terrestre* (1).

Newton aussi croyait que la lumière était une émanation de la substance même du soleil qu'il supposait aussi un foyer ardent, qui devait finir par s'éteindre et s'anéantir en projetant ainsi sa matière. « Ces idées ne » sont plus de notre temps, répète-t-on aujourd'hui » de toutes parts, et le soleil ne peut plus être assimilé » à un feu ordinaire ; car des corps, même dans le » récipient de la machine pneumatique, peuvent être » rendus lumineux, ou plus lumineux s'ils le sont déjà,

(1) *Etudes géolog. sur la France. Réflex. sur l'état futur de notre globe*, 1837. — *La Géolog. liée à l'astronomie*, 1845.

Pourtant « à la surface (et les phénomènes de la surface sont les » seuls qui puissent altérer ou compromettre l'existence des êtres » vivants), *tous les changements sont accomplis à 1/30e de degré près*. » (*Ann.* 1834, p. 192.) Et tous ces changements sont accomplis depuis longtemps, car de nombreux documents recueillis par M. Edouard Biot établissent que la température de cette surface du globe n'a pas changé depuis le douzième siècle avant notre ère. (*Académie des Sciences, séance du 15 février* 1841.) D'où nous inférons que cet *affreux symptôme de mort* n'est pas autrement menaçant pour nous ou nos derniers neveux, qu'il l'était pour notre premier père.

Après cela, nous ne prétendons pas dire que l'ordre actuel des choses subsistera éternellement ; nous disons seulement que cet ordre a en soi toutes les conditions de stabilité, et qu'il ne pourra être détruit que par la volonté toute-puissante de Celui qui l'a établi

» par l'action de la pile voltaïque, sans dégagement ni » absorption de la part de ces corps (1). » Mais ces idées n'auraient dû être d'aucun temps, car la Sagesse créatrice elle-même a dit à tous les hommes, que la lumière du soleil est une lumière qui ne s'éteindra jamais, une lumière indéfectible : *Ego feci in cœlis ut oriretur lumen indeficiens.*

Lorsqu'on élève la température d'un corps au delà de 500 degrés, il commence à devenir lumineux, et la lumière qu'il émet est d'autant plus intense que la température s'élève davantage. Vers 1,200 degrés on a le rouge blanc et vers 1,500 degrés on obtient le blanc éblouissant. Mais ce point extrême des mesures thermométriques est encore loin d'approcher de la puissance éclairante de la lumière du chalumeau à gaz oxygène et hydrogène projetée sur de la chaux. C'est donc l'intensité de cette lumière artificielle que nos physiciens se sont étudiés à comparer à la lumière du soleil. Or, il résulte des belles expériences de MM. Fizeau et Foucault que cette lumière du chalumeau, d'un éclat si supérieur à celui de toutes nos lumières, est pourtant encore 140 fois plus faible que la lumière solaire ; c'est-à-dire qu'il résulte de ces belles expériences que la lumière du soleil n'a rien de compatible avec une conflagration ou avec une combustion de matière pondérable.

Ce résultat obtenu, les mêmes physiciens ont comparé l'intensité de cette lumière sidérale à la lumière de la pile électrique ; et il résulte de leurs expériences que cette autre lumière artificielle, trouvée d'abord seule-

(1) *Cours de Cosmograph.*, etc., p. 200, 201.

ment quatre fois plus faible, a pu être augmentée successivement au fur et à mesure d'une meilleure ou plus puissante disposition de l'appareil, jusqu'à atteindre presque la moitié de l'intensité de la lumière solaire ; en même temps que les effets calorifiques sont toujours parfaitement en rapport avec l'intensité de la puissance lumineuse. C'est-à-dire qu'il résulte encore démonstrativement des expériences de MM. Fizeau et Foucault que la lumière de la pile atteindrait l'intensité de la lumière du soleil et de sa vertu calorifique, s'il était possible de disposer d'instruments assez puissants (1).

Avant qu'on eût observé cette analogie frappante entre la lumière de la pile électrique et celle du soleil, analogie si parfaite que les effets que le soleil seul pouvait produire, cette lumière artificielle les produit également, Canton, Beccaria, Wilke, Franklin, avaient déjà donné la même origine aux phénomènes de l'aurore boréale. Cette opinion des physiciens modernes est aussi celle des astronomes de nos jours. « Un courant continuel de matière électrique ne peut-il pas, demande sir John Herschell, en circulant dans le voisinage immédiat du soleil ou en traversant les espaces planétaires, déterminer dans les régions supérieures de l'atmosphère solaire des phénomènes du genre de ceux qui se manifestent d'une manière non équivoque, quoique sur une plus petite échelle, dans nos aurores boréales? L'analogie possible entre la lumière boréale et celle du soleil est un point sur lequel mon père a fortement insisté dans le Mémoire précité (2). » Herschell,

(1) *Mémoire sur l'intensité de la lumière de la pile comparée à la lumière solaire.* Académie des Sciences, 8 décembre 184[illegible].

(2) *Op. cit.* p. 244, 249.

en effet, expose dans ce Mémoire inséré parmi les Transactions philosophiques de 1801, que la matière lumineuse du soleil existe en forme de flammes ondulantes dont l'éclat en chaque point peut ne pas surpasser *celui d'une aurore boréale ordinaire ;* et son fils et son élève, actuellement son rival de science et de célébrité, pense que cette substance lumineuse forme *de vastes traînées ou colonnes de flammes analogues à celles de nos aurores boréales* (1).

Dès l'année 1787, le docteur Elliot enseignait que la lumière du soleil provenait d'*une aurore dense et universelle*, et que cet astre pouvait être habité. Lorsque le docteur fut traduit aux assises de *Old Bailey* pour avoir tué miss Boydell, ses amis maintinrent qu'il était fou, et crurent le prouver surabondamment en montrant les écrits où ses opinions sur la nature du soleil se trouvaient développées. Ces CONCEPTIONS D'UN FOU, ajoute le savant académicien auquel nous empruntons cette *anecdote* qui lui *paraît mériter de figurer dans l'histoire des sciences*, « ces conceptions d'un fou sont » aujourd'hui généralement adoptées (2). »

Une circonstance très-remarquable qui lie les phénomènes de l'aurore boréale avec les phénomènes de la lumière solaire, et qui les rattache à la même cause, c'est que les aurores boréales sont produites dans les régions tout à fait supérieures de l'atmosphère, ou plutôt tout à fait au-dessus de cette atmosphère et dans un vide absolu. Dalton a évalué à la hauteur de cent milles, le sommet de l'arc d'une aurore boréale observée

(1) *Op. cit* p. 244, 249.

(2) *Ann.* 1842. Constitution du soleil.

à la fois à Manchester et à Edimbourg. Deux observations faites en 1837 et publiées par M. Twining, dans l'*American journal*, ont donné l'une 144 et l'autre 160 milles pour la hauteur de l'aurore boréale ; et M. Wartmann a trouvé, par des mesures plus précises, que l'aurore boréale du 18 février même année avait, comme celle du 18 octobre précédent, une élévation de 200 lieues au-dessus de la surface de la terre (1). Cependant à une hauteur de 16 ou 18 lieues, les couches atmosphériques n'ont déjà plus assez de densité pour réfléchir les rayons du soleil.

En expliquant l'aurore boréale par l'électricité, et en assimilant ces météores à des *décharges électriques qui ont lieu dans des régions élevées où l'air est très-raréfié*, les savants font valoir cette considération, que *l'électricité qui passe dans le vide s'y montre sous diverses apparences lumineuses qui sont les mêmes que celles qu'on observe dans l'aurore boréale* (2).

Lorsqu'on fait l'expérience de la pile de Volta dans l'air atmosphérique, le charbon se consume bientôt ; mais en opérant dans le vide, sous le récipient d'une machine pneumatique bien purgée d'air, aucune combustion n'a lieu, aucun atôme de ce corps incandescent n'est consumé ; et cependant la lumière que ce charbon répand a un éclat beaucoup plus vif que quand il brûle à l'air libre. « Ces effets (les effets du grand appareil » de l'Observatoire royal de Londres) s'opéraient de

(1) Académ. des Scienc., séance du 17 avril 1837. — *Cours compl. de Météorologie*, p. 456.

(2) *Traité de l'électricité et du magnétisme*, par M. Becquerel, t. 1er, p. 60 et 160.

» même, et avec plus d'énergie encore, quand les » pointes de charbons se trouvaient placées dans un air » raréfié par la machine pneumatique. Alors le torrent » de lumière continua de s'élancer d'une pointe à » l'autre jusqu'à la distance de six pouces...., ce dé- » veloppement continu de lumière, et le dégagement » analogue qui s'observe dans les fils de métal sont » des phénomènes extrêmement remarquables, d'au- » tant plus que, pour les fils de métal, lorsqu'on les » place dans le vide ou dans du gaz avec lesquels ils » ne peuvent pas entrer en combinaison, l'ignition » peut se soutenir pendant des heures entières et se » renouveler aussi souvent qu'on le juge convenable, » sans qu'ils perdent absolument rien de leur poids (1). »

Depuis longtemps l'attention des physiciens était appelée sur certains phénomènes qui paraissaient indiquer quelque rapport de connexion entre l'électricité et la puissance magnétique. Mais M. Ampère ayant expérimenté que les courants électriques, dont M. Oersted venait de reconnaître l'action sur l'aiguille aimantée, se comportent exactement de la même manière que des aimants, et que le globe terrestre, qui dirige les aimants dans un certain sens, manifeste une action semblable sur les courants électriques, et M. Arago étant parvenu à aimanter des barreaux d'acier en les soumettant à ces courants, l'identité de l'électricité et du magnétisme fut démontrée. Dès-lors le globe terrestre fut considéré comme une espèce de pile voltaïque à courants continus; en même temps que la liaison intime, remarquée entre l'état magnétique du globe et la production de l'aurore

(1) M. Biot, *Physique expérimentale*, t. 1er, p. 648, 649.

boréale, apprenait que l'accumulation du fluide électro-magnétique est le principe de cette magnifique lumière des hautes régions de notre atmosphère.

« On doit donc regarder comme parfaitement établie, » conclut des expériences de ces grands maîtres le » spirituel auteur des Lettres sur l'astronomie, l'exis- » tence de grands courants électriques dans le globe, » circulant de l'est à l'ouest. Ces courants dirigent » l'aiguille aimantée, et l'aurore boréale est un phé- » nomène qui a un rapport direct avec ces forces ma- » gnétiques. »

Puis, « quand on est témoin de la rotation d'un » aimant autour d'un courant électrique, une grande » hypothèse se présente à l'esprit : on se laisse entraîner » à penser que le soleil est le foyer inépuisable d'une » immense force électrique, et que la terre elle-même, » traversée par des courants semblables, obéit aux lois » de l'électro-magnétisme (1). »

En effet, toutes les expériences concourent à démontrer que l'électricité est la véritable cause de l'incandescence perpétuelle du soleil (2) ; et que, comme dans nos aurores boréales, le feu éthéré et élémentaire est le seul qui soit en activité dans les régions les plus

(1) M. Montémont, *Lettres sur l'astronomie*, t. 4, p. 320, 321.

(2) A la vue de ce soleil éblouissant que M. Dumas a offert à l'admiration de son nombreux auditoire, dans sa magnifique expérience faite à la Sorbonne le 27 novembre 1837, chacun des assistants a pu concevoir l'espoir de voir un jour remplacer le gaz par de petits soleils élégamment disposés dans nos rues, et nos carcels par de petits globes brillants suspendus aux plafonds de nos appartements, comme les astres de la voûte du ciel. Il est indubitable qu'il ne manquait plus à ce soleil de fabrication humaine, pour briller éternellement comme le véritable soleil, que d'être placé et maintenu dans un vide parfait.

élevées de son atmosphère (1). Aussi, nos astronomes ne font-ils plus difficulté d'assimiler le soleil à *un globe électrique d'une grandeur immense* (2).

En envisageant le soleil sous ce point de vue nouveau, nous découvrons en lui un rapport de plus et une autre ressemblance avec notre globe. C'est une immense machine électrique où règnent constamment des courants magnétiques qui produisent l'incandescence. L'action de ces courants se manifeste dans les régions supérieures de l'atmosphère solaire, comme elle se manifeste dans les régions supérieures de notre atmosphère, dans des régions où l'air atmosphérique est d'une rareté excessive, et comme elle se manifeste dans le vide de la machine pneumatique. Dans l'un et dans l'autre appareil, la source de l'électricité ou du fluide lumineux est permanente ; seulement, son intensité est en raison du volume ou de la surface de la machine. Dans l'un comme dans l'autre appareil, l'action de la machine est continue ; mais, parce que le soleil a incomparablement plus de masse que la terre, son action est incomparablement plus puissante. Dans notre atmosphère, la matière électrique est refoulée, en grande partie, à cause du mouvement de rotation, vers les pôles qu'elle illumine de la lumière la plus vive ; ce qui a fait appeler l'aurore boréale la merveille des cieux septentrionaux (3) ; mais, dans l'atmosphère du soleil où son activité est infiniment plus développée, cette lumière

(1) V. *Traité de l'électr. et du magnét.*, par M. Becquerel.

(2) *Consid. sur les dispos. de l'univers*, par Bode, p. 13.

(3) Dans les régions polaires, l'aurore boréale est la compagne à peu près constante des longues nuits de ces contrées désolées.

se répand plus uniformément sur la surface de la sphère atmosphérique.

S'il est vrai de dire que la loi qui régit tous ces effets et qui en diversifie les apparences n'est pas encore trouvée, on peut dire aussi qu'on doit tout espérer et tout attendre d'une science qui lie d'une manière intime les phénomènes magnétiques avec tous les phénomènes lumineux.

Indépendamment du fait capital de l'orientation magnétique de l'aurore boréale et de son influence sur la déclinaison et l'inclinaison de l'aiguille aimantée si souvent signalée, on a pu vérifier que tous les jets verticaux qui partent du *centre de la coupole* sont encore parallèles au sens de l'aiguille d'inclinaison (1). Il nous semble que cette nouvelle remarque se lie d'une manière plus intime encore aux causes de ces merveilleux phénomènes. Puisque toutes ces apparitions se manifestent dans les régions élevées qui ne peuvent offrir aucun aliment à la combustion, il faut bien les ranger dans la catégorie des phénomènes de l'électro-magnétisme.

Nous aurions à parler ici du phénomène des étoiles filantes. Malheureusement nous ne pouvons guère que constater l'incertitude où l'on est encore sur la véritable cause de ces autres apparitions.

On avait cru d'abord que ce phénomène se reproduisait avec plus d'intensité vers le milieu de novembre, précisément dans la nuit du douze au treize novembre. Aujourd'hui on ne fait plus difficulté de mettre la

(1) Académ. des Sciences, séance du 22 octobre 1839. — *Cours compl. de météorolog.*, p. 460 et suiv.

périodicité de ces météores au nombre des systèmes que la plus robuste foi ne saurait désormais soutenir ; et le nouveau cycle de 34 ans, proposé par les partisants *quand même* de cette périodicité, n'est plus considéré que comme un accommodement fait avec le ciel pour la consolation des prophètes malheureux. Les observations journalières continuées pendant plus de douze années avec une persévérance admirable par M. Coulvier-Gravier n'ont pas peu contribué à opérer cette conversion.

Ce laborieux observateur est persuadé qu'il n'y a pas plus de périodicité dans l'apparition des étoiles filantes que dans les variations atmosphériques, et que l'air supérieur, qui s'étend bien au delà des limites de l'atmosphère sensible, est la région habituelle de ces météores inconstants.

D'un autre côté, M. Wartmann, ayant noté avec la plus scrupuleuse attention le lieu de l'apparition, la direction de la trajectoire et toutes les autres circonstances de l'apparition de 371 étoiles filantes comptées à l'Observatoire de Genève, reconnut que ces météores partaient sur la sphère céleste de points très-divers, et qu'elles décrivaient des trajectoires extrêmement variées.

En exposant le résultat de ses observations, l'astronome de Genève rappelle que le professeur Brandes a trouvé, par des observations correspondantes faites en divers lieux et souvent répétées, qu'il y a des étoiles filantes qui circulent à une hauteur de 180 lieues au-dessus de la surface de la terre, avec une vitesse de 15 lieues par seconde, et par conséquent beaucoup plus rapidement qu'aucune planète connue, et dans une région qui n'offre aucun aliment à la combustion ; et encore que certaines de ces apparitions coïncident avec une perturbation de l'aiguille aimantée, comme il est arrivé pendant la nuit du 21 au 22 septembre 1840, pendant laquelle on a compté, à l'Observatoire de Genève, 106 de ces météores dont plusieurs décrivaient tout un demi-cercle.

Enfin, M. Wartmann a déduit de ses propres observations qu'il y a de ces météores qu'on ne peut pas estimer s'être enflammés à moins de 200 lieues de hauteur, c'est-à-dire dans la région habituelle des aurores boréales.

« En rapprochant les diverses données fournies par » l'observation, conclut M. Wartmann, et en consi- » dérant les circonstances particulières qui s'y rat- » tachent, tout porte, ce me semble, à attribuer » l'apparition soudaine et si variée des étoiles filantes » à un dégagement de fluide électrique, qui aurait » lieu dans la région des aurores boréales (1). »

Nous n'insisterons pas davantage sur ces faits et observations, parce que d'autres explications sont présentées dans un sens tout différent, et que nous ne voulons nous autoriser que de documents positifs et inattaquables (2).

(1) *Compt. rend.* de l'Académ. des Sciences, séances des 12 novembre 1838, 28 décembre 1840, 20 septembre et 4 octobre 1841.

(2) M. Coulvier-Gravier veut bien nous faire savoir qu'il doit publier, le mois prochain, l'historique de tous les travaux exécutés sur cet important sujet, suivi de ses propres recherches qui feront connaître les lois véritables de ces fugitifs météores ; le tout appuyé de toutes les preuves possibles, de manière à ce que les résultats annoncés ne puissent être niés. (Paris, 19 avril 1847.) C'est donc une démonstration complète que nous attendons du savant et infatigable observateur.

Déjà depuis longtemps l'action du magnétisme sur l'électricité et par suite l'identité parfaite de l'électricité et du magnétisme était démontrée, quand M. Faraday est venu révéler au monde savant que le magnétisme exerce son action sur la lumière ; qu'un rayon de lumière peut être électrisé et magnétisé, et que les lignes de force magnétique peuvent être rendues lumineuses. Autre fait capital, autre *fait fondamental* qui *constitue une découverte du plus haut intérêt* (1).

Déjà aussi les vues nouvelles, ouvertes par M. Oersted, puis par MM. Ampère et Arago, et que la découverte de ces autres relations entre l'électricité, la lumière et le magnétisme va mettre dans tout leur jour, ont permis à M. Cauchy de porter ses regards vers un autre horizon non moins immense. Ces vues nouvelles ont permis à M. Cauchy d'envisager la terre comme un globe isolé, environné d'une atmosphère éthérée qui s'étendrait au-dessus de son atmosphère aérienne. Cette atmosphère éthérée serait mise en vibration par des mouvements analogues à ceux qu'on observe quand une trombe traverse l'air ou quand un vaisseau vogue sur une mer tranquille, et produirait ainsi, à ses limites supérieures, tous nos phénomènes lumineux, dont la corrélation avec certains phénomènes électriques et magnétiques de la surface terrestre n'aurait plus alors rien de mystérieux. C'est à une semblable atmosphère que M. Cauchy attribue la lumière des nébuleuses planétaires (2) ; et c'est à une atmosphère toute semblable que nos astronomes et nos physiciens attribuent

(1) Académie des Sciences, séance du 26 janvier 1846.

(2) Académie des Sciences, séance du 11 mars 1839.

la lumière que le soleil nous dispense avec tant de largesse.

Enfin, voici que M. Lion annonce comme autant de faits démontrés, « 1° que le soleil est doué d'une polarité magnétique de laquelle dépendent la plupart des phénomènes du magnétisme terrestre; 2° que l'état magnétique du globe terrestre est celui d'une sphère soumise à l'action inductive d'un courant voltaïque; 3° que toutes les autres planètes ont aussi un magnétisme résidant à leur surface seule, et provenant de l'influence solaire; 4° que les mouvements de rotation des planètes suivent une loi qui prouve leur origine électro-dynamique (1). »

Herschell concluait déjà de ses observations que la différence que notre imagination nous fait trouver entre le soleil et les planètes devait être considérablement réduite. Aujourd'hui que « la découverte de l'électro-» magnétisme a prouvé que le magnétisme terrestre » n'est que le résultat de la circulation d'une grande » masse d'électricité qui s'opère constamment autour » du globe, dans un sens qui correspond en général » avec celui de sa rotation (2); » aujourd'hui que le soleil n'est plus considéré que comme un globe électrique, que comme une immense machine voltaïque où règnent constamment des courants magnétiques qui produisent l'incandescence, et que la terre aussi et toutes les autres planètes doivent être *considérées* comme autant de sphères douées de courants semblables, nous

(1) *Du Magnétisme terrestre, ou nouveau principe de physique céleste.*
Académie des Sciences, séance du 15 mars 1847.

(2) M. Herschell fils, *op. cit.*, p. 334.

sommes autorisé à admettre qu'il n'y a de différence entre eux que du plus au moins. Merveilleux accord des lois du Créateur universel dans les petites choses comme dans les grandes ! Tous les corps de la nature mis en contact sont susceptibles de développer de l'électricité ; et, de même que les effets de la pile électrique sont d'autant plus énergiques que ces corps sont plus multipliés, de même aussi l'électricité est plus puissamment excitée dans la pile solaire que dans celle de la terre, parce que là, comme ailleurs, la quantité de l'électricité développée est en raison du volume et de la surface de la machine, ou, pour parler comme les physiciens, en raison du *nombre* et de la *surface des plaques* (1).

Récapitulons les résultats obtenus, pour en déduire toutes les conséquences qui militent en faveur du système d'explication que nous proposons.

(1) « Les physiciens anglais, en donnant à l'appareil voltaïque des dispositions plus avantageuses, et en joignant à la largeur des plaques l'accroissement de force qui résulte de leur nombre, sont parvenus à porter au plus haut degré d'énergie ce genre d'effet. » (M. Biot, *Physiq. expérim.* t. 1, p. 647.)

SECTION TROISIÈME.

DERNIÈRE SOLUTION COSMOGONIQUE.

Récapitulation des résultats obtenus. — Preuves directes que les opérations de la nature primitive n'ont pu s'effectuer que dans l'espace compris entre le noyau central et l'auréole lumineuse du monde planéto-solaire. — Difficultés inextricables dans tous les systèmes à effluxions solaires. — Explication rationnelle de la mystérieuse apparition des végétaux sous l'influence de la lumière primitive, antérieurement à l'organisation de l'astre régulateur du jour et de la nuit.

Des découvertes récentes ont fait apercevoir les rapports les plus intimes entre la cause qui produit les phénomènes électriques, et celle qui donne naissance à la lumière. Les savants, qui déjà ont donné à la lumière électrique le nom de lumière solaire, enseignent qu'un courant continuel de matière électrique, circulant autour du soleil, détermine dans les régions supérieures de son atmosphère des phénomènes du genre de ceux qui se manifestent, d'une manière non équivoque, quoique sur une plus petite échelle, dans nos aurores boréales; que le soleil est un globe électrique d'une grandeur immense ; que l'électricité est la véritable cause de l'incandescence perpétuelle du soleil ; que, comme dans nos aurores boréales, le feu éthéré et élémentaire est le seul qui soit en activité dans les couches les plus hautes et les plus raréfiées de son atmosphère, ou plutôt au-dessus de ces couches les plus hautes et les plus raréfiées (1). Puis, des considérations d'un autre genre indiquent encore que tous nos phénomènes lumineux ou électriques s'opèrent dans les plus hautes régions de notre atmosphère, et bien au delà des limites sensibles de cette atmosphère, de même que les phénomènes électriques ou lumineux du soleil s'opèrent à la surface de son atmosphère.

Or, nécessairement, dans l'origine des choses, ces mêmes phénomènes lumineux manifestaient leur action dans les régions les plus éloignées de notre système solaire ou planétaire, alors que la masse moléculaire de ce système embrassait et dépassait dans ses dimensions les orbites de toutes les planètes.

On sait que l'électricité se porte constamment à la surface des corps électrisés (2); et que c'est dans le vide, et dans les régions les plus élevées de l'atmosphère où l'air est le plus raréfié, qu'elle déploie tout son

(1) « Herschell reconnaissait que les deux atmosphères devaient avoir des mouvements tout à fait indépendants. Il ne paraît pas, toutefois, s'être jamais prononcé d'une manière catégorique, définitive, sur la question de savoir si elles sont en contact immédiat, ou si un certain intervalle les sépare. » (M. Arago, *Ann.* 1842, Constitution du soleil.)

(2) Si l'on communique l'électricité à une sphère isolée, on trouvera que le fluide s'est porté tout entier à la surface, et que ses molécules intérieures sont absolument dépourvues de toute vertu électrique. Si l'on applique sur la surface d'un boulet de canon de 24, électrisé, deux coupes hémisphéroïdes de fer-blanc, toute la vertu électrique du boulet passe dans les coupes, dont le poids peut ne pas être la dix-millionnième partie de celui de ce corps.

luxe (1); et dès-lors on conçoit que la matière lumineuse devait être reléguée bien au delà de l'orbite de la terre, alors que la masse centrale et l'atmosphère du soleil, encore dans leur premier état de condensation, remplissaient un espace infiniment plus grand que celui qu'elles occupent aujourd'hui ; et dès-lors aussi on conçoit que la lumière ait brillé dans les cieux, et que ce feu éthéré et élémentaire ait été en activité dans les régions supérieures de l'atmosphère de la masse originelle et génératrice de tout le système, longtemps avant la formation du soleil et des planètes.

On sait aussi que la production de la vertu électrique est proportionnelle à la compression des corps électrisés (2) ; et on conçoit encore que cette vertu ne pouvait avoir aucune action, alors que la matière de tous les globes de l'univers était à l'état de fluides éminemment élastiques, à l'état de molécules élémentaires, ou à l'état de matière vide et vaine, invisible et incomposée. Mais un premier degré de compression ou de condensation produisit un premier degré de développement de la vertu électrique, et la lumière fut, *et facta est lux*. Ce fut le premier jour de la Genèse.

En revenant ainsi par les déductions de la science moderne au récit de l'historien de la création, nous comprenons que l'électrisation était encore peu avancée,

(1) M. Becquerel, *Traité de l'électricité et du magnét.* — M. Biot, *Physique expérimentale*, etc.

(2) Haüy est le premier qui ait observé ce mode de développement du fluide électrique. M. Becquerel, ayant répété les expériences d'Haüy, reconnut que tous les corps pouvaient acquérir l'électricité par la pression, en ayant soin de les isoler pendant et après la compression. (*op. cit.*)

ou que le fluide électrique ne manifestait encore sa présence que d'une manière imparfaite, et que ses effets calorifiques étaient peu énergiques encore à la troisième époque genésiaque, c'est-à-dire à une époque où la masse centrale et l'atmosphère du soleil avaient encore une extension considérable. Et, puisque la théorie d'accord avec l'observation nous apprend que le plus subtil de tous les fluides exerce son empire dans les régions de l'espace ou l'air atmosphérique est porté au plus haut degré de raréfaction qu'il soit possible d'imaginer, nous comprenons que la terre et toutes les planètes ont pu opérer leurs révolutions dans un milieu qui devait être moins matériel que le vide le plus parfait de la machine pneumatique. C'est sur cette atmosphère primitive que se développait l'atmosphère électrique, ou, si on l'aime mieux, l'atmosphère éthérée de tout le système planéto-solaire, en tout semblable à l'atmosphère lumineuse, *purement superficielle*, de ces sphères immenses appelées nébuleuses planétaires.

En tout cas, l'existence d'une enveloppe lumineuse ou la concrétion du fluide lumineux dans les plus hautes régions de l'atmosphère solaire est une preuve toujours subsistante de la vérité du récit de l'historien de la création, qui nous apprend que la lumière a brillé dans les cieux avant l'apparition du soleil ; que la lumière est un corps différent et indépendant du soleil, ou que, dès le premier jour, le fluide lumineux fut réellement et physiquement séparé de la matière opaque qui compose les globes célestes : *Et facta est lux, et divisit lucem à tenebris* ; et que, relativement à la terre, le soleil ne fut environné de son auréole lumineuse, ou que la nuit ne succéda au jour et le jour à la nuit qu'à la quatrième époque de la création : *Ut lucerent super terram et præessent diei ac nocti.*

Maintenant, puisqu'il est pareillement démontré que l'atmosphère du soleil est entièrement comprise sous cette enveloppe lumineuse, et qu'elle ne s'étend point au delà, il est démontré par cela même que toutes les opérations de la nature primitive, si habilement exposées par M. Laplace, n'ont pu s'effectuer qu'au sein même de cette atmosphère, ou dans l'espace compris entre le noyau central et l'auréole lumineuse du monde planéto-solaire.

Nous ne répéterons pas ce que nous avons dit ailleurs pour établir que la terre et toutes les planètes n'ont pu prendre naissance qu'aux limites successives de la masse moléculaire et constitutive du globe solaire, du noyau central du soleil ; et que l'organisation de la terre, d'un volume et d'une masse comparativement si minimes, fut nécessairement antérieure à l'organisation du globe central. Mais nous avons ici à répondre à une dernière objection.

Quand la masse du globe solaire était encore à l'état de vapeurs, ses éléments constituants se renfermaient sans cesse dans un espace moins étendu proportionnellement à leur condensation, et par conséquent son atmosphère se resserrait et les particules de l'enveloppe lumineuse de cette atmosphère se rapprochaient les unes des autres dans la proportion de la diminution de la surface de cette enveloppe. A une certaine époque déterminée par la Genèse, le troisième jour de la création de la matière et de la production de la lumière, la terre se couvrit d'une première végétation ; et pourtant il n'y avait point encore de *luminaires pour marquer le jour et la nuit, et pour distinguer les temps et les saisons, les jours et les années.* Ainsi, d'après la Genèse, la terre, à cette époque, opérait encore sa révolution dans l'enceinte comprise sous cette enveloppe lumineuse, d'où elle allait sortir pour être soumise à l'alternance du jour et de la nuit, et bientôt après à la vicissitude des saisons. Mais, va-t-on nous dire, comment la végétation a-t-elle pu se développer au milieu de cette atmosphère de la masse constitutive du noyau solaire?

Avant de répondre directement à cette dernière objection, il nous sera permis d'opposer à notre tour une difficulté bien autrement inexplicable dans le système de M. Laplace et dans tous les systèmes à effluxions solaires, il nous sera permis de retourner contre nos adversaires la difficulté qu'ils ont opposée avec tant d'insistance à l'exactitude du récit biblique.

Les terrains cambrien, silurien et houiller se retrouvent avec les mêmes caractères non-seulement en France, en Angleterre, en Allemagne, mais encore en Russie et jusqu'en Sibérie et au voisinage des pôles, dans des contrées où règnent des nuits de plus de deux mois et où la végétation est absolument nulle aujourd'hui; et ces mêmes terrains occupent de grands espaces en Amérique et renferment des plantes analogues à celles qui vivent aujourd'hui sous l'équateur. Il ne suffirait pas de répondre que la température climatérique des pôles était alors aussi élevée que l'est maintenant celle des régions tropicales; que le climat primitif du globe était indépendant de la chaleur solaire, car un certain degré de température n'est pas la seule condition nécessaire à la végétation. Puisque la lumière est indispensable à la végétation, puisque les plantes ont besoin de la lumière pour croître et se reproduire, comment concevoir que cette végétation primitive ait pu exister indépendamment de toute lumière? On a eu recours à un déplacement de l'équateur, à un choc de comète contre la terre ; on dit aujourd'hui qu'on manque d'expériences pour savoir si des plantes pourraient vivre privées de la lumière du soleil, éclairées seulement par la lune et par les étoiles (1); toutes hypothèses ou conjectures qui témoignent de l'impuissance des géologues à expliquer un fait naturel.

Un célèbre physiologiste a bien compris toute la difficulté de la position, M. de Candolle a bien compris l'impossibilité de concevoir la manifestation de semblables phénomènes vitaux sous l'influence de la faible lumière qui éclaire aujourd'hui les pôles de la terre, lorsqu'il recourt à ces suppositions : « Peut-être un jour trouvera-t-on que le magnétisme terrestre et une haute température du globe ont pu produire jadis une lumière inconnue maintenant; peut-être découvrira-t-on que les aurores boréales ont été autrefois beaucoup plus fréquentes et plus intenses que dans notre époque. » Et ailleurs : « M. Lindley remarque, avec raison, que les plantes des pays équatoriaux ont besoin de lumière et d'une lumière distribuée également, autant que de chaleur : un très-petit nombre d'espèces végétales peuvent supporter la privation de la lumière pendant quelques mois. Il faut donc, pour que des fougères en arbre aient pu vivre là où est le pôle arctique mainte-

(1) Voy. *Echo du monde savant*, du 2 octobre 1836. — *Analyse du Cours de Géologie professé au Collége de France*, par M. Elie de Beaumont, etc.

nant, que l'inclinaison de la terre sur le plan de l'équateur ait changé. » Puis le grand botaniste exprime encore sa conviction en ces termes : « Ce qui me paraît » toujours un fait, c'est que les végétaux fossiles de » la baie de Baffin étaient éclairés autrement que ceux » qui vivent de nos jours dans cette région (1). »

Avouez donc que la nécessité de trouver une *autre* lumière pour les végétaux fossiles des régions polaires nous ramène encore au récit de Moïse. Avouez que cette grave difficulté ne trouve sa solution que dans la théorie mosaïque, et que les conséquences que fournit tout naturellement le récit de l'historien inspiré ne sont que la reproduction exacte et parfaite de ce qui caractérise le dépôt *universel* des premiers terrains de transition ; car, dans cette théorie, la lumière régnait sans partage sur toute la surface du globe, puisque la nuit ne succéda au jour et le jour à la nuit qu'à la quatrième époque de la création.

Venons à la grande objection.

Il ne peut s'agir dans cette objection que de la température du lieu que la terre occupait relativement à la distance où elle se trouvait du foyer de la chaleur et de la lumière, car, quant à la température propre ou originelle de la terre, on peut dès cette époque la considérer comme suffisamment abaissée pour les besoins de la végétation. Or, l'influence du disque lumineux sur les régions que la terre parcourait à la fin de ce troisième jour de la Genèse ne pouvait être beaucoup plus considérable que l'influence qu'il exerce aujour-

(1) *Bibl. univers.* Avril 1835. — *Introduction à l'étude de la Botaniq.* t. 2 ch. 6.

d'hui. En effet, s'il est vrai que l'intensité de la chaleur et de la lumière est en raison inverse du carré des distances, il est vrai aussi que les surfaces des globes sont comme les carrés des diamètres. Ainsi, en supposant qu'à cette époque la terre opérât sa révolution à une distance de l'enveloppe lumineuse égale au rayon actuel du globe *total* du soleil, la chaleur qu'elle en recevait aurait été environ 48 mille fois plus grande que celle qu'elle reçoit présentement de cet astre, si la densité de l'enveloppe incandescente eût été la même qu'aujourd'hui. Mais, dans cette hypothèse, la surface de cette enveloppe était 48 mille fois plus grande ; et par conséquent la température qui en résultait pour la terre n'était pas supérieure à celle que le soleil lui communique à l'époque actuelle, toutes choses égales d'ailleurs.

Nous disons toutes choses égales d'ailleurs ; car il est plus que probable qu'à cette époque l'auréole lumineuse du soleil dont la puissance sidérale augmentait incessamment au fur et à mesure de la déperdition du calorique des masses solaire et planétaires, il est au moins infiniment probable que ce réceptacle unique de la chaleur primitive de tout le système planétaire, était loin d'avoir à cette époque l'énergique activité que nous lui connaissons. Remarquons encore qu'en raison du prodigieux développement de cette surface lumineuse, l'action de cette surface était infiniment moins puissante sur le globe terrestre qui ne répondait directement, à cette distance, qu'à une très-petite partie de cette immense surface.

On conçoit dès-lors que la terre pouvait être beaucoup plus rapprochée encore de l'enveloppe lumineuse, sans que la chaleur qu'elle en recevait fût beaucoup plus grande que celle qu'elle reçoit aujourd'hui du soleil. Aussi est-ce bien moins à la proximité du disque lumineux qu'au dégagement de la chaleur produite par la solidification de la masse intérieure de la terre et par la condensation de la masse centrale du soleil, que nous attribuons la chaleur d'origine qui se maintient encore dans l'écorce superficielle du globe.

Ajoutons à ces considérations péremptoires que l'atmosphère de la terre, encore peu épurée et beaucoup plus chargée qu'aujourd'hui, devait protéger puissamment sa surface contre le rayonnement du fluide lumineux, et nous concevrons que l'immersion même du globe terrestre dans ce fluide lumineux si prodigieusement dilaté n'aurait pu influer que bien faiblement sur sa température.

On verra tout à l'heure que si le fait d'une pareille immersion paraît être une condition absolue de notre hypothèse, les phénomènes de la nature nous autorisent à ne recourir qu'à une simple station de la terre dans des régions plus ou moins rapprochées des régions occupées alors par ce fluide lumineux.

Or, il est possible que cette station de la terre n'ait été qu'instantanée ; car qui dira que le Créateur n'a pu activer les opérations des agents naturels qu'il venait de mettre en action ? Sans doute mille ans sont devant lui comme un jour, et un jour comme mille ans ; mais, tout en imprimant une marche naturelle aux phénomènes de l'univers, son Auteur n'a-t-il pu rendre plus rapide le développement des êtres ? Pour ne citer qu'un seul trait, l'Ordonnateur des mondes n'a-t-il pu circonscrire l'atmosphère du soleil, sinon dans ses limites actuelles, du moins en-deçà de l'orbite terrestre, à l'instant même où il prononça cet arrêt solennel : *Qu'il y ait des luminaires dans le firmament du ciel pour faire la distinction du jour et de la nuit?* Toujours doit-on convenir qu'il ne répugne pas aux lois de la nature, que de brusques transitions se soient opérées dans les globes nouvellement formés, et particulièrement et à plus forte raison dans les atmosphères de ces globes ; car il y a sur ce dernier point des données acquises.

Tous les astronomes ont admiré, sans pouvoir les expliquer, les changements physiques de la comète de Halley, si remarquables par leur étendue et par leur promptitude. Sir John Herschell, qui a été favorisé au cap de Bonne-Espérance d'une belle et longue exhibition de cette célèbre comète à son retour du périhélie, écrivait à M. Arago que l'enveloppe parabolique de la comète aperçue pour la première fois le 24 janvier 1836, se forma sous les yeux des observateurs avec une si étonnante rapidité qu'on la voyait augmenter à vue d'œil, et que son volume visible fit plus que doubler dans la journée du 26 janvier (1). De leur côté, les astronomes d'Europe avaient observé, avant le passage au périhélie, un affaiblissement graduel et rapide dans la nébulosité de cette comète, et des secteurs lumineux extrêmement variables. « Quand on voudra expliquer ces singuliers changements de forme, dit M. Arago, il faudra ne pas oublier que ces secteurs, si subitement détruits et si subitement renouvelés, n'avaient pas moins

(1) Rapport de M. Arago à l'Académie des Sciences, séance du 31 octobre 1836

de deux cent mille lieues d'étendue. » Et ailleurs : « Je ne regarde plus comme impossible qu'il se manifeste dans le noyau d'une comète, dans la totalité ou dans quelque partie de sa chevelure et de sa queue des changements d'intensité presque subits (1). »

Mais ces changements d'intensité presque subits jusque *dans le noyau d'une comète*, sont aujourd'hui des faits acquis et directement constatés. On sait, en effet, que la comète de 6 ans 3/4, dite comète de Gambard, qui, jusqu'ici et le 14 janvier encore, s'était offerte sous la forme d'une simple condensation, présenta tout à coup, le lendemain 15 janvier 1846, deux têtes ou deux noyaux distincts ; et dès le 6 février suivant l'intervalle des deux noyaux était de 27,000 lieues. Dès-lors il n'a plus été permis de s'inscrire en faux contre certains faits consignés dans les annales de l'astronomie des anciens et de l'astronomie des Chinois, où il est question de partage de comète *en deux* et *en trois étoiles* (2).

On ne nous accusera donc pas de témérité, lorsque nous dirons que des phénomènes analogues ont pu se manifester, à l'origine, dans les atmosphères des planètes et surtout dans l'atmosphère lumineuse du soleil. Cette assertion n'a rien qui puisse surprendre, si on fait attention qu'il s'opère encore aujourd'hui « d'immenses révolutions à la surface du soleil, que nous voyons par intervalles parsemé de taches plus grosses que la terre, qui se dissipent en quelques jours, pendant que, quelquefois, elles persistent plusieurs mois ;

(1) *Ann.* 1836. p. 221 et 235.

(2) *Comptes rendus des séances de l'Académie*, n^{os} des 9, 16, 23 février et 9 et 23 mars 1846.

révolutions assurément non moins extraordinaires, et en apparence assez analogues à celles qui s'opèrent autour de certaines comètes, lorsqu'elles s'enveloppent d'un paraboloïde lumineux, soutenu à plus de quatre-vingt mille lieues de distance de leur nébulosité intérieure. » C'est ce que témoigne M. Biot, dans son Mémoire lu à l'Académie des Sciences le 5 décembre 1836.

« On a vu des taches qui, mesurées au micromètre, augmentaient brusquement en une minute, en se séparant en 2, 3, 4 parties. Or, pour un observateur terrestre, une seconde angulaire correspond sur le disque solaire à une largeur de 170 lieues; et un cercle de ce diamètre contenant plus de 22,000 lieues est le moindre espace que nous puissions voir distinctement à la surface du soleil. Dans un intervalle d'une seconde de temps, il y aura donc des vitesses de matière de près de 200 lieues par seconde (1). »

M. Cappoci Capucci, directeur de l'Observatoire de Naples, a constaté qu'une de ces taches qui présentait une surface égale à quatre fois celle de la terre, s'est trouvée réduite presque subitement à l'étendue de l'Europe (2).

(1) M. Mutel, *Traité d'astronomie*, p. 124.

(2) Académie des Sciences, 25 mars 1839.

« Scheiner remarquait déjà que le mouvement de la pénombre vers le noyau produit quelquefois des variations de formes sensibles dans des temps très-courts. — Galilée parlait aussi avec étonnement de la rapidité avec laquelle les taches solaires naissent, se transforment et disparaissent. — Derham vit des changements s'opérer pendant qu'il avait l'œil à la lunette. — Wollaston disait dans un Mémoire de 1774, qu'en regardant le soleil, il avait vu fortuitement une tache se briser. — Herschell et d'autres astronomes ont vu des changements d'une rapidité, d'une étendue extraordinaires dans les facules allongées » (*Ann.* 1842. Rapidité des changements à la surface du soleil.)

Puisque, de l'aveu de tous les astronomes, des paraboloïdes lumineux enveloppent certaines comètes, et se soutiennent à plus de *quatre-vingt mille lieues*, à plus de *deux cent mille lieues* de distance de leur nébulosité intérieure, et sont séparés d'elle par un espace sans matière visible ; puisqu'on a vu quelquefois jusqu'à deux et jusqu'à trois de ces anneaux concentriques séparés, chacun, par des intervalles immenses absolument vides, ne sommes-nous pas en droit de conclure que l'enveloppe lumineuse du soleil dont la masse est si éminemment supérieure à celle de toutes les comètes, a pu se maintenir, pendant un temps plus ou moins long, à plusieurs centaines de millions de lieues au-dessus de sa nébulosité intérieure, dont elle était séparée par une matière tellement rare qu'elle ne pouvait apporter le moindre obstacle à l'arrangement des parties constituantes des planètes et au développement de la végétation à la surface de la terre ? Ces conséquences sont certaines, elles ne sauraient être éludées. Mais, s'il en est ainsi, toutes les objections qu'on pourrait faire sur la difficulté de concevoir la formation des planètes et la naissance du règne végétal sous ce dais lumineux tombent d'elles-mêmes, et ne méritent plus la moindre attention.

Il y a plus : on reconnait aujourd'hui que cette explication, que nous avons déduite du contexte genésiaque, est commandée par *une découverte géologique, toute récente*, qui *vient se lier à la vérité de la cosmogonie de Moïse sur l'apparition des végétaux avant le soleil.* « Il est constant, reconnaît-on aujourd'hui, que » partout les végétaux fossiles présentent les mêmes » espèces, qu'ainsi l'inégalité de chaleur *solaire*, cause

» des différences entre les productions végétales ac-
» tuelles, n'existait pas à cette époque, et qu'une
» irradiation centrale de lumière et de chaleur, ou
» une atmosphère lumineuse, ou tout autre mode de
» distribution égale de la lumière calorique est néces-
» saire pour expliquer cette conformité (1). »

Mais une *irradiation centrale de lumière et de chaleur*, pour expliquer cette végétation primitive à la surface de la terre, est une de ces conceptions qui étonnent par leur étrangeté. Aussi nous n'avons pas voulu demander à l'auteur si cette irradiation centrale existait encore, si la terre était encore *un vaste bain liquide et bouillonnant* à la troisième époque genésiaque, alors que sa surface se couvrait de végétaux. Nous avons compris qu'une réponse à une pareille question serait par trop embarrassante (2). Après cela, comme nous ne connaissons pas d'autre mode possible de distribution égale de la lumière, nous nous en tenons à cette ATMOSPHÈRE LUMINEUSE ; et assurément nous nous féliciterions de retrouver notre explication reproduite dans les *Études philosophiques sur le christianisme*, si cette reproduction anonymique (3) ne figurait pas sur le même plan que l'*irradiation centrale* de M. Marcel de Serres.

Nous venons de voir que, toutes choses égales d'ailleurs, l'influence de la couche lumineuse sur les

(1) *Etud. philosoph. sur le christianisme*, p. 362.

(2) Voy. ci-dessus, p. 231, 232.

(3) M. Auguste Nicolas renvoie bien le lecteur à *la Cosmogonie de la révélation* pour l'interprétation des premiers jours de la Genèse ; mais, sur ce qui a trait à l'interprétation du quatrième jour, il n'a pas jugé nécessaire de s'expliquer plus explicitement.

régions que la terre parcourait à la fin du troisième jour, ne pouvait être beaucoup plus grande que l'influence que cette couche ou que le disque solaire exerce aujourd'hui sur ces mêmes régions ; et nous avons dit que, si le fait de l'immersion de la terre dans ce fluide sidéral paraissait une condition absolue de notre système d'explication, les phénomènes de la nature nous autorisent à ne recourir qu'à une simple station de la terre dans des régions plus ou moins rapprochées des régions alors occupées par ce fluide lumineux. Ces phénomènes sont les phénomènes des taches solaires, dont on est encore à trouver la cause, et que nous croyons pouvoir attribuer au mouvement de rotation du soleil.

Ces taches souvent si nombreuses et ordinairement disposées en longues bandes qui parcourent tout le disque du soleil de l'est à l'ouest, ne se montrent que dans le voisinage de l'équateur de cet astre dont elles ne s'écartent jamais au delà de 30 ou 34 degrés, dernières limites qu'elles n'atteignent que très-rarement. Ces taches ou ces espaces privés de lumière éprouvent des changements continuels tant dans leur forme que dans leur étendue. On en voit souvent plusieurs ensemble qui s'approchent ou s'éloignent, qui s'élargissent ou se resserrent d'un jour à l'autre et même d'heure en heure, et qui tantôt se confondent et tantôt se séparent en deux ou plusieurs taches. On a vu de ces vides ou interstices, dont les dimensions égalaient 4 ou 5 fois et même 10 et 12 fois celles de la terre ; et toujours chacun de ces grands *éclaircis* est accompagné de bandes brillantes, ou environné de raies plus lumineuses que le reste du soleil, et que l'on nomme *facules*. Une chose très-remarquable dans les taches du soleil, c'est que, généralement, elles sont très-grandes et très-nombreuses le long de l'équateur (1), et qu'elles diminuent à mesure qu'on s'en éloigne, tandis que les facules, au contraire, augmentent dans le voisinage des pôles. De même que, pour le faire observer en passant, nos aurores boréales, très-intenses et très-fréquentes dans les contrées septentrionales, deviennent plus rares et plus imperceptibles à mesure qu'on s'approche de l'équateur.

Toutes ces circonstances n'indiquent-elles pas que l'enveloppe gazeuse qui forme la surface brillante du soleil, se trouve déprimée dans les régions de son équateur par la rapidité du mouvement de rotation, ou que les molécules lumineuses sont déplacées et refoulées vers les pôles, par l'agitation que produit dans les couches équatoriales de l'atmosphère inférieure l'extrême rapidité de ce mouvement de rotation (2)? Les phénomènes de ces autres bordures moins sombres qui séparent les taches des bandes lumineuses, et

(1) « En 1719, les astronomes croyaient, tant il y avait de taches, qu'elles formaient une sorte de ceinture équatoriale du soleil.

» Schroëter parle d'une tache qui couvrait sur le soleil une étendue superficielle 16 fois plus grande que celle de la terre. Le même astronome rapporte l'observation de 68 taches qu'on voyait simultanément. Une autre fois ce nombre s'éleva jusqu'à 81, etc. » (*Ann.* 1842, p. 516, 517.

(2) Les études persévérantes de M. Capucci lui ont appris que les taches du soleil éprouvent des changements brusques, beaucoup plus rapides et plus considérables qu'on ne l'avait supposé jusqu'ici. Cependant M. Capucci paraît revenir à cette première opinion d'Herschell, que les taches se forment par l'effet de vastes courants ascendants, qui montent à partir du noyau solide du soleil, à travers toute son atmosphère, et qui, venant à s'épanouir à la surface externe, écartent les couches lumineuses. Mais pourquoi recourir à des ascen-

qu'Herschell appelle les *creux* parce qu'il a donné le nom d'*ouvertures* aux taches noires, trouvent pareillement leur explication dans cet ordre de choses ; certaines de ces bordures intermédiaires n'étant très-probablement que des parties moins déprimées de l'enveloppe sidérale. Il en est de même des *facules*, évidemment produites par l'accumulation ou la contraction du fluide lumineux autour des *ouvertures*, ou plutôt autour des *creux*, et dans les régions plus rapprochées des pôles.

A ces considérations nous ajouterons que les parties de la zone équatoriale que les taches ne recouvrent pas, sont constamment parsemées d'une multitude de points ou petites macules appelées *pores*, qui se montrent dans un état perpétuel de changement et d'agitation violente. Cette précipitation tumultueuse des régions équatoriales, comparée à la tranquillité des régions polaires, annonce que les couches lumineuses se trouvent déprimées dans les régions de l'équateur, par la rapidité du mouvement de rotation, ou qu'il se passe dans l'atmosphère du soleil quelque chose d'analogue à ce que nous observons dans nos vents alisés, et qui réagit sur les couches lumineuses.

Rappelons présentement les résultats que nous avons exposés précédemment.

A la troisième époque de la création, la terre opérait

sions tout à fait inexplicables, quand les phénomènes astronomiques nous présentent, dans les bandes de Jupiter, dont la durée, la forme et la position sont si variables, des courants atmosphériques d'une impétuosité extrême engendrés par la vitesse de rotation à l'équateur ? Un pareil état d'effervescence dans les régions équatoriales de l'atmosphère du soleil pourrait-il être sans action sur la pellicule lumineuse qui recouvre cette atmosphère ?

encore sa révolution au milieu des molécules les moins condensables de l'atmosphère primitive de la masse génératrice de tout le système planéto-solaire. Mais ces molécules des dernières couches atmosphériques allaient acquérir un mouvement de rotation en rapport avec la longueur de leur rayon vecteur, et en même temps une force centrifuge égale à leur pesanteur, pour s'étendre circulairement dans le plan de l'équateur, et former ainsi ce qu'on appelle aujourd'hui la lumière zodiacale, et qu'on devrait appeler la nébuleuse zodiacale. Cependant la pellicule lumineuse qui enceignait cette immense at mosphèrese déchirait et s'entr'ouvrait par l'effet de ce mouvement plus rapide, pour se porter et se replier sur les parallèles à l'équateur, en se rapprochant sans cesse de la masse centrale.

Il serait inutile d'objecter que la zone sidérale ou la pellicule lumineuse comprise dans le plan de cet équateur universel aurait dû se détacher pour se coordonner aux atmosphères des planètes, ou pour continuer son mouvement révolutif à la même distance de la masse centrale. Car les phénomènes de l'écartement de l'enveloppe du soleil ou des couches lumineuses qui flottent au-dessus de son atmosphère, ces phénomènes, dont nous sommes tous les jours les témoins, attestent que cet ordre est celui de la nature. Nécessairement la même cause existant dans l'origine des choses a dû produire les mêmes effets qu'aujourd'hui ; c'est-à-dire que l'enveloppe lumineuse devait se déchirer et s'entr'ouvrir dans les régions équatoriales. Seulement, ces effets dans cette origine étaient incomparablement plus marqués, à cause du prodigieux développement de la surface, ou de l'amincissement de la pellicule lumineuse.

Mais si cet ordre est celui de la nature, l'immersion de notre planète dans la couche lumineuse qui constitue la pellicule sidérale du soleil était à peu près impossible, puisqu'à cette première époque, comme à l'époque actuelle, la terre opérait sa révolution dans le plan de l'équateur solaire, et qu'alors la couche lumineuse, si prodigieusement dilatée, devait céder au moindre effort, et par conséquent demeurer entr'ouverte dans le plan de l'équateur. Ces déchirements et écartements de l'enveloppe lumineuse n'ont rien de surprenant ni même d'insolite, puisqu'aujourd'hui il existe encore, dans cette enveloppe lumineuse du soleil, de ces éclaircis en forme de bandes obscures dont la largeur souvent surpasse plusieurs fois le diamètre de la terre.

Et ainsi s'explique la mystérieuse apparition des végétaux sous l'influence de la lumière primitive, antérieurement à l'organisation de l'astre régulateur du jour et de la nuit, antérieurement à la confection du globe central, de ce foyer de toutes les orbites, où convergent toutes les grandes forces de notre monde planétaire.

En rendant encore ici hommage à l'auteur inspiré de la Genèse, nous dirons que nous ne sommes pas moins frappé de la sagesse qui a présidé à la disposition de l'univers et de tout ce qu'il renferme, que des analogies qui existent entre les récits de la science et les récits de la révélation. Dieu ordonne aux végétaux de croître avant que le soleil marque la succession du jour et de la nuit, parce que les végétaux n'ont pas besoin, pour croître et se reproduire, que la nuit succède au jour et le jour à la nuit. Puis il constitue l'astre régulateur du jour et de la nuit, des saisons et des années ; et alors, et seulement alors, il crée les animaux de toute espèce, et enfin l'homme, né pour commander à la nature instinctive et régner en dominateur responsable sur toute la surface de la terre (1).

(1) Et præsit bestiis, universæque terræ (*Gen.* I, 26).
Constituisti hominem ut dominaretur creaturæ quæ à te facta est, ut disponat orbem terrarum in æquitate et justitiâ (*Sap.* IX, 2, 3).

SECTION QUATRIÈME.

CONCLUSION.

Véracité de Moïse. — Paralogisme inconsidéré de certains cosmogonistes modernes. — Etrange méprise de M. Laplace. — Plus de discussion possible entre la science et l'orthodoxie. — Le mot qui résume toutes les merveilles des cieux, **stellas**, ne pouvait trouver sa place qu'à la fin du tableau cosmogonique du quatrième jour, lorsque la première nuit eut succédé à la grande journée de la création.

Il n'y a pas longtemps encore qu'un célèbre apologiste de la révélation se bornait à opposer aux ennemis de cette révélation, que la narration de Moïse n'est contredite par aucun fait rigoureusement démontré de l'histoire naturelle (1); langage véritablement beaucoup trop timide ou beaucoup trop modeste. Un des plus habiles interprètes de cette histoire naturelle s'exprimait avec plus de hardiesse et sans doute avec plus de convenance, lorsqu'il disait aux savants : Cultivez avec ardeur les sciences abstraites et les sciences naturelles; décomposez la matière, dévoilez à nos regards surpris les merveilles de la nature, explorez s'il se peut toutes les parties de cet univers; fouillez ensuite les annales des nations, les histoires des anciens peuples; consultez

(1) M. Frayssinous, *Conf. sur la religion*, t. 2, p. 196.

sur toute la surface du globe les vieux monuments des siècles passés ; loin d'être alarmé de ces recherches, je les encouragerai de mes efforts et de mes vœux. Je ne craindrai pas que la vérité se trouve en contradiction avec elle-même, ni que les faits, les documents par vous recueillis puissent jamais n'être pas d'accord avec nos livres sacrés (1).

Aujourd'hui que l'étude de la nature unit les considérations religieuses aux spéculations de la science, en répandant la lumière de la démonstration sur les vérités fondamentales de la théologie ; aujourd'hui que la philosophie *universelle*, que nous appellerons philosophie catholique, a vérifié et constaté l'exactitude du tableau chronologique de l'histoire de la création dessiné dans la Genèse, nous pouvons dire, en toute assurance, que Moïse a écrit sous la dictée même du Maître de la science : *Deus scientiarum Dominus est.*

La géologie, après avoir fourni dans son enfance des armes terribles contre les traditions sacrées, a été la première à proclamer l'authenticité des époques de la création, en déclarant que la succession des êtres divers dont le sein de la terre renferme les dépouilles, répond à l'ordre dans lequel la Genèse les fait paraître au jour, les végétaux d'abord, ensuite les poissons, puis les oiseaux, et les quadrupèdes après, et enfin l'homme créé à l'image de Dieu pour dominer la matière. De leur côté, les sciences historiques et linguistiques nous répètent qu'il n'a existé qu'un seul et unique centre de civilisation pour toute la terre : que

(1) M. Cauchy, *Quelques mots adressés aux hommes de bon sens*, en 1833.

tous les peuples ont puisé leur civilisation à la même source, et dans le même pays où Moïse place la famille de Noé après le déluge.

Il restait à expliquer le mystère de la génération de la lumière avant toutes choses, puis de la terre avant l'organisation de ses luminaires ; et voici que nous venons de démontrer que les découvertes brillantes de nos astronomes et de nos physiciens établissent que cette autre succession des êtres créés a dû avoir lieu encore dans l'ordre des quatre jours du tableau cosmogonique de la révélation divine, quelle que soit l'opinion qu'on embrasse d'ailleurs sur l'état primitif des globes stellaires et planétaires.

C'est ainsi que toutes les sciences viennent tour à tour rendre témoignage de l'admirable économie du plan genésiaque, en obéissant à la mission qu'elles ont reçue de manifester la vérité de Dieu et de sa révélation (1).

Cette pensée profonde de l'immortel Buffon, l'auteur des *Études philosophiques sur le Christianisme* la développe en ces termes :

« Moïse a dit vrai lorsqu'il a présenté la terre sans vie dans un état de submersion au sein d'une mer sans habitants, comme dit Cuvier ;

» Il a dit vrai lorsqu'il a dépeint l'apparition successive des êtres organisés, les végétaux d'abord, les reptiles et autres animaux marins et en même temps

(1) « Les vérités de la nature ne devaient paraître qu'avec le temps, et le souverain Être se les réservait comme le plus sûr moyen de rappeler l'homme à lui, lorsque sa foi, déclinant dans la suite des siècles, serait devenue chancelante. » (Buffon, *Epoques de la nature*, t. 2, p. 429.)

les oiseaux, puis les animaux terrestres, puis l'homme, comme disent tous les géologues ;

» Il a été vrai lorsqu'il a dit que toutes ces œuvres de Dieu avaient été progressivement enfantées en six jours, autres que ceux que nous mesure le soleil, après lesquels, et au septième jour dont il ne marque pas la fin, le Créateur avait *cessé* son œuvre et lui avait imprimé une stabilité invariable, comme le reconnaissent tous les géologues et les naturalistes, et comme vient le confirmer cet usage universel et perpétuel de la période hebdomadaire et du repos religieux de tous les peuples au septième jour, constaté par Laplace, et si fort remarqué par Diderot ;

» Il a dit vrai dans le récit du déluge universel, sa rapidité, son universalité, sa date, et jusque dans les circonstances du salut de la seule famille qui parvint à y échapper, comme le confirment la nature et les traditions universelles consultées par les géologues, les physiciens, les historiens et les voyageurs ;

» Il a dit vrai quand il n'a placé que dix générations entre la création et le déluge, comme disent toutes les traditions profanes ;

» Il a dit vrai lorsqu'il a fait venir tous les hommes d'un seul homme, comme disent Buffon, Lacépède, Cuvier et tous les grands naturalistes ;

» Il a dit vrai enfin dans le grand récit de la confusion violente des langues et de la dispersion des hommes, sous la conduite de trois chefs de races, partant de l'Assyrie, réservoir primitif de toutes les langues et de toute civilisation, comme l'ont démontré Barton, Humboldt, Goulianof, Hunter, Kloproth, Nieburgh, Rémusat, de Paravey, Francynet, Rochette, et tous les autres ethnographes, archéologues, géographes et voyageurs.

» Donc il a dit vrai dans le récit de la déchéance du genre humain en Adam, et de la promesse de la future bénédiction en CELUI QUI DOIT VENIR ET QUI SERA L'ATTENTE DE TOUTES LES NATIONS (1). »

Pour ce qui concerne la partie cosmogonique du narré genésiaque, l'auteur des *Études philosophiques* expose seulement, que « Moïse a dit vrai lorsqu'il a présenté la *création* du ciel et de la terre comme un fait primitif de la toute puissance de Dieu, distinct de la *formation* subséquente de leurs diverses parties; » et « qu'il a été étonnamment vrai lorsqu'il a représenté la production de la lumière avant le soleil... (2). »

Nous rappellerons ici, nous avons besoin de rappeler ici que Moïse ne se sert du terme CRÉER, tirer du néant, qu'en parlant des éléments constitutifs du ciel et de la terre : *In principio Deus* CREAVIT *cœlum et terram*. Toutes les opérations qui suivent cette grande œuvre ne sont plus pour lui que comme autant d'effets naturels des

(1) *Op. cit.* t. 1er, liv. 2e, chap. 3.

(2) Bien que le philosophe chrétien en appelle ici au témoignage de l'auteur de la Cosmogonie de la révélation, il garde le silence sur l'œuvre du deuxième et du troisième jour. C'est que, imbu des idées de M. Marcel de Serres et de tous les autres interprètes modernes, si différentes de celles de M. Godefroy, il vient de déclarer qu'il *s'abstient de relever les rapports de la cosmogonie avec les sciences, touchant la formation du firmament et l'apparition de la terre*. Cependant, s'il reste dans le doute, s'il n'ose se prononcer contre tous en faveur d'un seul, il ajoute avec une bonne foi qui l'honore, il s'empresse d'ajouter : « Comme je ne veux pas prendre sur moi la responsabilité d'une » exigence qui tient peut-être à l'imperfection de mes connaissances » spéciales, je renvoie le lecteur au savant ouvrage de M. Godefroy, *la Cosmogonie de la révélation, ou les quatre premiers jours de la*

causes préexistantes établies par la Sagesse créatrice, pour l'exécution du plan cosmogonique dont la formation des deux luminaires dans le firmament du ciel complète l'ensemble. Le grand miracle de la création proclamé, le langage de l'historien est tout autre, il devient tout différent : *Dixitque Deus, fiat lux; dixitquoque Deus, fiat firmamentum; dixit verò Deus, appareat arida; dixit autem Deus, fiant luminaria.* « Tant » il est vrai, fait observer le célèbre Bacon, que Dieu » a voulu établir une différence sensible entre les » œuvres de sa sagesse et celle de sa puissance. »

Le mot CRÉER ne revient que lorsque Dieu donne la vie à la matière en créant les animaux, et surtout lorsque l'homme est constitué « ministre actif du Très-Haut, chef religieux d'un globe, prêtre dans la création universelle (1) : » *Et creavit Deus hominem ad imaginem suam, ad imaginem Dei creavit illum.* Le terme de création revient ici, dans la seconde partie du récit historique, parce qu'alors il s'agit d'un principe à part, tout à fait distinct de la physique générale qui régit l'œuvre des quatre premiers jours, ou dont on cher-

» *Genèse en présence de la science moderne,* où ces deux points, sur- » tout le premier, y sont traités avec une grande supériorité. » (Liv. 2e, chap. 2.)

Aujourd'hui nous avons la certitude que, dans une prochaine édition, M. Auguste Nicolas complétera son tableau comparatif, en y inscrivant les premières et mystérieuses applications des grandes lois de la nature dans cette succession d'opérations merveilleuses, effectuées pendant les quatre jours genésiaques spécialement consacrés à l'organisation du ciel et de la terre, et que la *Cosmogonie de la révélation* a mises en évidence.

(*Note des Editeurs.*)

(1) M. V. Galland. *Idée du Christianisme. Extrait du Tableau de l'harmonie du monde,* p. 15.

cherait en vain la raison dans les lois inscrites au tableau synoptique du système du monde.

Pour ne plus considérer que l'opération complémentaire de la cosmogonie biblique, nous voyons qu'il résulte de l'ensemble de la narration sacrée, que ce n'est pas de la création du soleil en tant que corps céleste qu'il est question dans cette œuvre du quatrième jour, mais bien de l'opération par laquelle ce globe central est devenu notre grand luminaire. Sa création, comme la création de la terre et de tous les autres globes célestes, date du premier jour, ou de la création du ciel et de la terre, c'est-à-dire de la création de la matière constitutive de tous les globes de l'univers; et sa formation en tant que corps céleste date du deuxième jour, ou du jour de l'introduction de la forme dans la matière. Mais ce globe immense n'est devenu pour la terre l'astre régulateur du jour et de la nuit, des saisons et des années, que le quatrième jour de la création; de même que la terre, créée comme lui le premier jour, et comme lui comprise dans la grande opération du deuxième jour, n'a reçu sa forme apparente et distinctive que le troisième jour ou à la troisième époque genésiaque. Ordre et succession de créations ne présentant plus rien que de conforme à ce que réclament les faits et les théories scientifiques, maintenant qu'il conste de tous les faits observés, que le soleil n'a d'autre avantage sur ses planètes qu'une plus grande puissance d'électrisation, en raison de sa plus grande puissance matérielle.

Ce que nous disons ici du soleil nous devons le dire de la lune, de ce luminaire secondaire chargé de présider à la nuit, ou de réfléchir, en l'absence du soleil, cette lumière indéfectible que la Sagesse créatrice a disposée dans le ciel pour les besoins de la terre. Toute discussion à cet égard serait superflue : il est évident que la lune, contemporaine de la terre, n'a pu être mise en position, *posuit*, de présider à la nuit, *ut præesset nocti*, avant que le soleil eût été mis en position de présider au jour, *ut præesset diei*.

Il nous répugnerait de faire ressortir, sans une nécessité absolue, le paralogisme inconsidéré de certains cosmogonistes modernes. Mais quand la vérité est en cause, il ne faut pas négliger de mettre en présence des faits scientifiques ou révélés le témoignage des contradicteurs, si la qualité des déposants est de nature à faire impression sur des esprits inattentifs.

Il s'est donc rencontré un auteur grave qui veut que la CRÉATION du soleil date du quatrième jour de la CRÉATION de la terre.

Déjà nous avons vu un autre auteur contemporain vouloir que nous considérions le système de l'univers comme créé avant la terre. Aujourd'hui, au contraire, c'est la terre qui est créée sinon avant le système de l'univers, du moins avant le soleil, et très-probablement avant le système céleste tout entier ; car, dans cette autre théorie, la création de la terre, opérée dans un vide parfait, est même antérieure à l'existence des lois de l'attraction universelle, comme elle est encore antérieure à la création de l'éther.

Nous comprenons que nous avons besoin de fournir nos preuves en produisant des citations. Nous produirons donc des citations que nous empruntons à M. Jéhan, qui a présenté, dans sa seconde édition du *Nouveau traité des sciences géologiques*, un précis de cette *dernière interprétation*, due à l'auteur de l'introduction publiée en tête de cette seconde édition de M. Jéhan.

« Le premier jour, Dieu créa la terre et les eaux
» avec leurs lois et leurs propriétés. La terre était
» suspendue dans le vide et soumise au mouvement
» de rotation sur elle-même, mais non au mouvement
» annuel, *les lois de l'attraction universelle n'existant*
» *pas encore*, ou ne pouvant s'exercer.

» Dans cet état de choses, les eaux subirent les lois
» de la vaporisation avec d'autant plus de puissance
» qu'il y avait un *vide parfait*. »

De là « des vapeurs épaisses qui enveloppèrent la
» terre et les eaux ; de là des ténèbres de plus en plus
» épaisses. » De là, en un mot, la première nuit de M. Maupied, puisque c'est de la *Physique sacrée* de M. Maupied qu'il s'agit ici.

« *C'est alors,* » après cette première nuit, « *que*
» *Dieu créa le fluide éthéré.*

» Ce fluide merveilleux mis en mouvement pénétra
» l'atmosphère ténébreuse qui enveloppait la terre et
» les eaux, et y produisit la lumière.

» Telle fut l'œuvre du premier jour. »

Le second jour n'offre d'autre particularité que l'action de ce même fluide éthéré sur une nouvelle formation de vapeurs séparées en atmosphère et en nuages ; car, dans la physique de M. Maupied, « après
» cette brillante effusion du fluide lumineux au sein
» des ténèbres, les vapeurs, dilatées par l'action de la
» chaleur et de l'électricité, donnèrent lieu, par la
» raréfaction et même par l'ébullition que dut subir
» l'eau, à une nouvelle formation de vapeurs, » et partant à de nouvelles ténèbres ou à une nouvelle nuit.

Mais *ces vapeurs s'étant étendues jusqu'aux limites où Dieu voulait les arrêter et le vide étant plein, l'action du fluide éthéré sur ces* secondes *ténèbres ne fut plus dissimulée par la formation de nouvelles vapeurs, et la séparation des éléments qui composent l'atmosphère put s'opérer*. Voici comment la chose arriva :

« Ceux qui composent l'atmosphère proprement dite,
» l'azote et l'oxygène, plus pesants que ceux qui
» composent les vapeurs d'eau pure, l'hydrogène et
» l'oxygène combinés, s'étendirent naturellement en
» dessous, et des nuages d'eau vaporisée se formèrent
» dans la partie supérieure, en sorte qu'il y eut une
» étendue entre les eaux liquides et les eaux en va-
» peurs. Cette opération, pour ainsi dire chimico-
» électrique des vapeurs séparées en atmosphère et en
» nuages, ne put s'effectuer sans qu'il y eut production
» de lumière dans la vaste étendue de ce laboratoire
» de l'univers, ce qui fit le second jour. »

Cependant à ce second jour ou à cette seconde production de lumière avait succédé une *troisième nuit*, occasionnée par une *troisième formation de vapeurs*, produite, cette fois, par un *immense mouvement des eaux sur elles-mêmes* (1). Mais, douze heures après,
« le développement subit d'une immense quantité de
» plantes diverses vint causer un nouvel ébranlement

(1) « Pour achever la création de la terre, il n'y a plus qu'à réunir
» dans un seul lieu les eaux sous lesquelles la terre est encore ense-
» velie. Cet immense mouvement des eaux sur elles-mêmes produi-
» sit de nouvelles et abondantes vapeurs. Ces vapeurs contribuèrent
» à diminuer le trop plein des eaux, et la terre put se montrer en
» partie exondée et sèche. *Cette troisième formation de vapeurs fut*
» *la troisième nuit.* »

» dans le fluide lumineux. Cette combinaison d'action » produisit un troisième éclaircissement, qui fut le » troisième jour. »

Douze autres heures s'étant encore écoulées, « le » calme se rétablit, l'éther ne fut plus en vibrations si » actives, et le phénomène de la lumière ou du jour » céda la place à la quatrième nuit. »

Or, c'est cette « quatrième nuit qui sera dissipée par » LA CRÉATION DU SOLEIL, » de la même manière que la première nuit fut dissipée par la création de l'éther, la seconde, par une opération chimico-électrique, et la troisième, par le développement subit de la végétation à la surface de la terre

C'est donc de ce quatrième jour que « datera la » succession des jours et des nuits, telle que nous la » voyons maintenant. » Ce qui n'empêche pas que « les trois premiers jours genésiaques n'aient été de » la même longueur que les jours suivants mesurés » par le soleil, c'est-à-dire de la même nature que les » jours actuels, au moins quant à leur durée. »

Il est bien entendu que « M. Maupied n'a encore » publié que la moitié de sa thèse ; » et qu'ainsi, « il » lui reste à expliquer la formation des couches sédi- » mentaires et fossilifères de la croûte du globe, » durant les 48 heures qui séparent sa création du soleil de la création de l'homme (1).

Nous avons tout lieu de croire que M. Maupied ne s'aventurera pas plus avant dans cette malheureuse voie (2). Nous espérons donc que cette dernière preuve

(1) M. Jéhan, *op. cit.* chap. 13, §. 4.

(2) C'est en 1842 que M. Maupied a publié, dans l'*Université catholique*, les douze premières leçons formant la première moitié de

de l'impuissance des efforts désespérés, tentés dans un but réactionnaire par les hommes les mieux intentionnés, fera renoncer les plus incrédules au projet de mesurer *par une révolution de la terre sur son axe* des jours que le soleil n'a point eu la mission de régler, des jours qui ne peuvent s'entendre que d'une manière surnaturelle et divine, comme étant non les jours de l'homme mais les jours de Dieu. Ils comprendront, comme l'a compris sans doute M. Maupied lui-même,

son *Cours de physique sacrée*. Nous ne sachions pas que depuis lors il ait continué ses leçons.

Nous voyons bien M. Maupied enseigner encore en 1844, que « la terre a été créée tout d'un jet et en état de recevoir ses habi- » tants, avec des montagnes, des vallées, etc, » décidant souverainement « qu'il n'y a pas d'autre solution raisonnable à cette première » partie de la science géologique, qui s'occupe du noyau primitif de » la terre, » et condamnant « toute autre hypothèse à ne rien expli- » quer. » Mais, pour ce qui concerne la seconde partie, ou le problème de la formation, en 48 heures, de ces immenses couches sédimentaires qui composent « l'écorce du globe, dans laquelle sont » enfouis les débris d'êtres organisés, » voici le seul article de symbole qu'il ait encore formulé : « Quand même il (ce dernier problème) » ne serait pas résolu d'une manière satisfaisante, il n'en résulterait » qu'une conséquence, c'est que nos moyens de solution seraient » encore insuffisants. » (*Introduction au Nouveau traité des Scienc. géologiq.*)

Telle est, telle était du moins encore, en 1844, la doctrine scientifique d'un auteur qui nous reprochait, en 1842, *de ne pas avoir étudié la science*, reproche qu'il justifiait ainsi : « Nous ne concevons » pas que M. Godefroy ait porté sur son livre un jugement tout » aussi sévère que le nôtre, puisqu'il dit à la fin de sa préface, qu'il » *n'est ni un naturaliste ni un théologien*. En l'absence de ces deux » qualités, il fallait consulter des naturalistes et des théologiens, ou » bien ne pas publier une œuvre dans laquelle on n'avait pas con- » fiance. » (*Revue littér. et critiq. publiée par la Société de Saint-Paul*, n° 11, 1842).

Nous aurions peut-être dû consulter l'auteur du *Cours de Physique sacrée* : nous aurions su du moins qu'un écrivain doit plutôt risquer

que c'est ici surtout que ce précepte de l'Apôtre doit recevoir son application : *Unam verò hoc non lateat vos, Carissimi, quia unus dies apud Dominum sicut mille anni, et mille anni sicut dies unus.* (S. Petr. 2. *Epist.* III, 8.)

L'impossibilité de placer dans l'intervalle des 48 heures de M. Maupied et de ses devanciers, ce vaste système d'époques anciennes et de formations correspondantes qui accusent des milliers de siècles, a fait imaginer *l'hypothèse qui rejette les formations géologiques*

de se donner pour ce qu'il n'est pas, que de n'oser dire ce qu'il est ou ce qu'il croit être.

Mais est-ce en raison de *l'absence de ces deux qualités,* que M. Jéhan, dans son *Nouveau traité des Sciences géologiques considérées dans leurs rapports avec la Religion,* nous a fait l'honneur de nous placer au même rang que M. l'abbé Maupied, son collaborateur et son ami, l'auteur de l'*Introduction* à ce Nouveau traité, et de donner un précis et de *la Cosmogonie de la révélation,* et du *Cours de Physique sacrée,* comme étant *les deux explications qui lui paraissaient mériter le plus d'attention?*

Est-ce encore parce que nous ne sommes pas théologien, que, dans la réimpression de *La Théologie affective,* ou *Saint-Thomas en méditation,* le nouvel éditeur, ancien professeur de séminaire et théologien distingué *dont un savant prélat, Monseigneur l'Evêque du Mans, fait un éloge justement mérité,* a cru devoir remplacer les méditations de l'auteur par de nouvelles méditations, *empruntées, quant au fond,* à *la Cosmogonie de la révélation?* emprunt dont nous avons d'abord eu connaissance par la *Bibliographie catholique, Revue critique des ouvrages de Religion, de Philosophie, d'Education,* etc, spécialement *destinée aux ecclésiastiques,* etc. (N° de juillet 1846).

Libre à M. Maupied d'avoir assez de confiance en son œuvre, pour la produire comme *la seule solution raisonnable à la première partie de la Science géologique,* et pour condamner *toute autre hypothèse à ne rien expliquer.* Quant à nous, les hautes approbations que nous avons obtenues des théologiens les plus éminents et des naturalistes les plus distingués ne sauraient nous inspirer une pareille confiance.

au delà du premier jour genésiaque. Cette autre hypothèse désespérée que nous avons dû repousser, voici que le savant professeur d'Écriture Sainte à la Faculté de Théologie de Paris vient la combattre avec une chaleureuse conviction, en en démontrant toute l'hétérodoxie, dans un ouvrage qui a pour titre *Les Livres Saints vengés*.

Malheureusement il arrive que sur un autre point capital le vénérable M. Glaire a essentiellement dérogé à son mandat, s'il est vrai, comme on nous l'assure, qu'il reproduise plus ou moins explicitement les idées non moins hétérodoxes de l'auteur du *Cours de physique sacrée*, soit qu'il rejette la création du ciel et de la terre à l'état naissant ou de matière élémentaire, qu'il appelle avec lui l'hypothèse des *astronomico-chimistes*, soit qu'il juge convenable de placer la création du soleil, de la lune et des étoiles le quatrième jour de la création de la terre, soit enfin qu'il imagine de chercher en dehors du soleil un moteur de l'éther antérieur à cet astre.

Il paraîtrait, néanmoins, que le professeur-doyen ne serait pas sans inquiétude sur le mérite de l'explication de M. Maupied relative à l'œuvre du deuxième jour. Cette seconde production de vapeurs *séparées en atmosphère et en nuages*, opération appelée *chimico-électrique* (1), mais dont on ne comprend pas mieux l'im-

(1) On a pu remarquer que, pour ce qui concerne la création de l'éther, M. Maupied a suivi la physique de M. Marcel de Serres. Seulement, dans la *Cosmogonie de Moïse comparée aux faits géologiques*, la création simultanée de l'éther et de notre atmosphère n'arrive que le deuxième jour et comprend toute l'opération de ce deuxième jour, tandis que, dans le *Cours de physique sacrée*, cette création du fluide

portance ni même la possibilité, est cause, peut-être, que M. Glaire tente d'abord d'appliquer « à l'étendue » et à l'espace que Dieu, dit-il, venait de créer, » l'hébreu Rakia, le *firmament* de nos versions, attendu, explique-t-il, que « le verbe dont il dérive signifie » *battre, frapper une lame de métal.* » Mais bientôt, mécontent ou peu satisfait de cette autre explication, il ne veut plus voir dans ces expressions que « de *pures* » *métaphores* sur le vrai sens desquelles le peuple hé- » breu ne pouvait nullement prendre le change, » appelant à son aide Gesenius qui enseignerait, « que » dans la *description poétique* qu'ils font du firmament, » les Hébreux parlent le langage vulgaire, bien qu'ils » sachent parfaitement ce qu'il renferme d'inexact. »

Sans doute il vaut encore mieux métamorphoser en description poétique ou en pures métaphores, des expressions qu'on ne peut plus comprendre ou qui répugnent à une interprétation préconçue, que de se faire le champion d'une création de l'espace, et de dater cette création du lendemain de la création de la terre :

« Rerum naturam spatium complectitur omnem,
» Mens extra spatium rem non excogitat ullam (1). »

Mais l'auteur des *Livres Saints vengés* aurait dû considérer aussi qu'il n'est pas plus donné à l'esprit

éthéré, bien que toujours contemporaine de la création de notre atmosphère, fait partie de l'œuvre du premier jour. De là il arrive que ce dernier interprète est obligé, pour remplir son second jour, de recourir à une opération chimico-électrique de vapeurs séparées en atmosphère et en nuages. Décidément ce second jour, ou le firmament de la Genèse, n'a rien à envier à la lumière zodiacale, *cette pierre d'achoppement contre laquelle tant de rêveries ont été se briser.*

(1) *L'Astronomie*, poëme didactique latin, I. 6.

humain de concevoir la création de la terre indépendante de la création du vaste système des cieux ou seulement du soleil, qu'il ne lui est donné de concevoir cette création antérieure à l'existence des lois de l'attraction universelle et à la création de l'éther, pas plus enfin qu'il n'est permis de faire de notre atmosphère le *laboratoire de l'univers*.

C'est donc à la doctrine de l'Église primitive sur l'état originel de la matière constitutive du ciel et de la terre, et à l'enseignement apostolique sur la valeur des jours genésiaques que nous renvoyons M. Glaire lui-même. En suivant cette doctrine et en se conformant à cet enseignement, également fondés sur la révélation faite au peuple dépositaire du symbole primitif, on aperçoit un tout autre horizon. En enseignant avec le grand Bossuet, ce gardien vigilant des saines doctrines, que « Dieu, après avoir fait d'abord comme » le *fond* du monde, en a voulu faire l'ornement avec » *six différents progrès* qu'il a voulu appeler six jours, » toutes les difficultés disparaissent, ou, pour mieux dire et pour le répéter avec le consciencieux auteur des *Études philosophiques*, « la seule difficulté qui paraissait suspendre l'accord des sciences avec la cosmogonie de Moïse, se résout naturellement, et le prodige » de cet accord si parfait, si étonnant, si imprévu, » grandit de tous les obstacles dont s'alimentait jusqu'à » nos jours l'incrédulité (1). »

Nous achèverons ce que nous avons commencé : Nous protesterons contre une tentative d'un autre genre, et qui serait une tout aussi étrange méprise, si elle était

(1) *Étud. philosoph. sur le christian.* t. I, p. 388.

dirigée soit contre le récit de la Genèse, soit contre les vues providentielles du Créateur universel dans l'arrangement du système planétaire.

« Quelques partisants des causes finales, dit M. Laplace, ont imaginé que la lune avait été donnée à la terre pour l'éclairer pendant les nuits. Dans ce cas la nature n'aurait pas atteint le but qu'elle se serait proposé, puisque souvent nous sommes privés à la fois de la lumière du soleil et de celle de la lune. Pour y parvenir, il eût suffi de mettre à l'origine, la lune en opposition avec le soleil, dans le plan même de l'écliptique, à une distance de la terre égale à la centième partie de la distance de la terre au soleil, et de donner à la lune et à la terre, des vitesses parallèles proportionnelles à leurs distances à cet astre. Alors, la lune sans cesse en opposition au soleil, eût décrit autour de lui, une ellipse semblable à celle de la terre ; ces deux astres se seraient succédé l'un à l'autre sur l'horizon ; et comme à cette distance, la lune n'eût point été éclipsée, sa lumière aurait constamment remplacé celle du soleil (1). »

Mais, alors aussi, l'homme n'eût jamais été à même de contempler le spectacle imposant et sublime du firmament du ciel ; il n'eût jamais considéré dans toute leur magnificence les vastes tableaux que renferme l'univers, *altitudinis firmamentum pulchritudo ejus est, species cœli in visione gloriæ ; species cœli gloria stellarum, mundum illuminans in excelsis Dominus*. La présence continuelle de la lune, et d'une lune toujours pleine, lui eût dérobé l'éclat de cette perspective im-

(1) *Expos. du syst. du monde*, p. 232.

mense, et l'eût empêché de découvrir tant de merveilles cachées dans les profondeurs de cette sphère incommensurable. De même, il n'eût jamais connu la pompe de ces scènes variées que présente la marche mystérieuse de la reine des astres, *crescens mirabiliter in consummatione, vas, castrorum in excelsis, in firmamento cœli, resplendens gloriosè.* En outre, il n'eût jamais retiré pour la géographie, la chronologie, la détermination des longitudes, etc., aucun des avantages que lui offrent constamment les phases et les révolutions de cet autre luminaire, spécialement destiné « à diviser » le temps, à fixer ses périodes, et à marquer les mois » de l'année : » *Et luna, in omnibus, in tempore suo, ostensio temporis, et signum ævi... mensis secundùm nomen ejus.* (Eccles. XLIII, 7, 8.)

Et ce seraient des astronomes qui auraient le courage de réclamer contre une pareille disposition...! « Des » hommes, des savants n'ont pu comprendre par les » biens visibles, le souverain Être qui les dispense » avec tant de sagesse ; ils n'ont pu s'élever à la con- » naissance du Créateur par la contemplation de ses » ouvrages. *Vani autem sunt omnes homines in quibus* » *non subest scientia Dei ; et de his quæ videntur bona,* » *non potuerunt intelligere eum qui est, neque operibus* » *attendentes agnoverunt quis esset artifex.* (Sap. XIII, 1.)

Mais il est démontré contre ces mêmes astronomes qu'une pareille disposition est incompatible avec les lois de la mécanique, il est démontré que la lune placée à la distance prescrite par l'auteur de la *Mécanique céleste*, eût cessé tout aussitôt d'être en opposition au soleil, et que se rapprochant sans cesse de la terre elle se serait trouvée, après quelques révolutions, dans l'orbite qu'elle décrit aujourd'hui (1). C'est-à-dire qu'il est encore constaté que les naturalistes comme les théologiens et les théologiens comme les naturalistes ne peuvent impunément contredire la parole de vérité, *non contradicas verbo veritatis ullo modo*.

Quant à la Genèse, il y a dans son récit beaucoup mieux qu'une objection satisfaite : il y a énonciation expresse que les deux astres dont Dieu a disposé en faveur de la terre lui ont été donnés, non pour que la lumière succède sans interruption à la lumière, mais pour qu'il y ait succession de jour et de nuit, et non-seulement succession de jour et de nuit, mais succession de lumière et de ténèbres : *Fiant luminaria, et dividant diem ac noctem, lucem ac tenebras*. La nuit n'avait point encore succédé au jour ni le jour à la nuit ; il n'y avait point encore sur la terre de jour ni de nuit : la lumière produite dès le commencement n'avait point cessé d'éclairer toutes les grandes phases de la création. Ce ne fut qu'à la quatrième époque, à cette dernière heure de la grande journée de la constitution des choses du ciel et de la terre dans une harmonie de relations solidaires, que la terre eut des luminaires pour la succession alternative du jour et de la nuit.

Et le décret porte que ces luminaires seront en prééminence parmi tous les astres du ciel, dans le firmament du ciel, *in firmamento cœli*, dans ce firmament du ciel que toute l'Écriture appelle avec Moïse le ciel étoilé, la milice céleste, l'armée du ciel, etc. C'est pourquoi, et parce que la manifestation de l'ordonnance de la

(1) Tout l'honneur de cette démonstration appartient à un ecclésiastique de l'Institut de Bologne dont le nom nous échappe, et à M. Liouville, de notre Institut.

création est le résultat de l'exécution de cette dernière disposition du Créateur, le mot qui résume toutes les autres merveilles des cieux, *stellas*, est inscrit à la suite de la dénomination des deux luminaires, dans le tableau synoptique du quatrième jour, qui devient ainsi le jour complémentaire de la Cosmogonie genésiaque : *Luminare majus, luminare minus, et* STELLAS.

Le quatrième jour, le soleil et la lune furent mis en position de luire sur la terre, *ut lucerent super terram*. Mais les étoiles, dit ailleurs l'Écriture, ont dispensé la lumière, chacune dans le lieu qui lui était assigné, chacune dans son district, *stellæ autem dederunt lumen in custodiis suis*. Distinction éminemment remarquable, en ce qu'elle rend véritablement impossible toute discussion raisonnable entre la science et l'orthodoxie (1).

(1) Le passé sait, dit quelque part un savant critique, jusqu'où un premier doute sur l'exactitude de la Bible a conduit le siècle qui était parti de la religion : l'avenir seul sait jusqu'où un premier doute sur l'exactitude de la Bible peut à son tour conduire un siècle qui part de l'irréligion ; le tout cependant, ajoute-t-il, à condition que le gouvernement ne s'en mêlera pas.

Mais qu'a désormais à attendre ou à craindre du bon vouloir des gouvernants l'Église de Jésus-Christ ? « Le vieux monde, frappé par sa pensée puissante, s'écroule de plus en plus ; les pouvoirs temporels, appuyés sur leur seule autorité, se troublent ou chancèlent ; le despotisme partout s'anéantit, le règne de l'homme sur l'homme cesse enfin ; mais elle, confiante en celui qui l'a établie, a plus d'espoir que jamais. Son admirable hiérarchie, en effet, fondée sur l'égalité humaine, et conséquemment forte de la force de tous, n'embrasse-t-elle pas déjà le globe comme dans un filet : filet merveilleux du pêcheur Pierre, auquel fut promis la possession du monde ? N'est-ce pas vers son unité magnifique que gravitent visiblement les peuples affranchis par elle de l'ignorance et de la servitude ; le progrès social enfin ne s'accomplit-il pas au nom du Christ ? (*Idée du Christianisme considéré comme la religion, l'histoire et l'avenir du genre humain*).

« Montons au Capitole, et de là, sous les auspices de Pie IX, plon-

Nous ne tenterons pas de nous élever au-dessus de ce qui est écrit, en imaginant des détails sur ce vaste champ de la création, dont l'homme, malgré toute la puissance de son génie, ne connaîtra jamais que la moindre partie, sans même pouvoir pénétrer tout le secret des merveilles qu'il lui est donné de contempler (1). Mais certainement ce n'est pas s'élever au-

geant dans l'avenir, contemplons le prodige de Rome chrétienne. Déjà, en moins d'une année, que de vœux réalisés, que de promesses accomplies, qui donnent aux Romains, et par les Romains, montrent aux autres nations ce qu'on peut attendre de l'accord naturel de la religion et de la liberté. Patience donc, Monseigneur, Messieurs, patience et courage. » (*Disc.* de M. Rendu au *Cercle catholique* de Paris. N° du 15 février 1847, de la *Revue catholique*).

« Ecoutez ce peuple italien, plein de tant d'intelligence et d'heureux instincts. Naguère, suivant le Saint-Père dans les rues de Rome, il lui disait : Saint-Père, courage ! courage ! » Eh bien ! moi aussi, si la voix d'un faible individu pouvait retentir dans le cœur de ce noble Pontife, je lui dirais, moi aussi, courage, Saint-Père ! courage ! » (*Disc.* de M. Thiers, à la Ch. des Déput. Séance du 4 février 1847).

Patience donc, patience et courage ; car voici qu'en ce moment un nouvel acte de Pie IX excite tout l'enthousiasme du peuple romain, qui voit dans cette autre munificence, pour lui et pour tous les peuples, un acheminement vers de véritables institutions représentatives. (*Circul.* du cardinal Gizzi, Rome, 19 avril 1847).

Patience donc, patience et courage ; car voici que les opinions qu'on croyait les plus hostiles à l'esprit du siècle, reconnaissent et proclament, que « la révolution qui s'est faite en France en 89, n'a été qu'un » travail pour revenir à sa constitution nationale. » (*Gazette de France* du 25 décembre 1843) ; que « la liberté est le droit divin de l'humanité. » (*La France*, *La Quotidienne* et *L'Echo Français* réunis sous le titre de *L'Union monarchique*, n° du 9 mai 1847) ; que « les idées » de liberté et d'égalité que le Christianisme a accréditées, ne peuvent » subsister sans danger qu'à condition que le pouvoir sera exercé, que » les influences sociales seront employées, et que la richesse sera pos- » sédée chrétiennement. » (*La Politique chrétienne*, par M. Alfred Nettement, n° de *La Mode*, du 7 avril 1847).

(1) *Mundum tradidit disputationi eorum, ut non inveniat homo opus quod operatus est Deus ab initio usque ad finem.* (Eccles. III, 2)

dessus de ce qui est écrit que d'affirmer, que l'exécution des desseins de Dieu sur le ciel et sur la terre, sur le ciel aussi bien que sur la terre, n'eut son entier accomplissement et sa dernière perfection que le sixième jour de la création ; car sur ce point encore il y a révélation expresse.

Non-seulement il est écrit que le livre de la Genèse est le livre des générations du ciel et de la terre, ou que les générations qui y sont décrites sont les générations du ciel et de la terre de la création ; que c'est en six jours que Dieu a fait le ciel et la terre ; que toutes les merveilles que renferment le ciel et la terre ont été opérées dans l'espace des six jours genésiaques. Mais il est écrit encore que le ciel et la terre ne furent achevés que le sixième jour ; que jusqu'à cette époque, Dieu n'avait pas discontinué de travailler à tout son ouvrage, à tout l'ouvrage de la création ; que ce fut en ce sixième jour, et seulement en ce sixième jour, que Dieu donna sa sanction définitive à son ouvrage. Le monde, répète à son tour le philosophe sacré, cette grande énigme proposée à l'intelligence du sage, est l'œuvre à laquelle Dieu ne cessa de travailler depuis le premier jour jusqu'au dernier ou depuis le commencement jusqu'à la fin, *ab initio usque ad finem.*

Il est bien vrai que la Genèse, qui ne s'occupe des autres parties de la création que relativement à la terre et selon l'importance de leurs rapports avec la terre, ne nous dit rien du développement progressif des diverses

Quand tous les secrets de l'univers se seraient dévoilés à la science humaine, dit un philosophe moderne, l'univers lui serait encore un secret ; et Dieu ne semble se retirer devant elle que pour l'inviter à s'élever de plus en plus jusqu'à lui. (M. Amice, *Philosophie expérimentale*, p. 112).

hiérarchies célestes étrangères à notre globe ; il est bien vrai que les informations cosmogoniques de la Genèse se terminent pour nous au quatrième jour, alors que la terre constituée et appropriée aux besoins d'une végétation naissante eut des luminaires dans le firmament du ciel. Mais remarquons que ce firmament du ciel est déjà compris dans la grande opération du deuxième jour, époque à laquelle toutes les parties de l'univers reçurent l'ordre de se former d'après la loi SOMMAIRE ET UNIQUE imposée à la nature. Nous pouvons donc admettre, sans pousser la spéculation au delà du témoignage écrit, que les combinaisons diverses de la matière avaient déterminé l'organisation complète d'une partie plus ou moins grande de ce firmament du ciel, dès le deuxième et le troisième jour, c'est-à-dire longtemps avant que la terre eût des luminaires, ou que le soleil et la lune fussent mis en position de luire sur la terre.

Or, d'après ce même témoignage, l'organisation du ciel ne fut parfaite que le sixième jour de la création. Nous pouvons donc admettre encore ; disons mieux, nous devons admettre encore que ces mêmes combinaisons de la matière se sont continuées ailleurs pendant les cinquième et sixième jours, c'est-à-dire jusqu'au jour du repos du Créateur. Mais en même temps reconnaissons que le mot qui résume toutes les merveilles des cieux, *stellas*, ne pouvait trouver sa place dans le cadre économique de la Genèse qu'à la fin du tableau cosmogonique du quatrième jour, lorsque la première nuit eut succédé à la grande journée de la création. Car, si le jour parle de Dieu, c'est la nuit qui nous révèle sa gloire et la magnificence de ses œuvres : *Cœli enarrant gloriam Dei, et opera manuum ejus annuntiat firmamentum : dies diei eructat verbum, et nox nocti indicat scientiam.* (Ps. XVIII, 1, 2.)

O vous donc que vos talents et vos connaissances placent au premier rang dans la hiérarchie des intelligences de la terre, montrez, vous le pouvez, que toutes les sciences, sans nulle exception, forment un immense cercle dont Dieu occupe le centre ; que puisqu'elles découlent de son sein, comme un ruisseau de sa source, elles ne sauraient rien contenir qui lui fût contraire, et que les éléments hostiles qu'elle renferme sont dus uniquement à la main de l'homme (1). Là est tout l'avenir de l'humanité : le renouvellement du monde dépend de cette alliance devenue nécessaire entre la raison et la foi, entre le dogme et la science. C'est la grande manifestation qu'attend aujourd'hui le Catholicisme, manifestation annoncée et promise par son divin Auteur : *Salvator noster inquit* : ERRATIS, NESCIENTES SCRIPTURAS ET POTENTIAM DEI ; *ubi duos libros, ne in errores incidamus, proponit nobis evolvendos ; primò volumen scripturarum, quæ voluntatem Dei, dein volumen creaturarum, quæ potentiam revelant* (2).

(1) *De la Prédication au* 19e *siècle.*

(2) Fr. Bacon, *De Dignitate et augmentis scientiarum.*

SECTION CINQUIÈME.

APPENDICE AU QUATRIÈME JOUR.

CONSIDÉRATIONS SUBSIDIAIRES.

Témoignages bibliques sur l'immensité de la création. — Population des mondes. — Opérations du Créateur et du Verbe éternel dans les demeures du firmament du ciel.

L'inspiration a-t-elle révélé aux prophètes de l'Ancien testament, les hautes proportions de ces mystérieuses hiérarchies célestes placées si loin de notre terre et de ses luminaires ? A cette question encore neuve sous le ciel, nous répondrons affirmativement. Comment résister à cette grande et intéressante conclusion, que le Psalmiste a connu l'excellence de rang et les ineffables splendeurs de ces étincelles imperceptibles, de ces grains de lumière perdus dans les profondeurs du ciel? Transporté dans l'espace, la création se déploie devant lui dans tout son luxe et dans toute son immensité. Le globe qu'il habite va se dérober à sa vue ; le néant des choses de la terre lui est dévoilé : il s'étonne de ce que l'homme n'est pas oublié parmi cette multitude de créations diverses qui lui apparaissent dans toute leur prééminence; et, s'élevant de la majesté de la nature à la majesté de l'Auteur de la nature, dans le ravissement d'une si sublime contemplation, il s'écrie : « Qu'est-ce » que l'homme pour que vous vous souveniez de lui, » et le fils de l'homme pour que vous le visitiez? *Quid » est homo quòd memor es ejus, aut filius hominis quo- » niam visitas eum?* » (Ps. VIII, 4.) « Car la terre est » devant vous comme un grain de sable impondérable, » comme une goutte de la rosée du matin, » redit à son tour le sage de l'Ecriture, *quoniam tanquam momentum stateræ, sic est ante te orbis terrarum, et tanquam gutta roris antelucani quæ descendit in terram.* (Sap. XI, 23.)

Puis, embrassant la création dans sa mystérieuse universalité, dans les transports de son amour et de sa reconnaissance, le roi-prophète invite tous ces cieux matériels à bénir et à louer avec lui le Dieu créateur et rédempteur. D'abord, il s'adresse au soleil et à la lune, puis à toutes les étoiles, et à tous les globes lumineux que l'œil de l'homme peut apercevoir : *Laudate eum sol et luna, laudate eum omnes stellæ, et lumen.* Ensuite, il convie à ce concert universel ces autres systèmes de cieux, ces cieux des cieux où l'astronome ne peut atteindre qu'armé de ses plus puissants télescopes, et encore, et enfin toutes ces eaux restées à leur premier état de création, ces NÉBULEUSES de l'astronomie moderne, qui s'étendent sur tous les cieux, et par delà tous les cieux des cieux : *Laudate eum omnes cœli cœlorum; et aquæ omnes, quæ super cœlos sunt, laudent nomen Domini.* (Ps. CXLVIII, 3, 4.)

Un autre prophète, après avoir décrit les merveilles de la Toute-puissance créatrice, termine son récit par cette réflexion : « Ce que nous venons de dire n'est » qu'une très-petite partie de ses œuvres ; mais si ce » que nous connaissons est à peine comme une goutte » en comparaison de ce qui est, qui pourrait soutenir » l'éclat du tonnerre de sa grandeur et de sa magni- » ficence ? *Ecce, hæc ex parte dicta sunt viarum ejus : et* » *cùm vix parvam stillam sermonis ejus audierimus,* » *quis poterit tonitruum magnitudinis illius intueri ?* » (Job, XXVI, 14.)

Et l'Ecclésiastique : « Qui dira le nombre, la gran- » deur et la magnificence de ses ouvrages ? Les œuvres » de sa toute-puissance sont au-dessus de toutes nos » conceptions ; et nul ne pourra sonder la profondeur » de ses incompréhensibles merveilles. L'homme qui » se sera épuisé dans cette contemplation et dans cette » étude, trouvera qu'il ne fait que commencer ; et il » ne retirera de ses longues veilles que la conviction » de sa profonde ignorance. *Quis sufficit enarrare opera* » *illius ? Quis enim investigabit magnalia ejus ? Virtutem* » *autem magnitudinis ejus quis enuntiabit ? Non est* » *minuere, neque adjicere, nec est invenire magnalia Dei.* » *Cùm consummaverit homo, tunc incipiet ; et cùm quie-* » *verit, aporiabitur.* » (Eccl. XVIII, 2-6.)

« Les étoiles, ces soleils de l'univers dans les hau- » teurs de la création, font toute la beauté du ciel. » Mais combien d'autres globes, en bien plus grand » nombre, échappent à notre vue ; car nous ne voyons » que la plus petite partie de son merveilleux ouvrage. » *Species cœli gloria stellarum, mundum illuminans in* » *excelsis Dominus. Multa abscondita sunt majora his :* » *pauca enim vidimus operum ejus.* » (Eccl. XLIII, 10, 36.)

« O Israël, qu'elle est grande la maison de Dieu !

» qu'elle est immense! Elle est grande, elle est im-
» mense, elle n'a point de bornes. A son ordre, les
» étoiles ont dispensé la lumière, chacune dans le lieu
» qui lui était assigné, chacune dans son district. Appelées
» aussi à distribuer la lumière dans les lieux de leur
» juridiction, elles se sont empressées d'exécuter les
» ordres de celui qui les a faites. *O Israël, quàm ma-*
» *gna est domus Dei, et magnus locus possessionis*
» *ejus! Magnus est et non habet finem, excelsus et im-*
» *mensus. Stellæ autem dederunt lumen in custodiis*
» *suis, et luctatæ sunt. Vocatæ sunt, et dixerunt : Adsu-*
» *mus, et luxerunt ei cum jucunditate qui fecit illas.* »
(Bar. III, 24, 25, 34, 35.)

Maintenant, tous ces autres mondes qu'éclairent ces autres soleils de la création, seraient-ils des solitudes abandonnées? « Notre petit globe serait-il le seul endroit habité qu'il y eût dans l'univers? Le Tout-Puissant aurait-il entassé sur ce point unique toutes ses créatures animées? Aurait-il caché en ce coin de l'immensité tous les chefs-d'œuvre de ses mains? Lui que nous voyons si prodigue d'existences pensantes, en aurait-il été partout ailleurs avare jusqu'au dernier excès? Tous les mondes, hormis un seul, seraient-ils de mornes solitudes? Seraient-ils d'arides et inutiles déserts? Déserts affreux, d'où nulle pensée, nul soupir ne s'élèveraient vers le Roi de la création.

» Non, non, répond un savant apologiste, la Puissance infinie ne s'épuisa point à former la population de la terre. Non, l'éternelle Sagesse n'a point créé tant de mondes pour les donner en apanages au néant. Les astronomes, les physiciens, les naturalistes, sourient de l'ignorance qui s'imagine que notre sphère seule a pour hôtes la vie et la pensée. Eclairés par de vives lumières d'analogie, les savants en astronomie, en physique, en histoire naturelle, pensent que non-seulement les mondes visibles, mais encore de vastes régions, imperceptibles à l'œil des mortels, sont les séjours d'êtres animés, d'êtres ayant des facultés semblables aux nôtres et peut-être bien supérieures.

» Ces savants ont raison ; car cette opinion scientifique, fondée sur des faits nombreux, soutenue aussi par de grandes autorités, il y a sept mille ans que la religion l'enseigne et la garantit vraie. Oui, dit cette science auguste dont rien ne dément jamais les paroles, oui, il est d'invisibles régions où habitent des esprits d'un autre ordre. Les uns, voués à la vérité et à la vertu, reçurent de la suprême justice des séjours enchantés, qu'ils peuplent encore. Les autres, adonnés au mensonge et au vice, ont été bannis par cette même justice, en des plages désolées.

» Ce langage de la religion, toutes les nations l'ont entendu, toutes y ont cru, toutes l'ont redit. Unanimité que nous avons prouvée irréfragablement, et que l'impiété d'ailleurs a reconnue. »

« Tandis que notre planète, dit-il encore, était le théâtre de ces grandes scènes (de la création des animaux et de la création de l'homme), il se passait très-probablement sur les globes semblables, des phénomènes analogues. Là aussi doivent habiter depuis plusieurs siècles des multitudes d'espèces animales et des races humaines (1). »

(1) *La religion constatée universellement, à l'aide des sciences et de l'érudition modernes*, l. 2, chap. 9 et 16.

Nous ne parlerons pas de *races humaines* dans les planètes de notre monde solaire et des autres mondes stellaires ; mais nous parlerons de chœurs de créatures, tous aussi éloignés de nos conceptions et de nos idées qu'ils le sont de notre demeure et de nos habitations. Nous dirons que depuis que notre planète fut le théâtre de ces grandes scènes, il s'est passé et il se passe très-probablement encore, dans d'autres champs de la création, des phénomènes analogues ; de même que, bien longtemps avant nous, des millions de créatures intelligentes glorifiaient le Père de l'univers dans les autres demeures du firmament du ciel. Car il est écrit que le Dieu qui siége au-dessus des choses matérielles et au-dessus des hiérarchies des intelligences, que le Dieu de nos pères est pareillement béni, honoré et glorifié à jamais dans LE FIRMAMENT DU CIEL. *Benedictus es, Domine Deus patrum nostrorum : benedictus es, qui intueris abyssos et sedes supræ cherubim, et laudabilis et superexaltatus in secula ; benedictus es* IN FIRMAMENTO COELI, *et laudabilis et gloriosus in secula* (Dan, III, 55, 56). Ce ne sont plus seulement les cieux matériels que les prophètes invitent à bénir et à glorifier le Roi de la création ; ils convient à ce concert universel et les anges de Dieu, et toutes les puissances du ciel, et tous les chœurs des esprits célestes, puis les enfants des hommes, et avec les enfants des hommes, les serviteurs de Dieu, les âmes et les esprits des justes et tous les êtres religieux de la création : *Benedicite angeli Domini Domino, benedicite omnes virtutes Domini Domino, benedicite omnes spiritus Dei Domino, benedicite filii hominum Domino, benedicite omnes religiosi Domino Deo deorum, laudate et confitemini ei, quia in omnia secula misericordia ejus* (Dan. Ibid).

« Oui, chacun de ces astres est un temple où Dieu reçoit l'hommage qui lui est dû : j'ai vu fumer leurs autels, j'ai vu leur encens s'élever vers son trône, j'ai entendu leurs sphères retentir des concerts de ses louanges. Il n'est rien de profane dans l'univers : la nature entière est un lieu consacré (1). » En exprimant en ces termes sa profonde conviction, le poëte théologien avait en vue sans doute cette autre révélation de nos Livres saints, cette révélation de l'Apôtre dont les écrits contiennent le premier et le dernier mot du Christianisme, l'ALPHA et l'OMÉGA de la vérité divine : *Et vidi et audivi vocem angelorum multorum in circuitu throni, et animalium et seniorum, et erat numerus eorum millia millium, dicentium voce magnâ : Dignus est Agnus, qui occisus est, accipere virtutem, et divinitatem, et sapientiam, et fortitudinem, et honorem, et gloriam, et benedictionem. Et omnem creaturam quæ in cœlo est, et super terram, et sub terrâ, omnes audivi dicentes : Sedenti in throno et Agno, benedictio, et honor, et gloria, et potestas in secula seculorum.* (Apoc. v, 11-13.)

Inutile de rappeler que l'histoire de la création ayant été écrite pour l'homme, ce sont principalement les choses qui regardent l'homme et sa demeure, que l'inspiration y a voulu spécifier, et que tous ces autres soleils innombrables, destinés à illuminer les mondes des espaces célestes, y sont à peine mentionnés, parce que leur importance par rapport à la terre est infiniment moins grande que celle de ses deux luminaires. Inutile aussi de rappeler que les grandes combinaisons de la matière commencées le deuxième jour et achevées

(1) *Les nuits d'Young*, 21e nuit. Trad. de Letourneur.

le quatrième jour, pour tout ce qui est relatif à la terre, ont dû se continuer ailleurs pendant les cinquième et sixième jours, c'est-à-dire jusqu'au jour du repos du Créateur.

Mais, que faut-il entendre par ce repos du septième jour, dont nous parle le livre des générations du ciel et de la terre? « Que signifient ces paroles : *Dieu se reposa?* »

A cette autre question, les théologiens répondent : « Elles signifient simplement que Dieu cessa de créer, » du moins relativement à la terre que considère prin- » palement l'auteur inspiré dans le récit qu'il nous » fait de l'œuvre des six jours (1). »

Nous ajouterons, nous oserons ajouter que ces paroles signifient encore que Dieu cessa de créer relativement au ciel considéré dans ses rapports avec la terre, relativement aux choses du ciel qui intéressent l'homme et sa demeure ; en un mot, relativement au ciel envisagé sous ce point de vue spécial qui fait que le Psalmiste l'appelle la plénitude, le complément de la terre : *Tui sunt cœli et tua est terra, orbem terræ et plenitudinem ejus tu fundasti.*

Si donc, la création est complète par rapport à l'homme ou à la terre qu'il habite, et encore par rapport au ciel dans ses relations avec notre globe ou par rapport aux choses du ciel qu'il est donné à l'homme de contempler, elle ne l'est certainement pas par rapport au Créateur. Car c'est dans le sens d'une opération incessante et continue, et de la part du Créateur et de la part du Verbe éternel ou du Créateur se manifestant à ses créatures, que nous devons entendre cette autre

(1) *Explication histor. dogmat.* etc., *du Catéchisme*, par M. l'abbé Guillois, t. 1, p. 175, 4e édit.

révélation de la loi nouvelle : *Pater meus usque modò operatur et ego operor*. (S. Joan. v, 17.)

CELUI qui est sorti des jours de son éternité pour naître dans une des plus petites d'entre les mille bourgades de Juda (1), suivant la promesse faite à nos pères à l'origine de notre septième jour, a voulu que nous sachions que notre demeure terrestre mérite à peine de prendre rang parmi les merveilles de la création ; il a voulu que nous sachions qu'il y a dans la maison de son père mille et mille demeures, bien plus dignes de ses adorateurs : *In domo patris mei mansiones multæ sunt* (S. Joan. XIV, 2) ; et qu'il a opéré et qu'il opère encore avec son père dans ces autres demeures éternelles : *Pater meus usque modò operatur et ego operor*, dans les demeures de cette maison de Dieu dont les dimensions s'étendent jusque dans l'infini, *non habet finem*.

« L'homme a vu de ses propres yeux les merveilles » de sa gloire, annonçaient les prophètes, et ses » oreilles ont entendu le son de sa voix, et Israël est » devenu visiblement le partage de Dieu même. *Et* » *magnalia honoris ejus vidit oculus illorum, et hono-* » *rem vocis audierunt aures illorum. Et pars Dei Israël* » *facta est manifesta.* » (Eccl. XVII, 11, 15). « C'est lui » qui est notre Dieu, notre unique seigneur. Après » avoir donné sa loi à Jacob son serviteur et à Israël » son bien-aimé, il s'est montré sur la terre et il a » conversé avec les hommes. *Hic est Deus noster et non* » *æstimabilis alius adversus eum. Hic adinvenit omnem*

(1) Et tu, Bethlehem ephrata, parvulus es in millibus Juda ; ex te mihi egredietur qui sit dominator in Israël, et egressus est ab initio, à diebus æternitatis (Mich. v, 2).

» *viam disciplinæ et tradidit illam Jacob puero suo et* » *Israël dilecto suo. Post hæc in terris visus est, et cum* » *hominibus conversatus est.* » (Bar. III, 36-38).

Et les témoins évangéliques déposent : « Il a habité » parmi nous, et nous avons vu sa gloire, qui est » la gloire du fils unique du Père. *Et habitavit in nobis,* » *et vidimus gloriam ejus, gloriam quasi unigeniti à* » *Patre.* » (S. Joan. I, 14). « Or, celui qui est des- » cendu sur la terre, est aussi monté au-dessus de tous » les cieux pour y accomplir toutes choses, *qui des-* » *cendit, ipse est et qui ascendit super omnes cœlos ut* » *impleret omnia;* » (Eph. IV, 10.) « de sorte qu'en » son nom toutes les créatures fléchissent le genou, » dans les demeures supérieures aussi bien que sur » la terre et dans les demeures d'un rang inférieur » à celle de l'homme, *ut in nomine Jesu omne genu* » *flectatur cœlestium, terrestrium et infernorum.* » (Philipp. II, 10.)

Et l'homme transporté de reconnaissance s'est écrié avec le roi-prophète : Que l'homme est grand, puisque vous en avez fait l'objet de vos soins et de toute votre sollicitude, *quid est homo quòd memor es ejus, et filius hominis quoniam visitas eum.*

Mais l'homme aussi a osé dire : Comment le grand Dieu qui a formé ce prodigieux univers, a-t-il pu choisir un point rejeté dans un coin du monde pour le glorifier par sa présence, et lui dicter un code religieux dont la promulgation méritait d'avoir pour témoins toutes les hiérarchies de la création?

Le sage de la révélation ancienne lui a répondu :

« Homme, connais-tu donc les pensées de Dieu, et » as-tu sondé les profondeurs de ses conseils? Si nous

» ne comprenons que difficilement ce qui se passe sur » la terre, et si nous ne discernons qu'avec peine ce qui » est sous nos yeux, comment pourrons-nous com- » prendre ce que Dieu opère dans les cieux? *Quis » enim hominum poterit scire consilium Dei? Aut quis » poterit cogitare quid velit Deus? Et difficile æstimamus » quæ in terra sunt, et quæ in prospectu sunt inveni- » mus cum labore; quæ autem in cœlis sunt quis inves- » tigabit?* » (Sap. IX, 15, 16.)

Si l'œuvre de la rédemption, avec tout l'éclat et toute la gloire qu'elle a jetés sur le caractère de la divinité, n'eût demandé qu'un seul jour, qu'une seule heure, l'argument que l'ingratitude a tiré de la multitude des autres mondes ne se serait jamais offert. C'est le temps que requiert le plan évangélique qui étonne l'incrédule. Mais ses regards qu'il porte sur l'immensité de l'espace, pourquoi ne les porte-t-il pas aussi sur la magnificence de l'éternité? Il verrait alors que ce temps qui l'étonne, n'est que l'espace d'un clin d'œil dans l'incommensurable révolution des âges de la nature (1). Il comprendrait que le même Dieu qui fait briller la lumière matérielle dans ces autres demeures éternelles, peut bien aussi y faire briller la lumière des intelligences, cette lumière qui éclaire tout homme venant en ce monde, *lux vera quæ illuminat omnem hominem venientem in hunc mundum.* (S. Joan. I. 9.) Il comprendrait que la Sagesse infinie a dans ses trésors plus d'un moyen de glorification.

« Mais, nul ne peut connaître les voies de cette

(1) Voyez sur ce sujet les belles considérations de Chalmers, dans ses *Discours sur la révélation chrétienne en harmonie avec l'astronomie moderne.*

» sagesse infinie, et personne n'a suivi ses sentiers.
» Cette sagesse n'est connue que de celui dont l'omni-
» science a préparé la terre dans les jours de son
» éternité, et qui envoie la lumière partout où il lui
» plaît. *Non est qui possit scire vias ejus, neque qui*
» *exquirat semitas ejus ; sed qui scit universa novit eam,*
» *et adinvenit eam prudentiâ suâ, qui præparavit ter-*
» *ram in æterno tempore, qui emittit lucem et vadit.* »
» (Bar. III, 31–33.) « Seigneur, disent encore ici les
» écrivains sacrés, qui connaîtra vos secrets, si vous
» ne les révélez vous-même, et si vous n'envoyez votre
» esprit-saint du plus haut des cieux, *sensum autem*
» *tuum quis sciet, nisi tu dederis sapientiam, et miseris*
» *sanctum spiritum tuum de altissimis ?* » (Sap. IX, 17.)

Nous ne porterons donc pas nos investigations en dehors des enseignements de la foi. La raison, d'ailleurs, nous dit que tous nos efforts seraient frappés de stérilité et d'impuissance ; et l'Écriture nous répète que celui qui voudrait sonder la majesté du Dieu de l'univers serait accablé sous le poids de sa gloire, *qui scrutator est majestatis opprimetur à gloriâ.* (Prov. XXV, 27.) Qu'il nous suffise présentement de savoir que Celui qui est descendu sur la terre et qui est monté au-dessus de tous les cieux pour l'exécution des décrets éternels, *ut impleret omnia*, a opéré et opère encore, *usque modò operatur*, dans les mille et mille demeures de l'incommensurable maison de Dieu, *in domo patris mei mansiones multæ sunt. Magna est et non habet finem* ; et que tous les chœurs des intelligences, *cœlestium, terrestrium et infernorum*, rendent au Dieu de toute puissance et de toute propitiation, gloire et honneur, bénédiction et adoration dans tous les siècles des siècles, *omnes audivi dicentes : Sedenti in throno et Agno benedictio et honor, gloria et potestas, in secula seculorum.* Mais le mode, le commencement et la fin de ces autres opérations divines ne sont pas moins hors de la portée de l'intelligence humaine que les merveilles que Dieu a préparées pour ses élus, *quod oculus non vidit, nec auris audivit, nec in cor hominis ascendit.* (I Corr. II, 9.)

Aussi les auteurs inspirés ne nous parlent que des mystères qui nous concernent. Leur mission est d'annoncer ce que Dieu a opéré pour notre réhabilitation. Ils ne publient des mystères de Dieu que ce qui leur a été révélé par son Christ (1); en nous avertissant toutefois qu'ils ne connaissent présentement et qu'ils ne publient qu'une partie des opérations divines, *ex parte enim cognoscimus, et ex parte prophetamus, cùm autem venerit quod perfectum est, evacuabitur quod ex parte est.* (I Corr. XIII, 9, 10.) « Les choses cachées, disent-
» ils encore, appartiennent au Seigneur notre Dieu ;
» mais les choses révélées sont pour nous et pour nos
» enfants à jamais, afin que nous observions tous les
» préceptes de sa loi : *Abscondita, Domino Deo nostro ;*
» *quæ manifesta sunt, nobis et filiis nostris usque in sem-*
» *piternum, ut faciamus universa verba legis hujus.* »
» (Deut. XXIX, 29).

Parce que nous avons pris l'autorité de la révélation

(1) Loquimur Dei sapientiam in mysterio, quæ abscondita est, quam prædestinavit Deus ante secula in gloriam nostram. Nos autem non spiritum hujus mundi accepimus, sed spiritum qui ex Deo est, ut sciamus quæ à Deo donata sunt nobis. Quis enim cognovit sensum Domini, qui instruat eum? Nos autem sensum Christi habemus. (I *Corr.* II, 7, 12, 16.)

pour règle de notre intuition, nous nous arrêtons là où cette révélation nous commande de nous arrêter : *Non plus sapere quàm oportet sapere, sed sapere ad sobrietatem.* (Rom. XII, 3.) Ce n'est que dans un autre ordre de manifestation, promis et annoncé par cette même révélation, que « le gérant responsable du globe terrestre, le fermier du Créateur dans la création universelle, » rétabli dans ses relations avec L'INFINI ABSOLU, pourra s'élever à la connaissance de toute vérité : *Cùm autem venerit quod perfectum est, evacuabitur quod ex parte est. Videmus nunc per speculum in ænigmate, tunc autem facie ad faciem : nunc cognosco ex parte, tunc autem cognoscam sicut et cognitus sum.* (1 Corr. XIII, 12.) Et le moment est arrivé pour l'intelligence humaine, de reconnaître qu'il ne lui a été donné de savoir des mystères de la création, que ce qu'il a plu à la divine Sagesse de lui révéler dans le livre qui porte à son frontispice l'empreinte sacrée du sceau cosmogonique : ISTÆ SUNT GENERATIONES COELI ET TERRÆ.

FIN.

TABLE ANALYTIQUE

DES MATIÈRES.

DEUXIÈME JOUR DE LA GENÈSE.

Section 1re — EXPOSITION DOGMATIQUE.

Section 2e — CORRESPONDANCE SCIENTIFIQUE.

§. I. Gravitation universelle.

§. II. Prolégomènes cosmogoniques.

§. III. Formation des planètes et du soleil.

§. IV. Théorie des comètes et des nébuleuses.

§. V. Cosmogonie : système universel.

Section 3e — PREMIÈRE SOLUTION COSMOGONIQUE.

TROISIÈME JOUR DE LA GENÈSE.

Section 1re — EXPOSITION ET CORRESPONDANCE.

§. II. Phénomènes lumineux.

Section 3e — DERNIÈRE SOLUTION COSMOGONIQUE.

Section 4e — CONCLUSION.

Section 5e — APPENDICE AU QUATRIÈME JOUR.

Considérations subsidiaires.

www.ingramcontent.com/pod-product-compliance
Ingram Content Group UK Ltd.
Pitfield, Milton Keynes, MK11 3LW, UK
UKHW022321190726
13856UKWH00001B/141